宝库典藏版编织花样

棒针花样500

一目了然的编织符号让任何人都能够轻松编织
下针和上针、枣形针花样、镂空花样、交叉花样、拉针花样等各尽其妙

日本宝库社　编著
梦工房　译

河南科学技术出版社
·郑州·

KNITTING PATTERNS 500

关于花样编织符号图的说明

请在使用本书前阅读。

编织符号图表示的全部是从正面看到的样子。

符号图右端的数字表示的是1个花样的行数。

奇数行是看着正面由右向左按照符号图编织，

偶数行是看着反面由左向右编织与表示的符号相反的针目

（图上表示的是下针的时候实际织上针）。

符号图下一行的数字表示的是1个花样的针数。

在实际编织作品从下针等开始编织的时候，

从符号图的第1行开始加入花样编织。

但是另线锁针挑针编织花样时，

从第3行（符号图的第1行）开始加入花样编织。

Contents

目录

KNITTING PATTERNS 500

下针和上针、枣形针花样

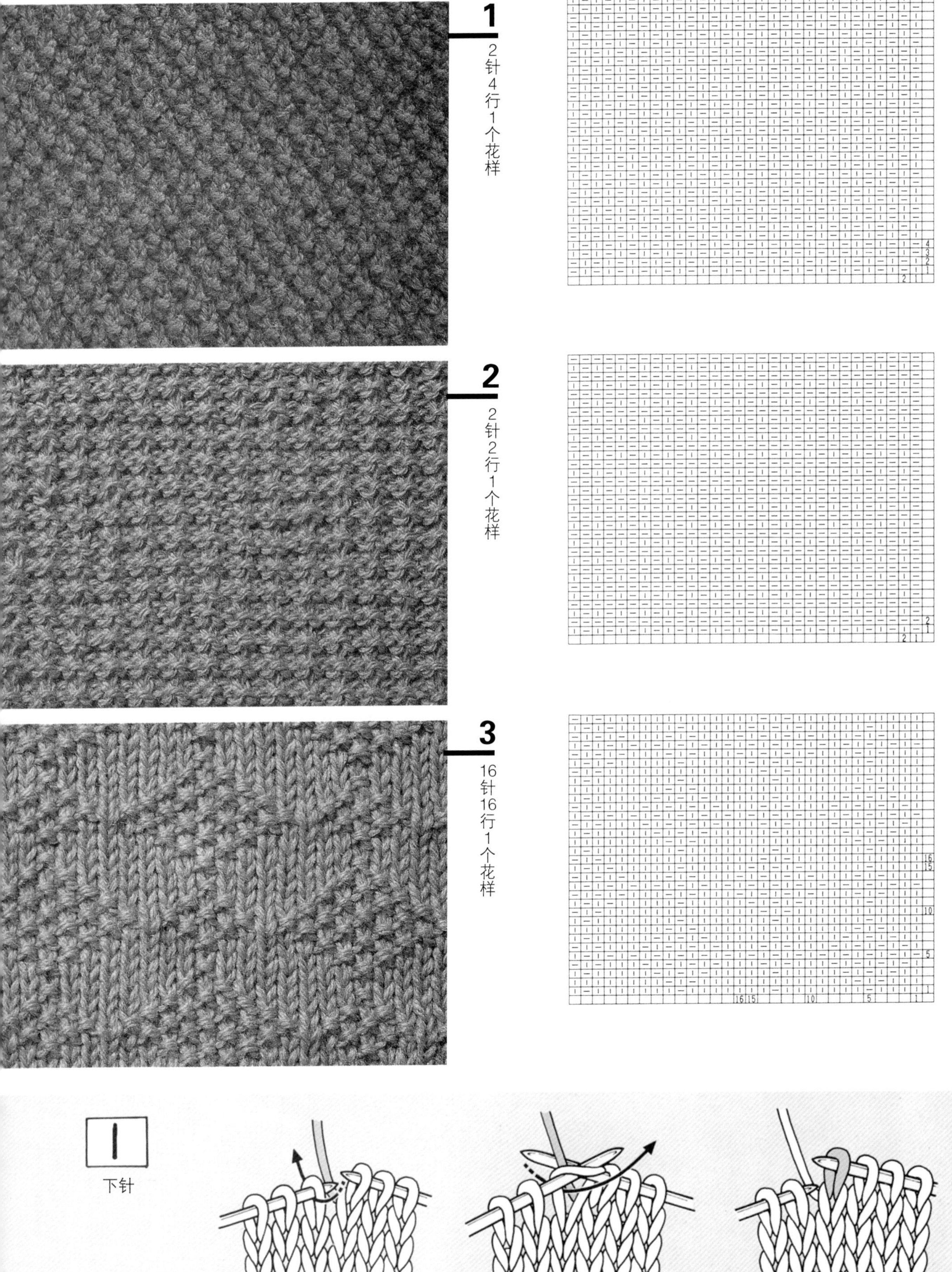

下针

①线放到外侧，右针如箭头所示从内侧入针。

②挂线，从内侧拉出。

③完成下针编织。

4

8针12行1个花样

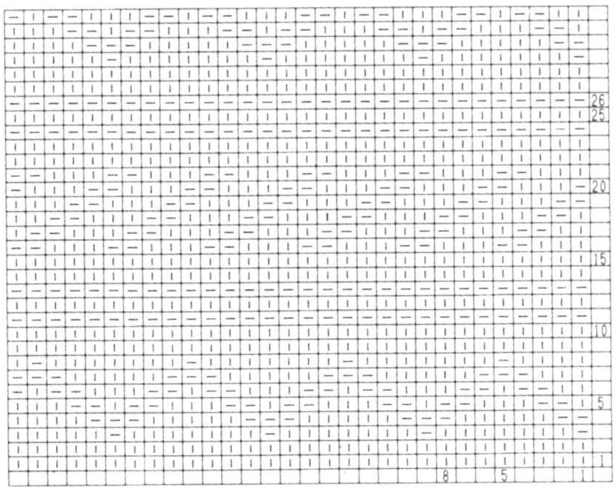

5

8针26行1个花样

6

8针14行1个花样

上针

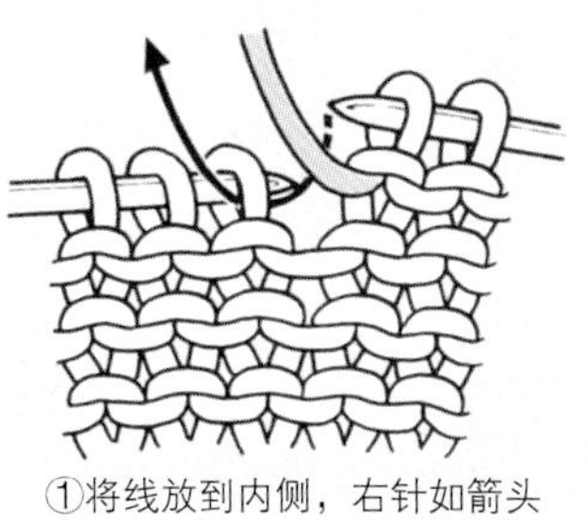

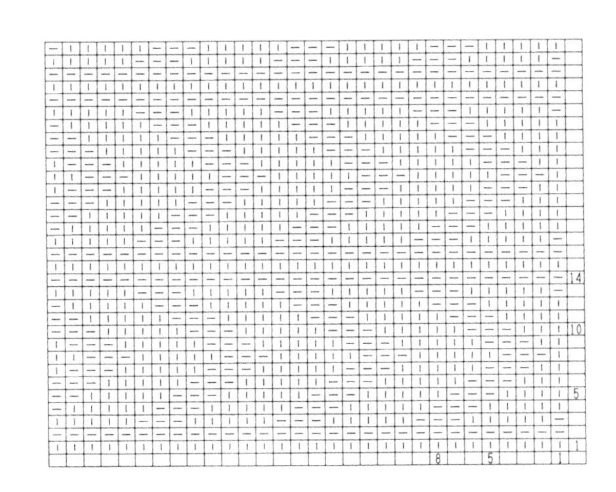

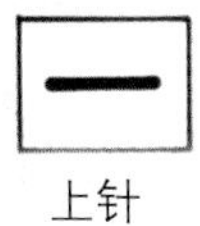

①将线放到内侧，右针如箭头所示入针。

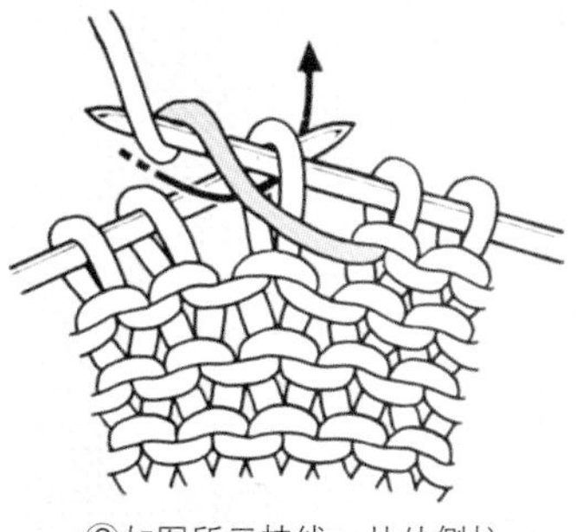

②如图所示挂线，从外侧拉出。

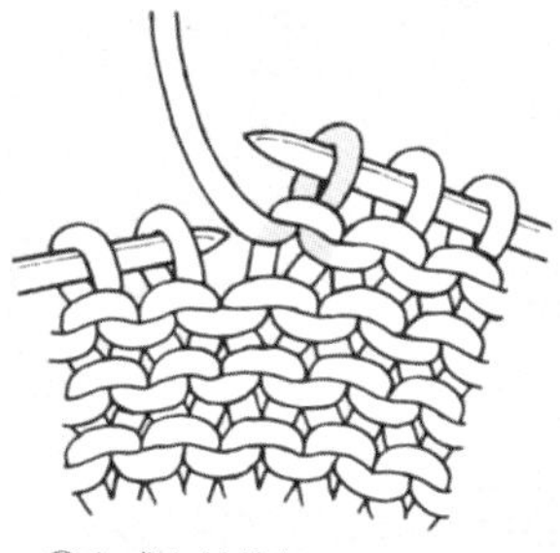

③完成上针编织。

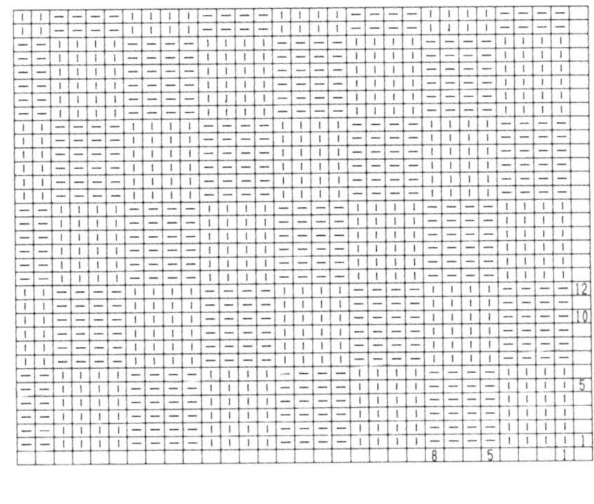

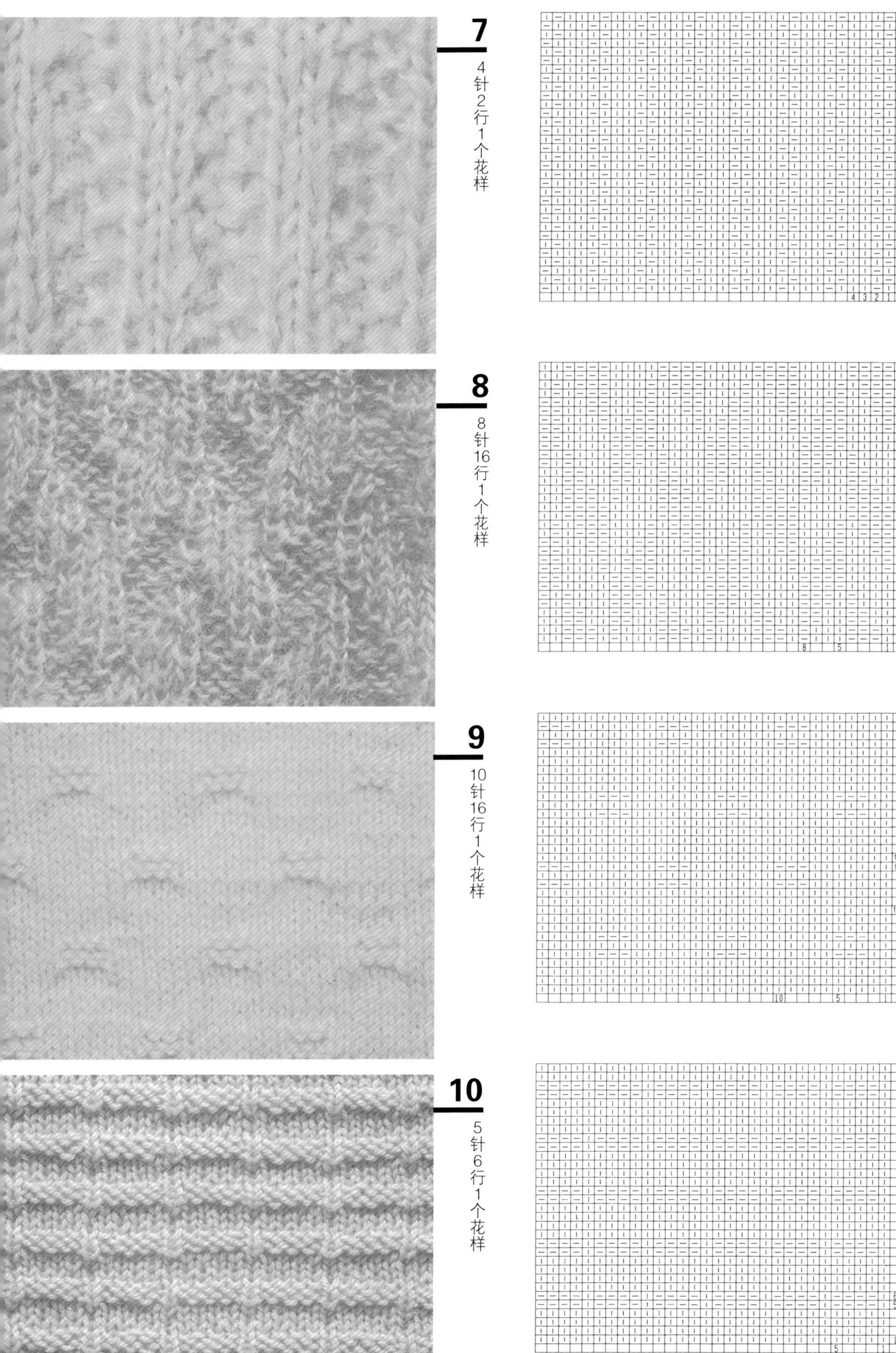

7

4针2行1个花样

8

8针16行1个花样

9

10针16行1个花样

10

5针6行1个花样

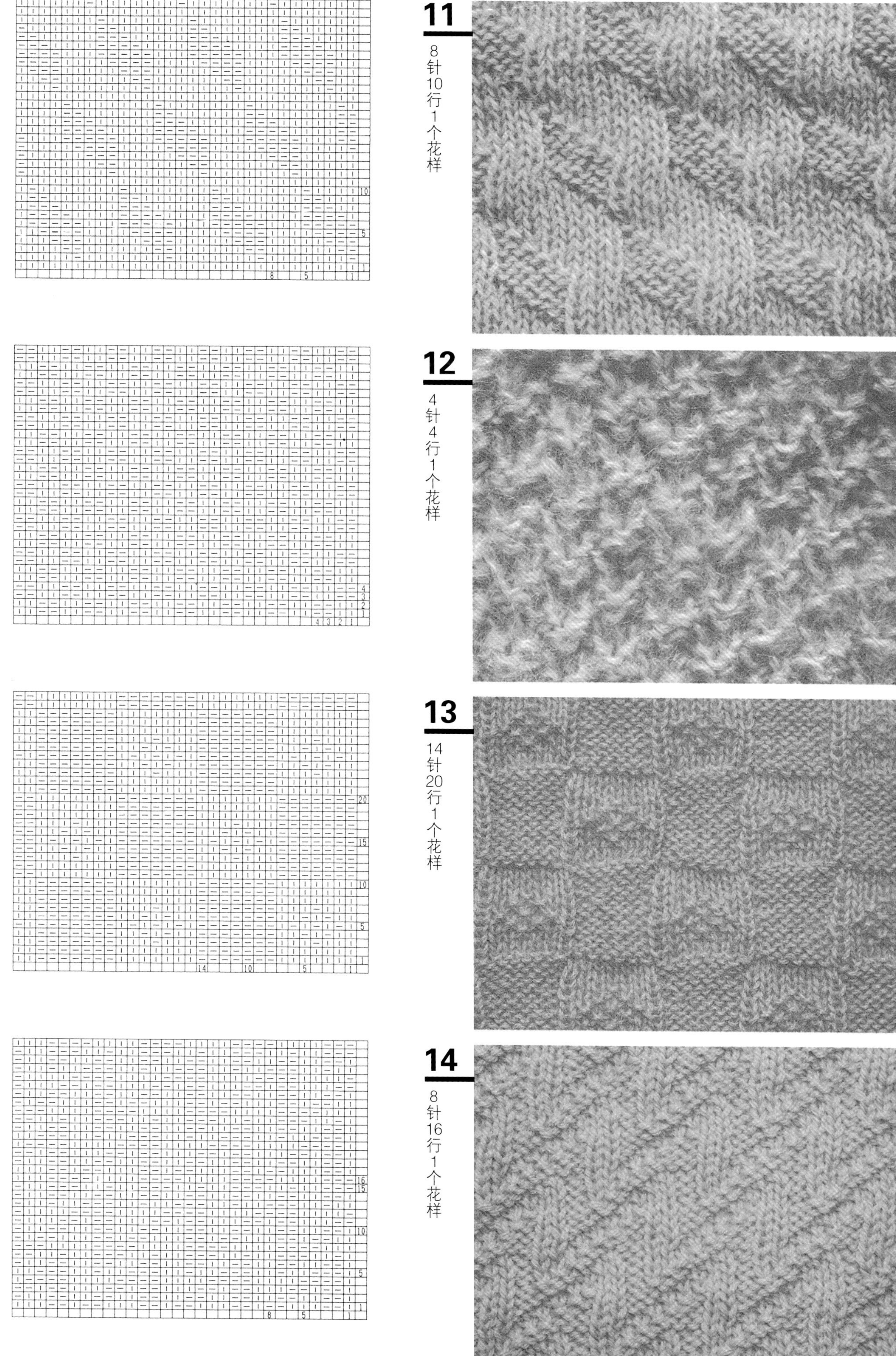

11

8针10行1个花样

12

4针4行1个花样

13

14针20行1个花样

14

8针16行1个花样

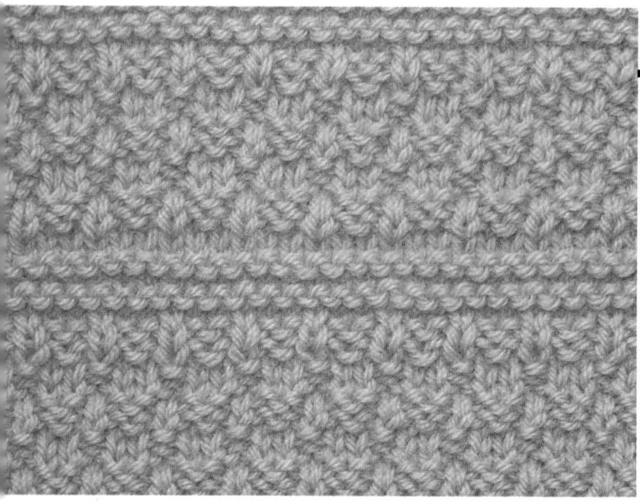

15

3针16行1个花样

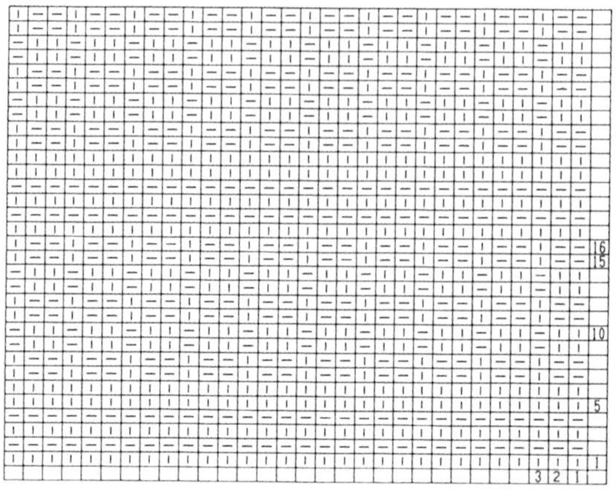

16

5针10行1个花样

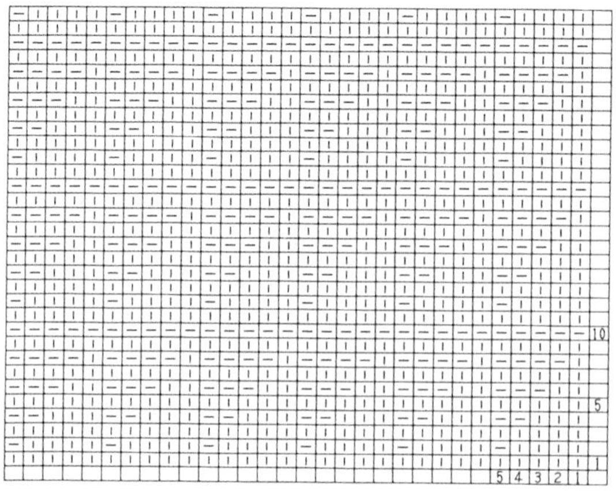

17

5针8行1个花样

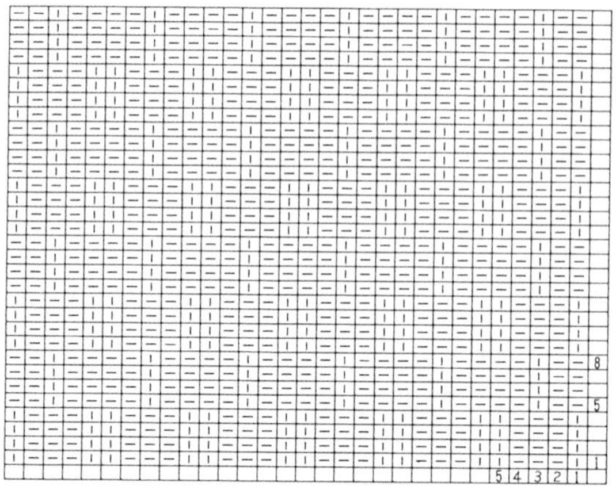

18

9针9行1个花样

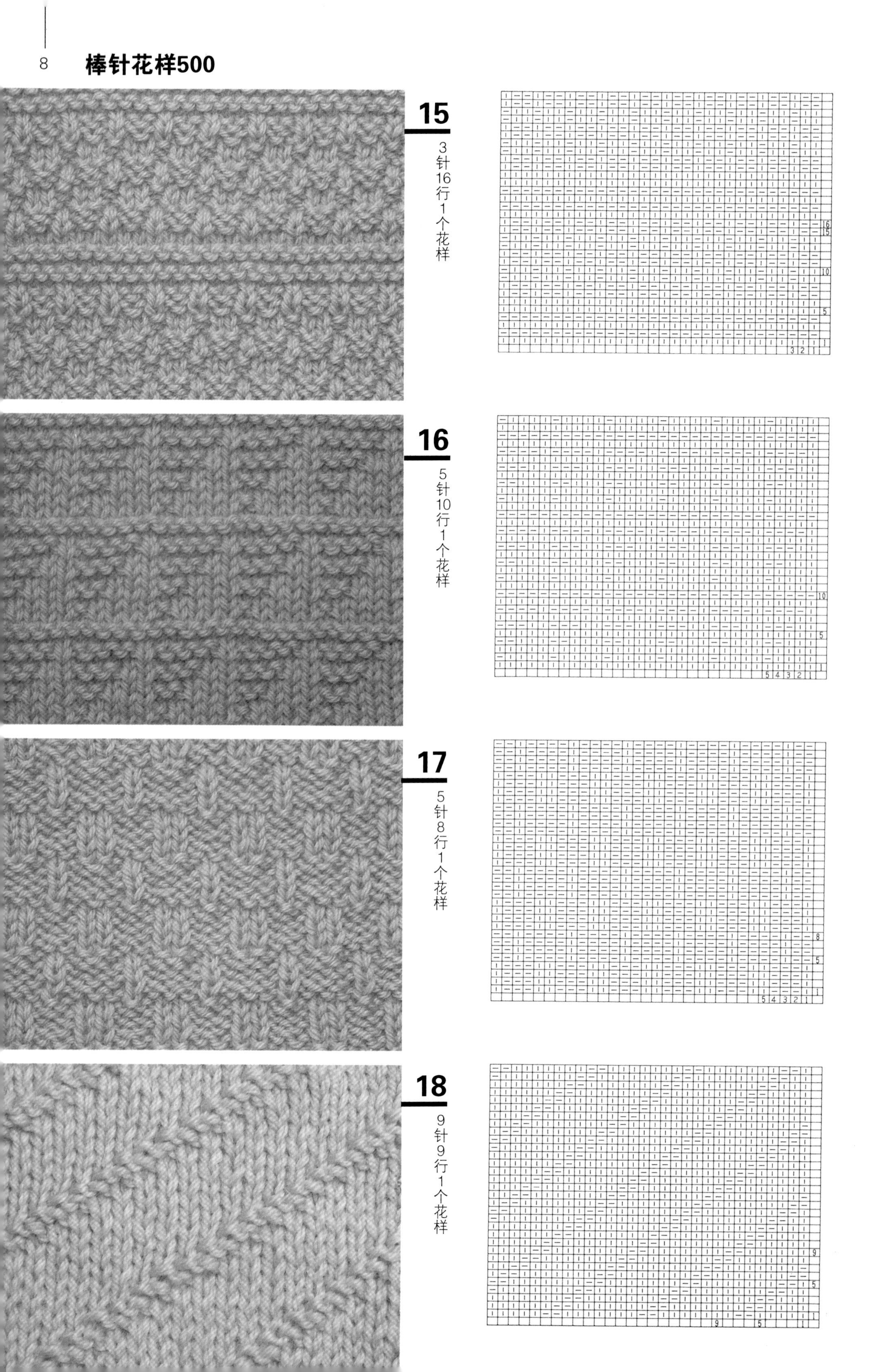

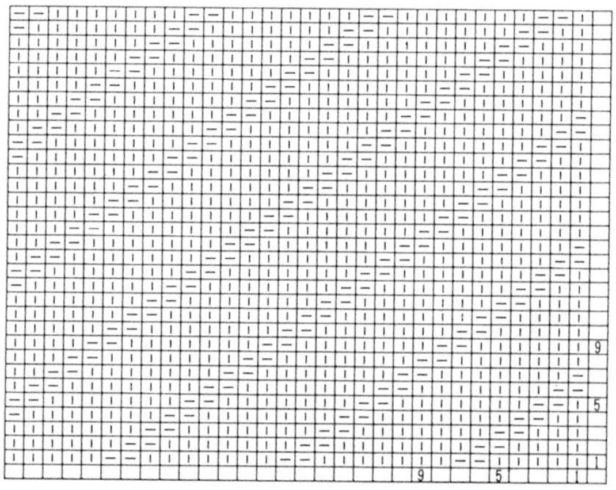

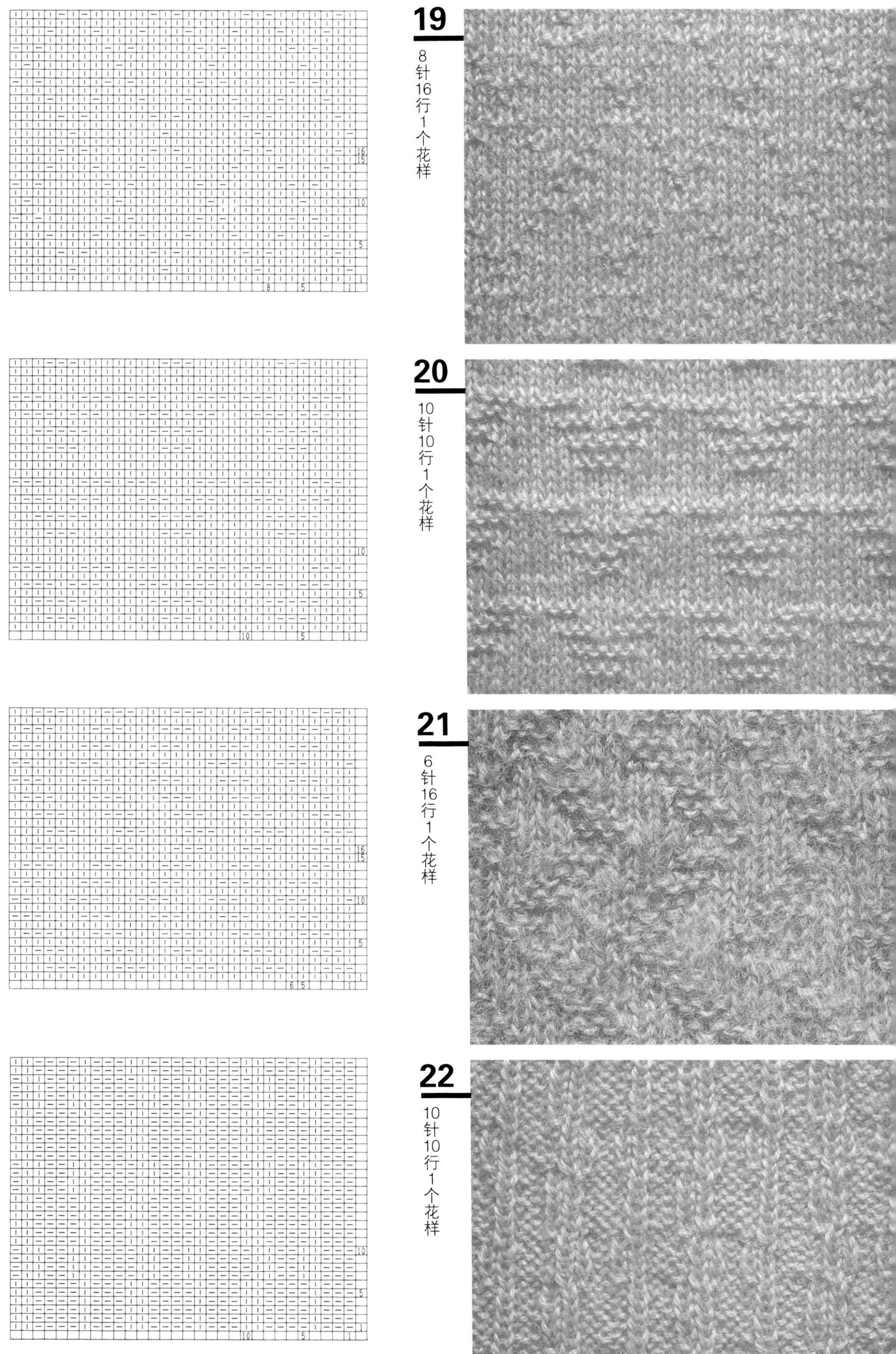

19
8针16行1个花样

20
10针10行1个花样

21
6针16行1个花样

22
10针10行1个花样

23

14针14行1个花样

24

8针16行1个花样

25

6针2行1个花样

左加针

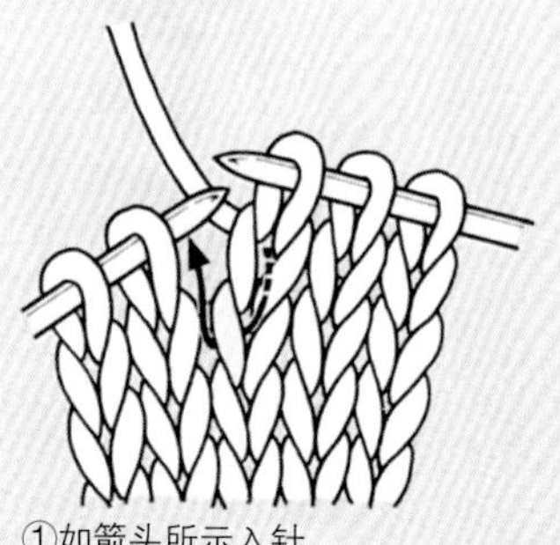

①如箭头所示入针。

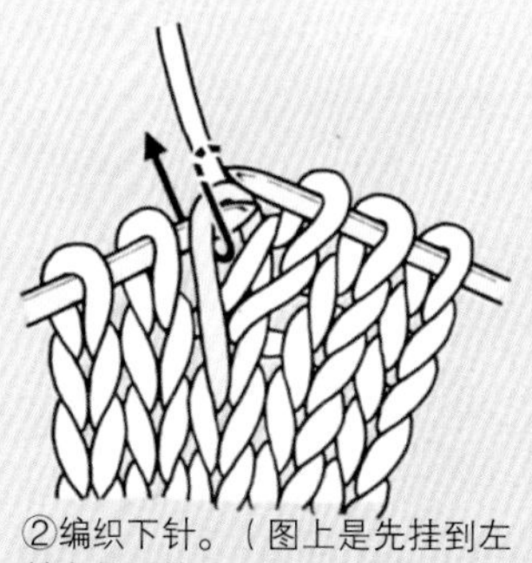

②编织下针。（图上是先挂到左针上然后编织下针，不挂到左针上直接编织也可以）

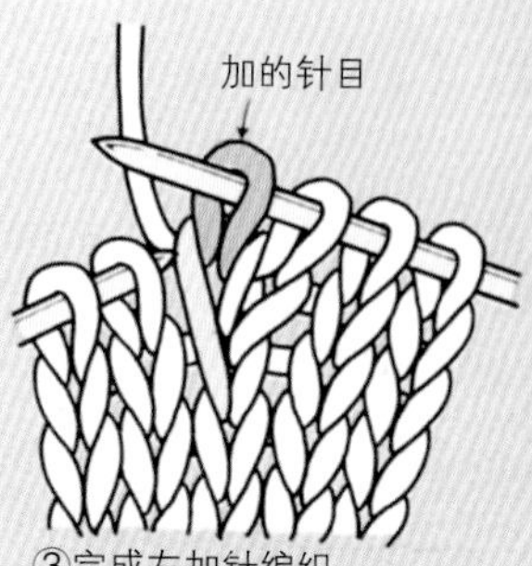

③完成左加针编织。

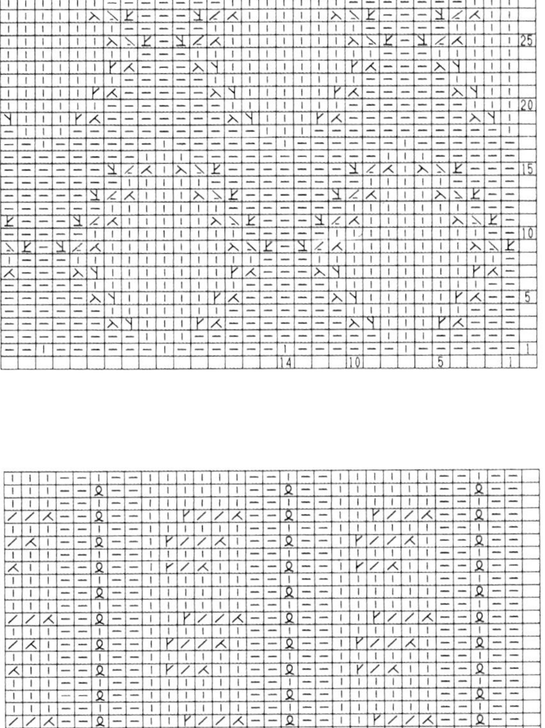

26

14针32行1个花样

27

11针8行1个花样

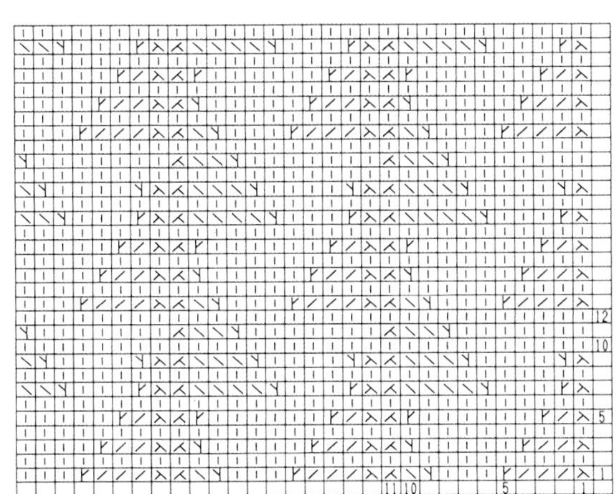

28

11针12行1个花样

右加针

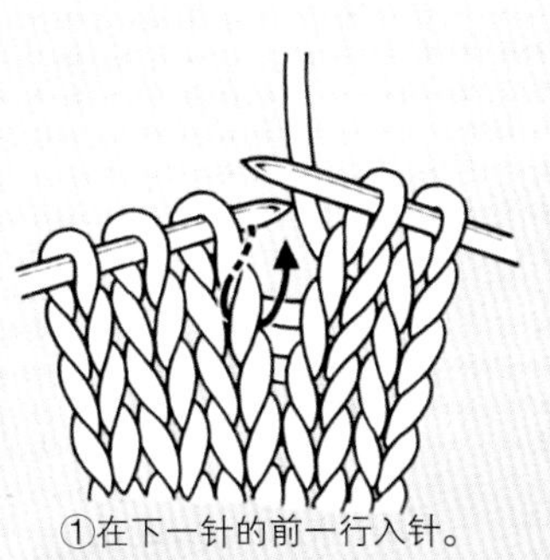

①在下一针的前一行入针。

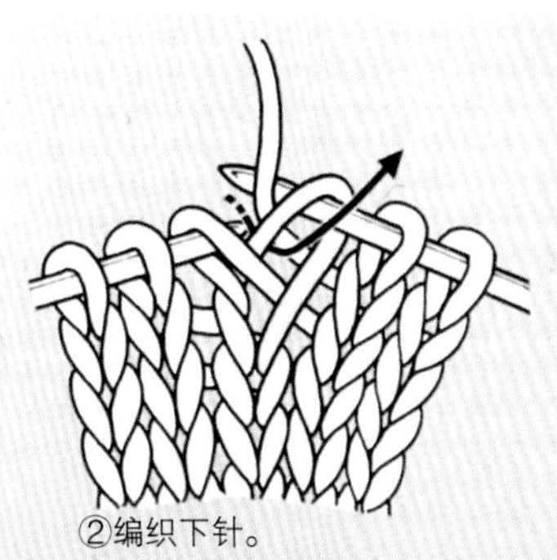

②编织下针。

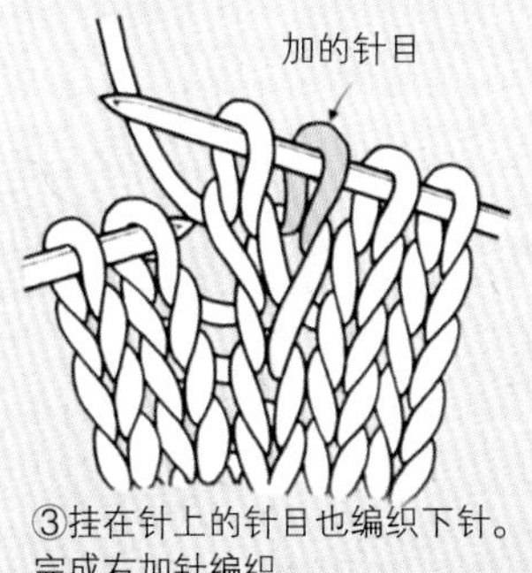

③挂在针上的针目也编织下针。完成右加针编织。

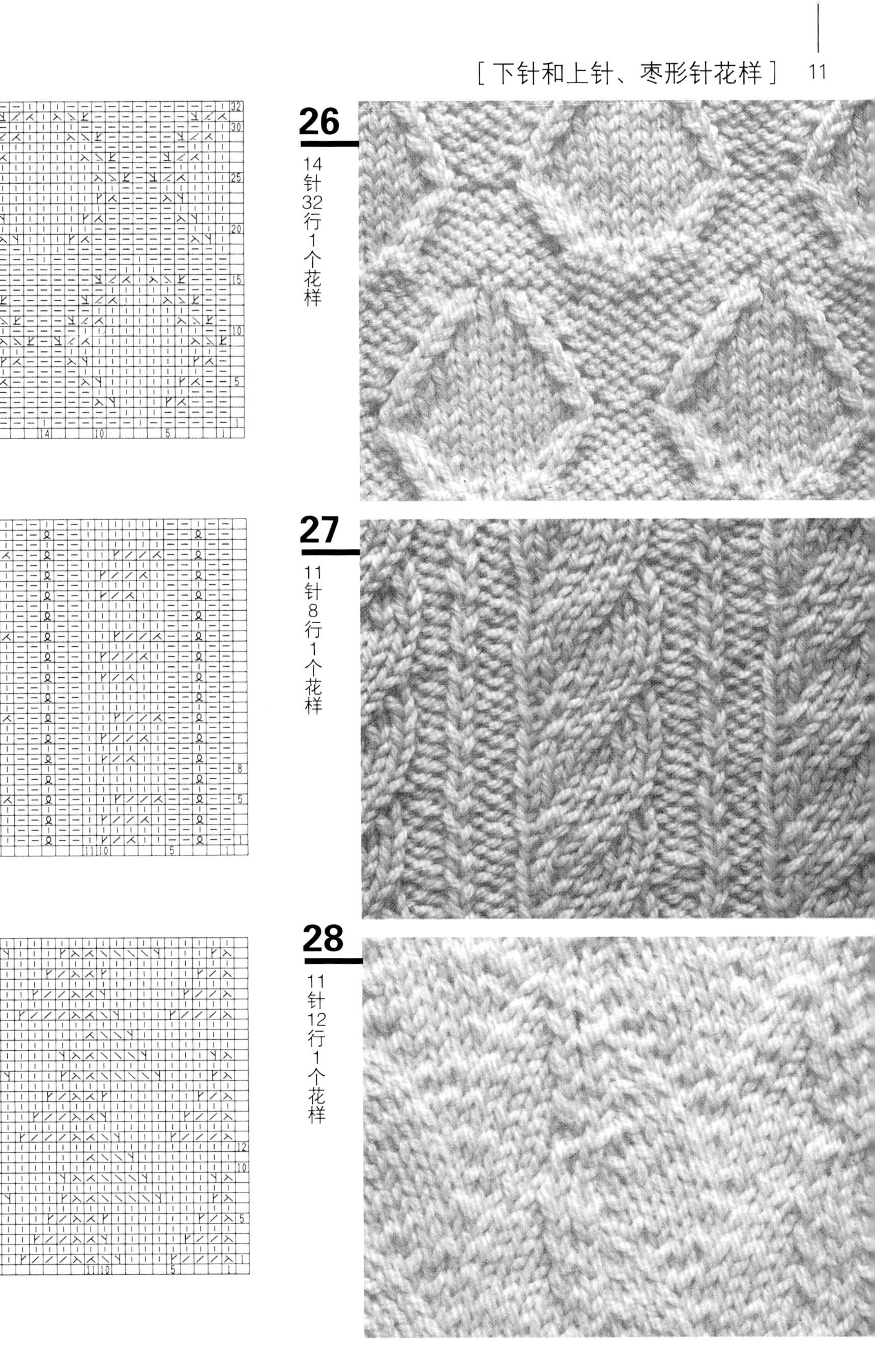

29

16针12行1个花样

30

11针16行1个花样

31

18针20行1个花样

左上2针并1针

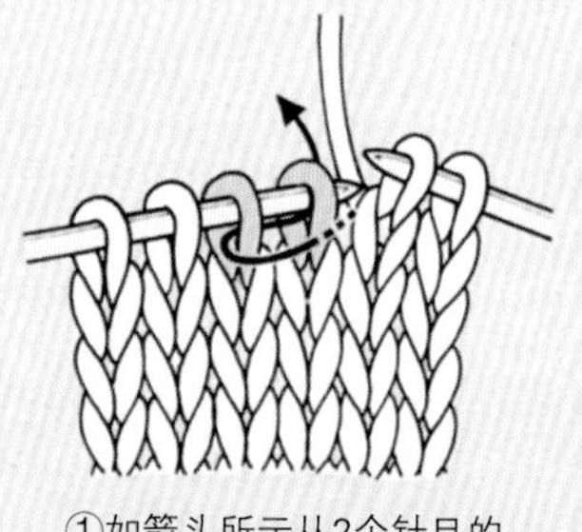

①如箭头所示从2个针目的左侧一起插入右针。

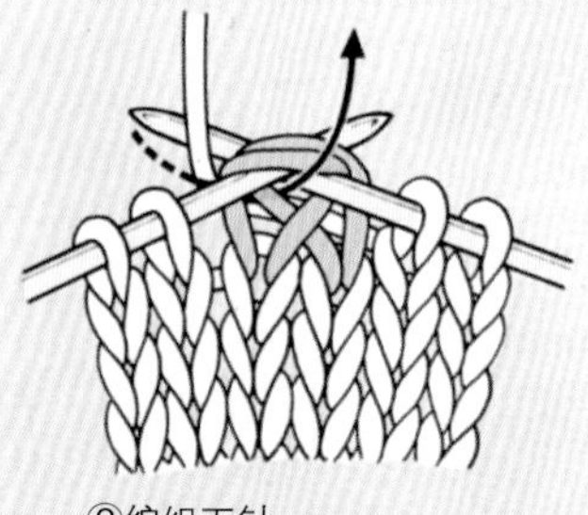

②编织下针。

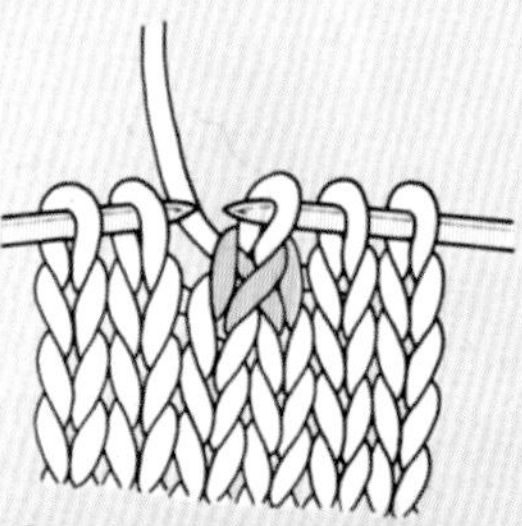

③完成左上2针并1针编织。

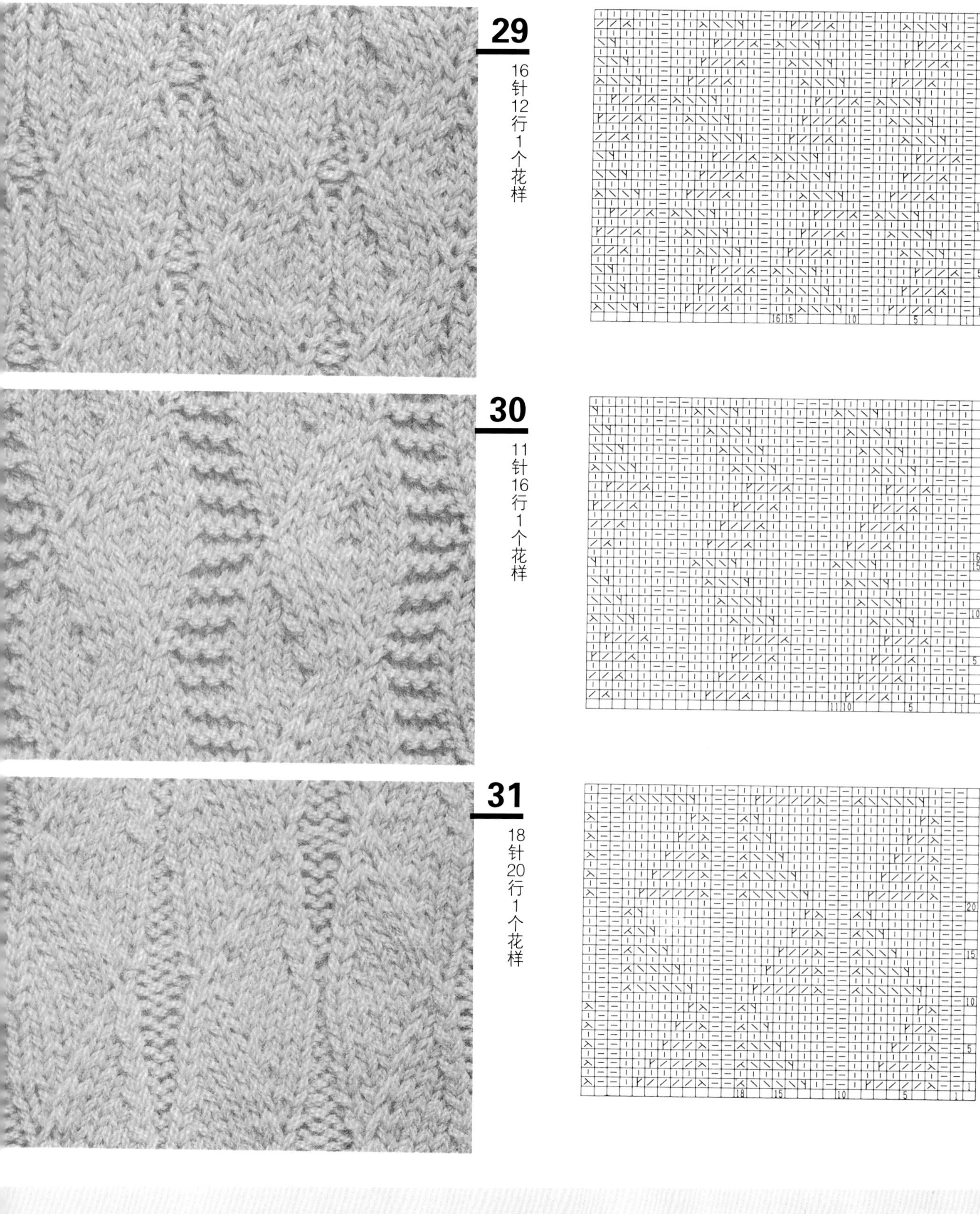

32

15针2行1个花样

33

17针8行1个花样

34

22针10行1个花样

右上2针并1针

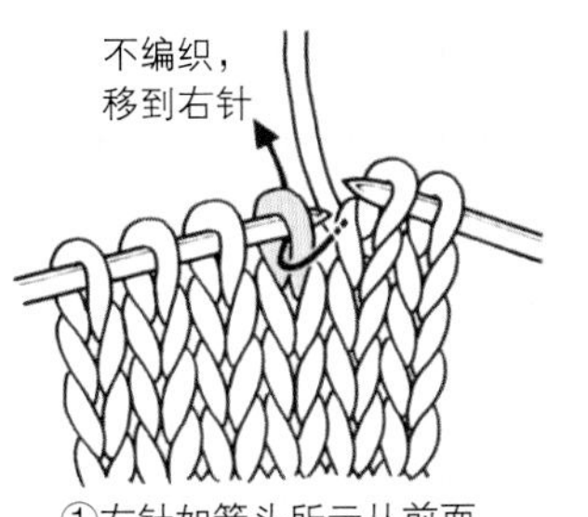

①右针如箭头所示从前面入针，不编织移到右针上。

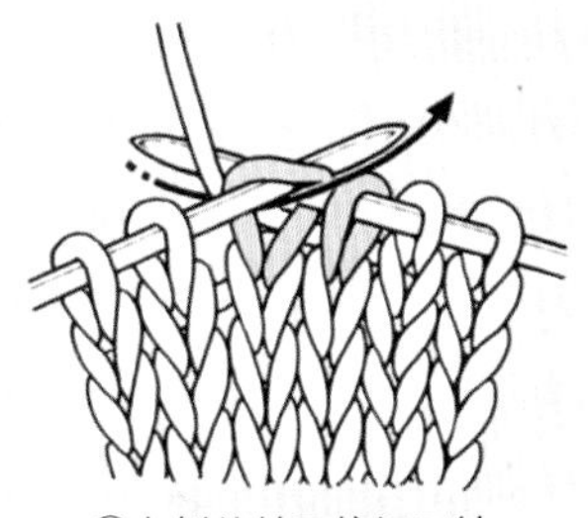

②左侧的针目编织下针。

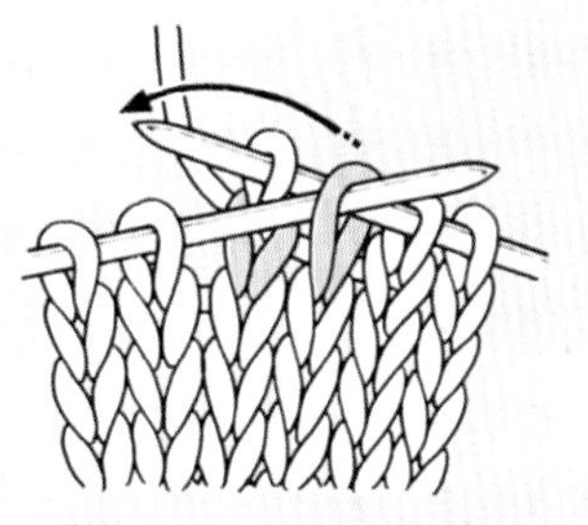

③将移动的右针的针目盖到左侧的针目上。

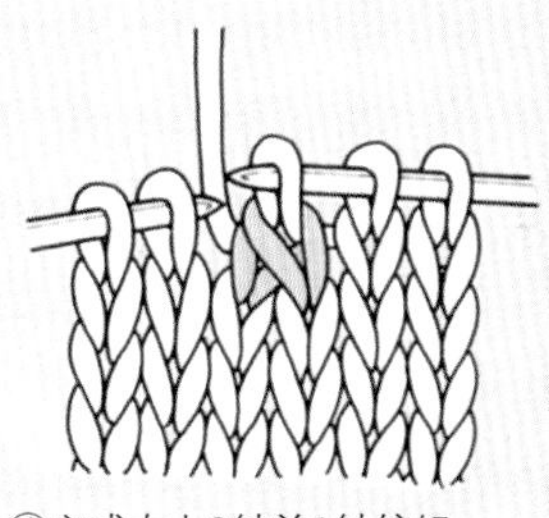

④完成右上2针并1针编织。

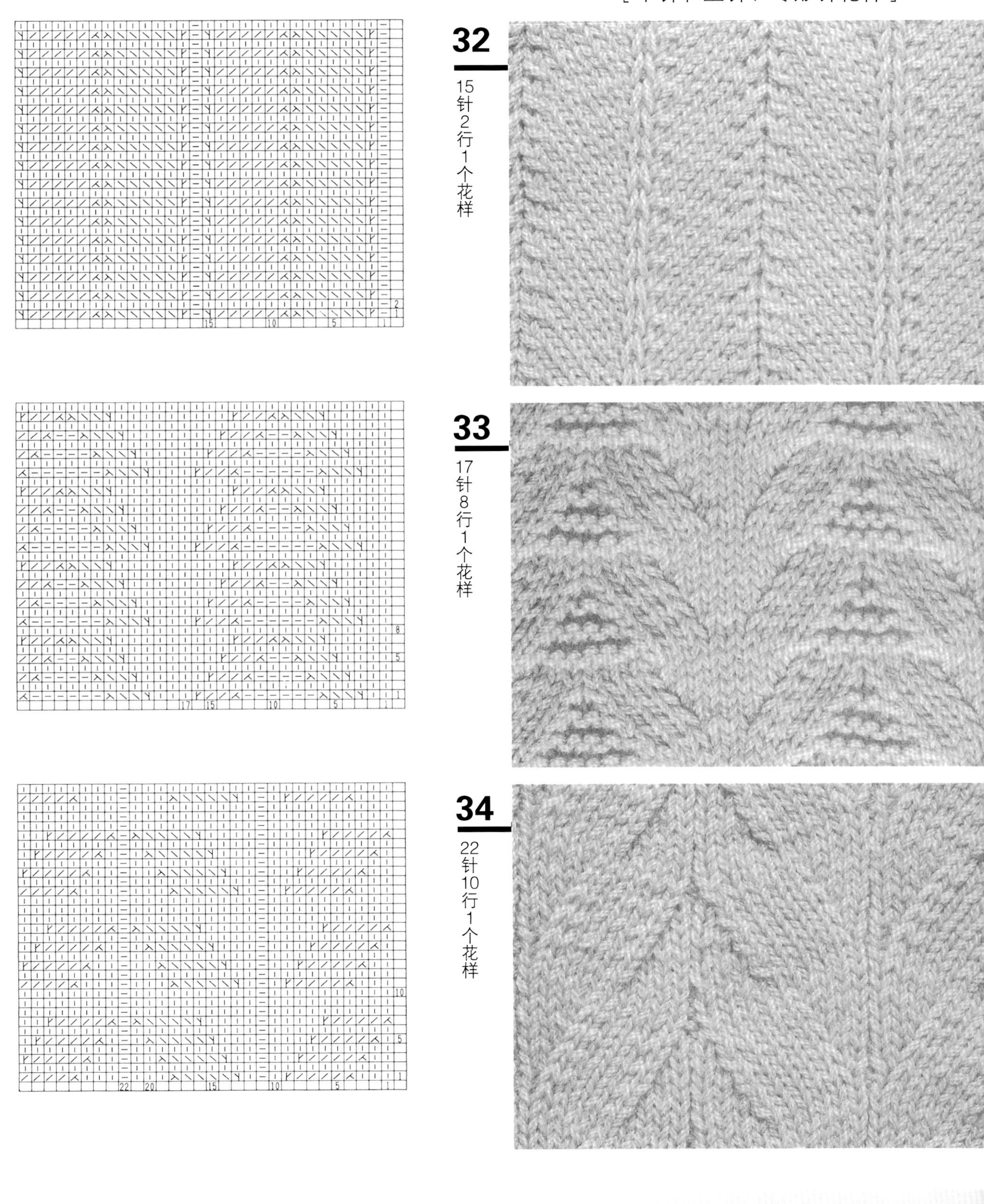

35

11针4行1个花样

36

16针12行1个花样

37

10针2行1个花样

左偏针

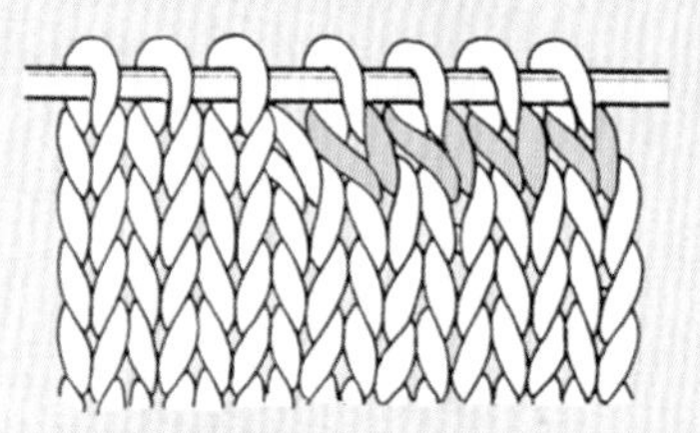

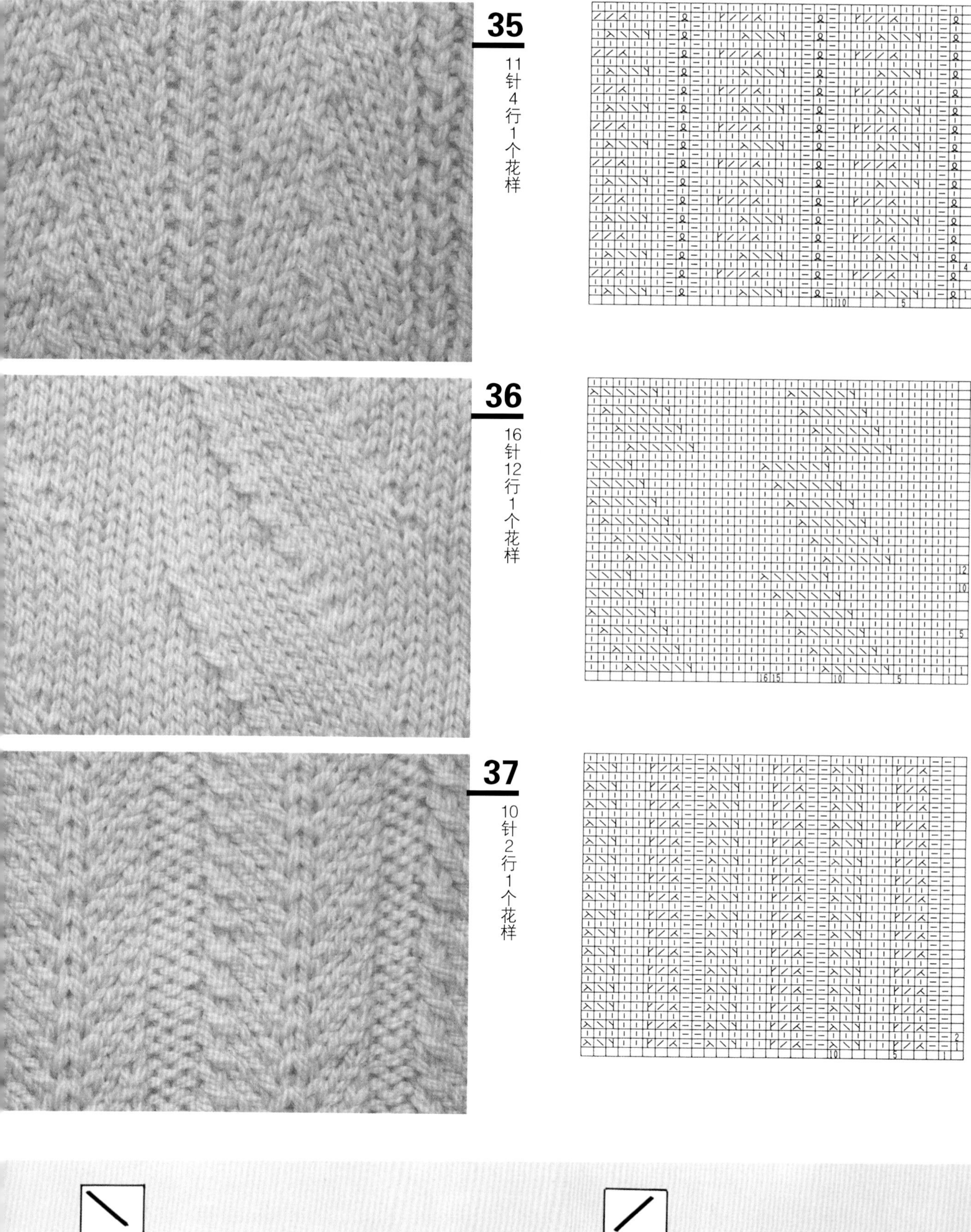

由于编织左上2针并1针的原因，针目向左侧倾斜。

右偏针

由于编织右上2针并1针的原因，针目向右侧倾斜。

38

13针12行1个花样

39

20针8行1个花样

40

10针24行1个花样

右偏针
（上针）

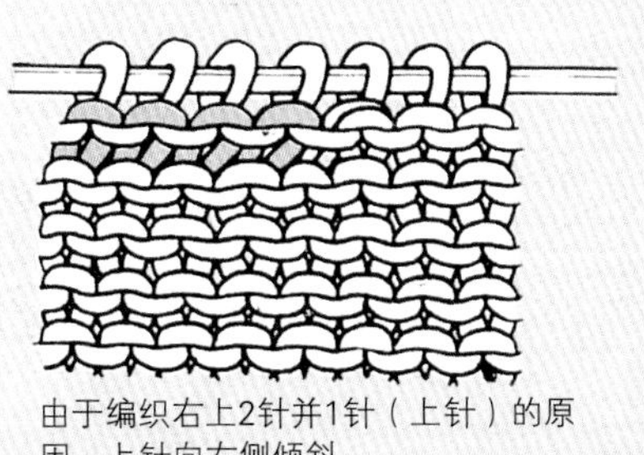

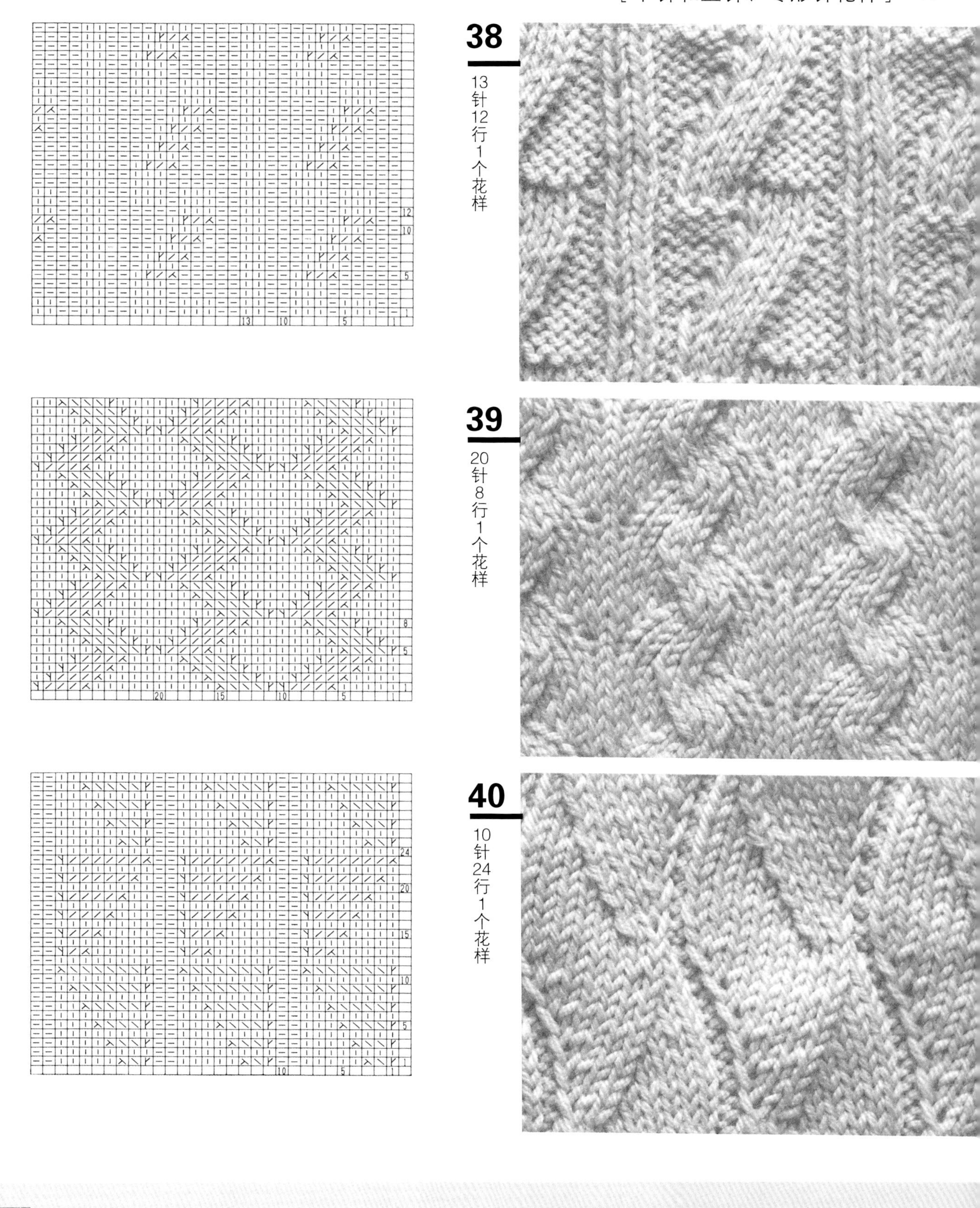

由于编织右上2针并1针（上针）的原因，上针向右侧倾斜。

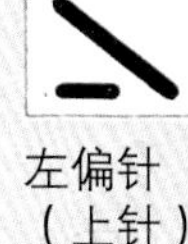

左偏针
（上针）

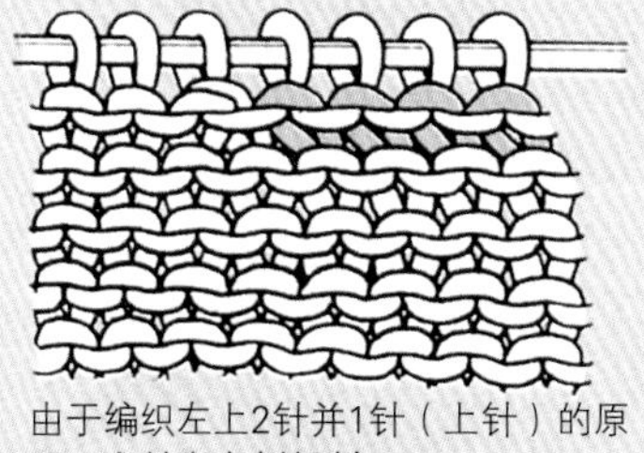

由于编织左上2针并1针（上针）的原因，上针向左侧倾斜。

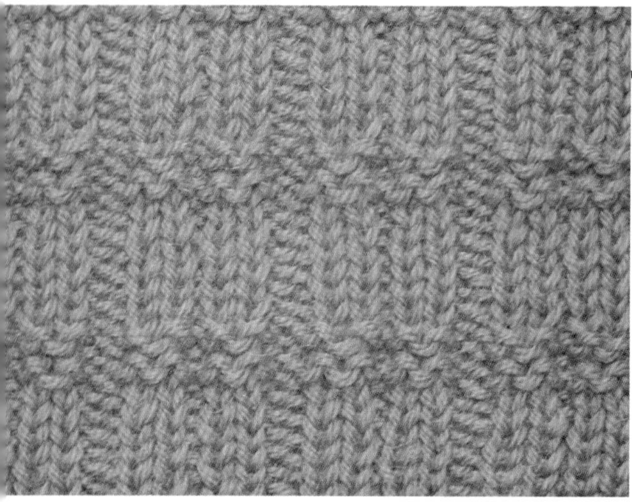

41

7针10行1个花样

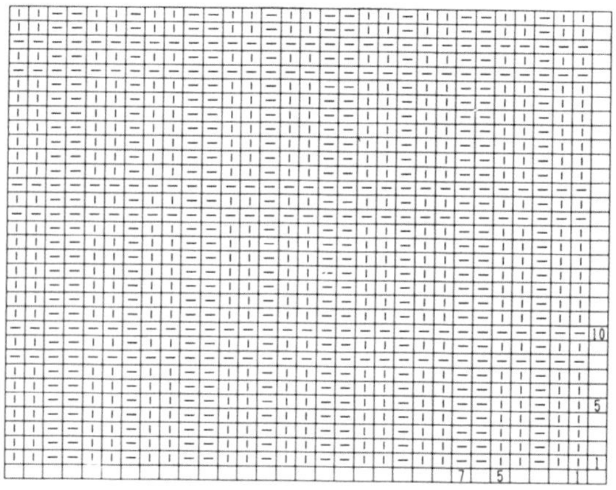

42

3针2行1个花样

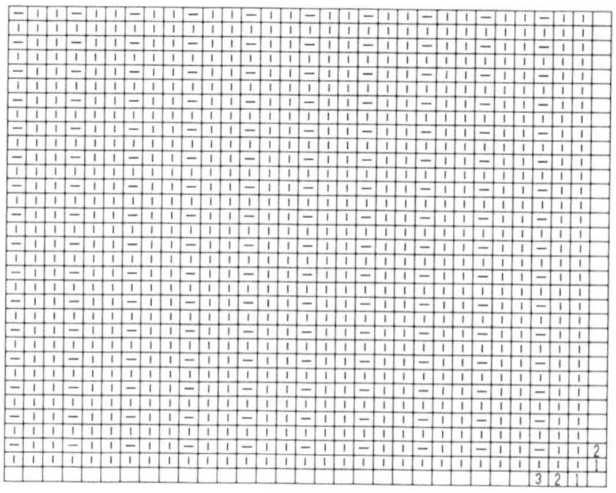

43

8针8行1个花样

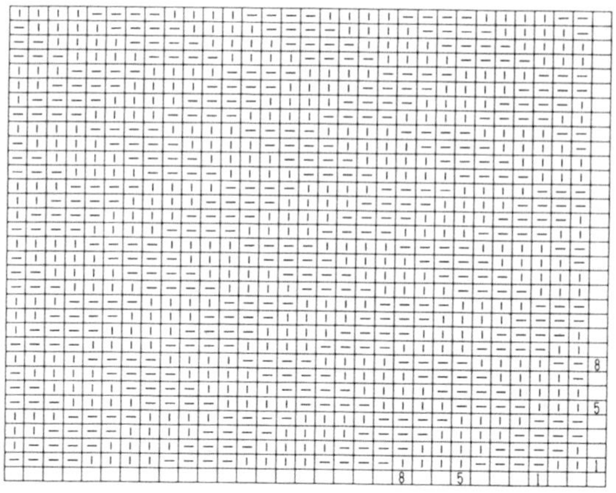

44

4针4行1个花样

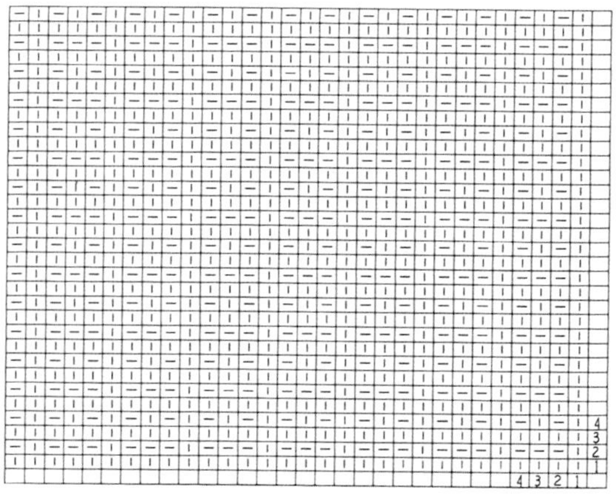

45

20针28行1个花样

46

6针20行1个花样

47

12针30行1个花样

48

14针4行1个花样

□=炭灰色　　▨=黑色

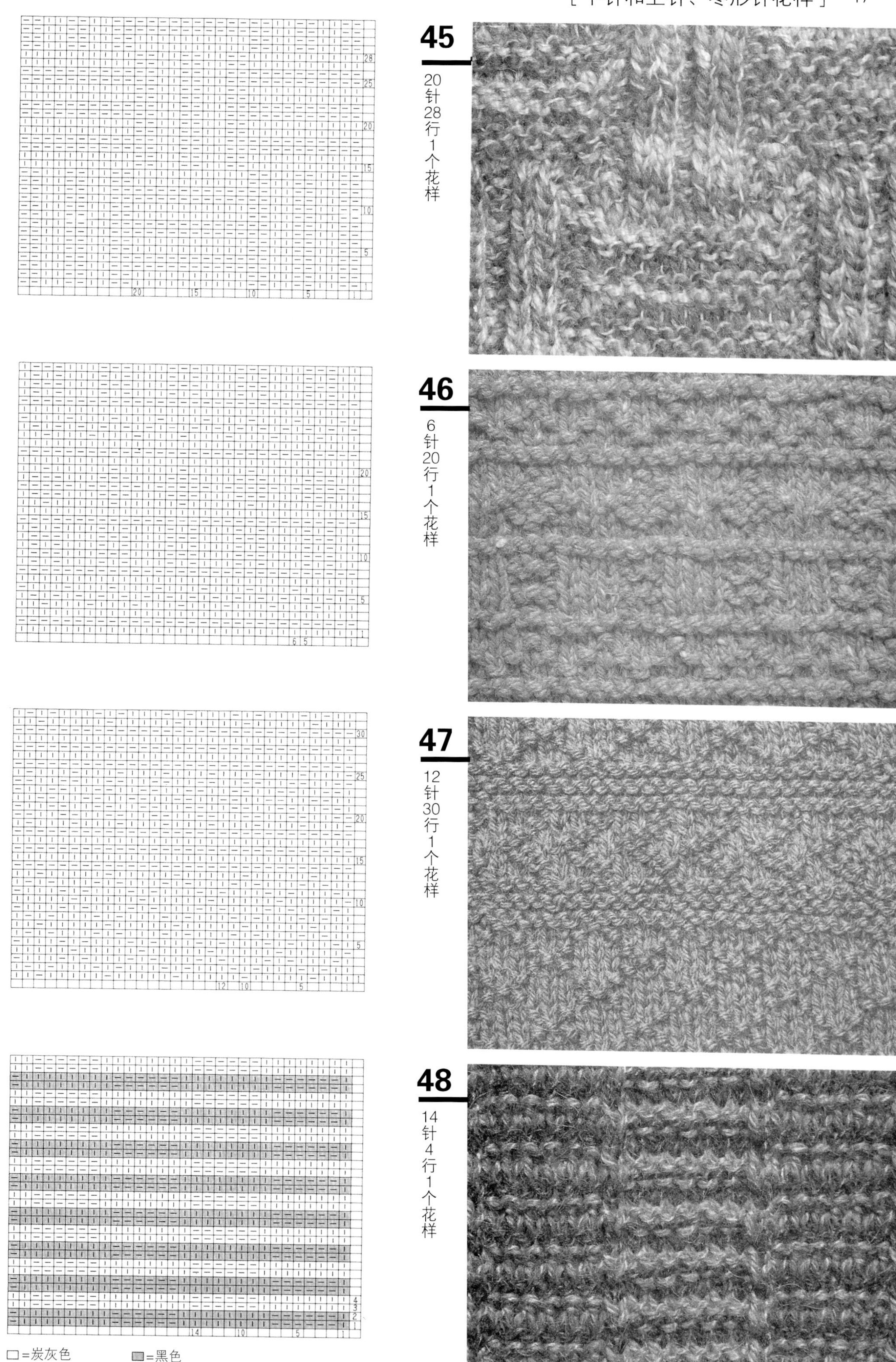

49

3针1行1个花样

50

12针6行1个花样

51

6针2行1个花样

扭针

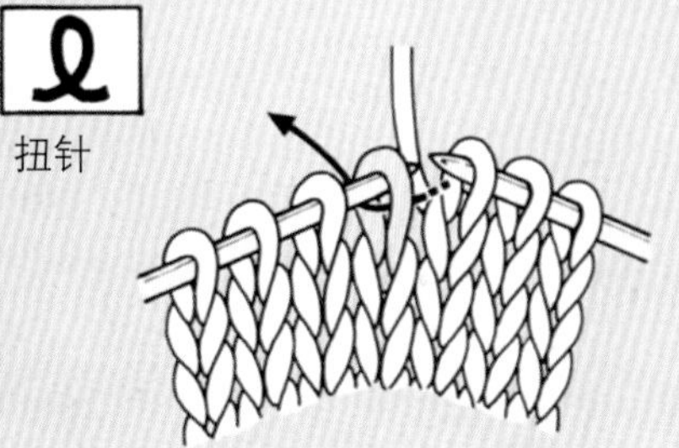

①如箭头所示入针。

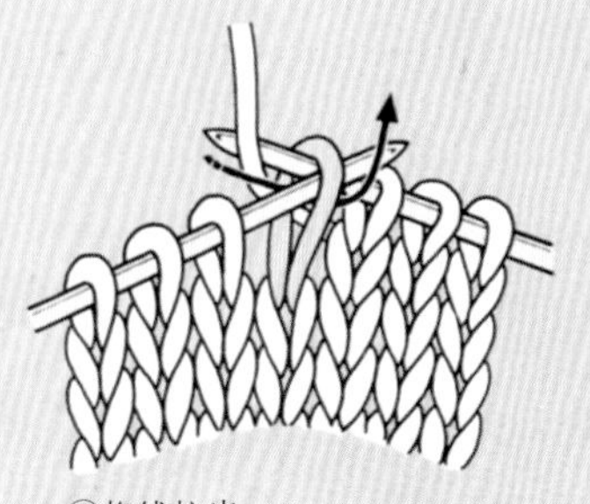

②将线拉出。

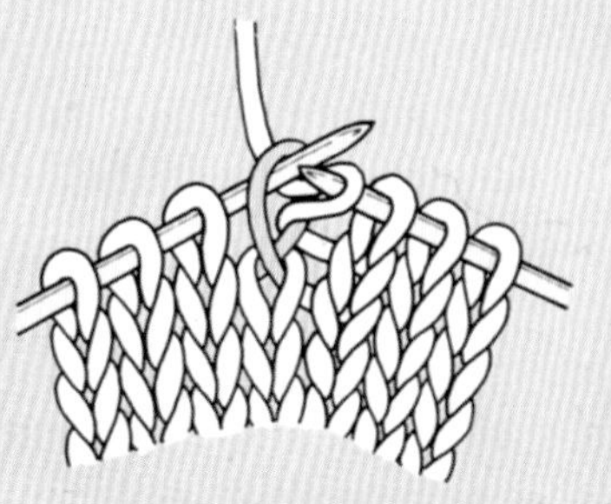

③从针目的根部扭转。

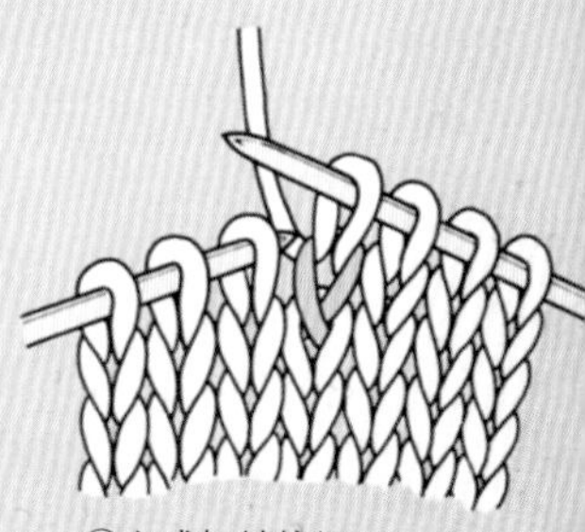

④完成扭针编织。

52

6针8行1个花样

53

8针10行1个花样

54

4针6行1个花样

3 | |

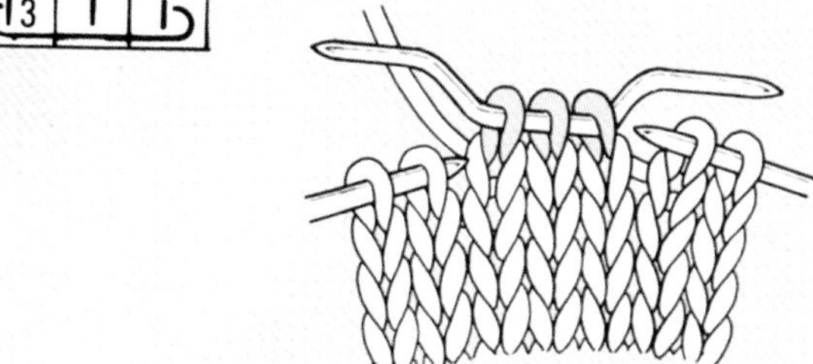

①将编织的3针移到麻花针上。

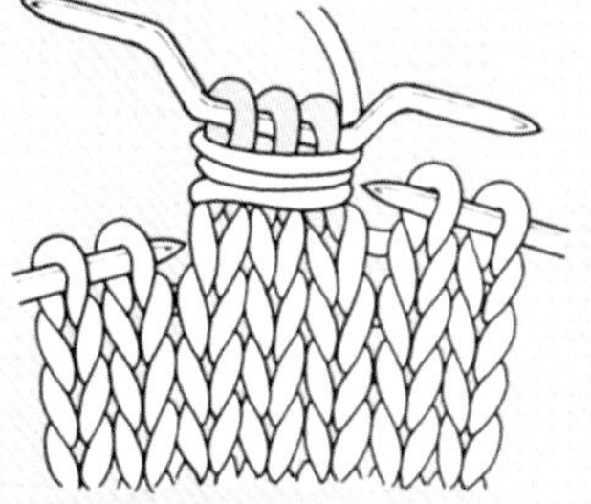

②将线逆时针缠到移动的3针上。

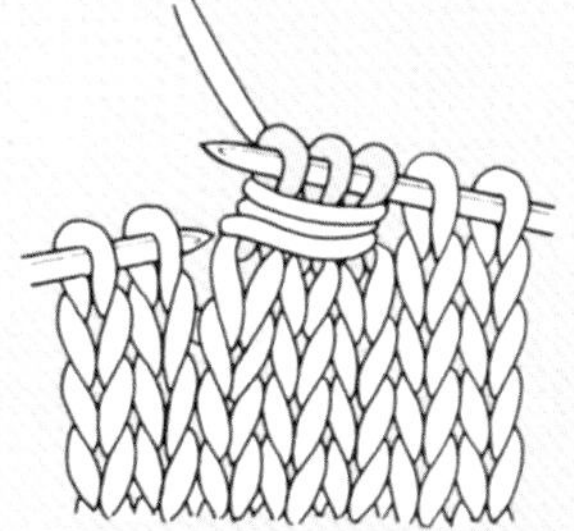

③完成编织。下一针正常编织。

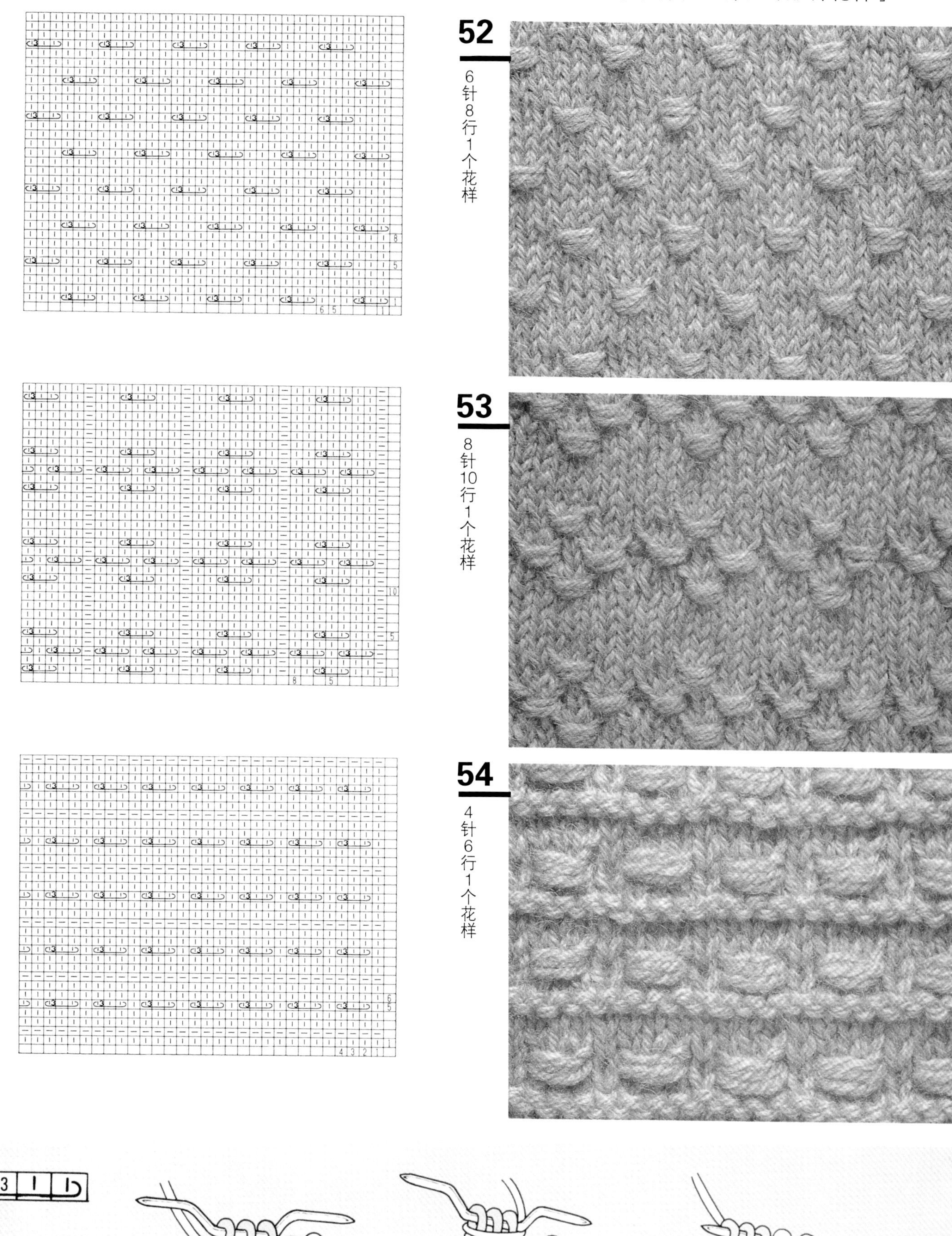

55

6针8行1个花样

8
5
1
6 5 1

56

6针6行1个花样

6
5
1
6 5 1

57

26针14行1个花样

10行1个花样

14
10
5
1
26 25 20 15 10 5 1

58

15针8行1个花样

8
5
1
15 10 5 1

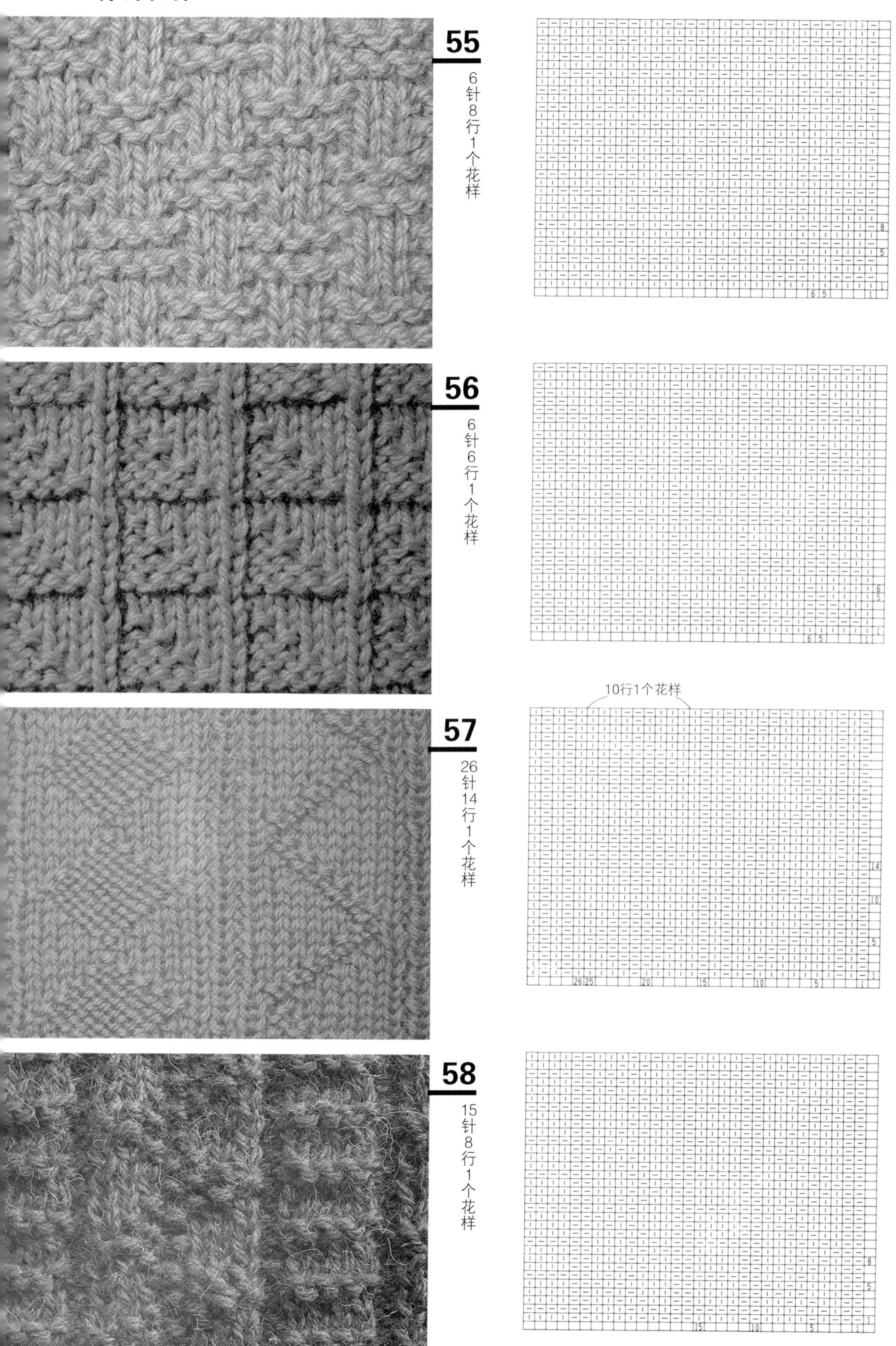

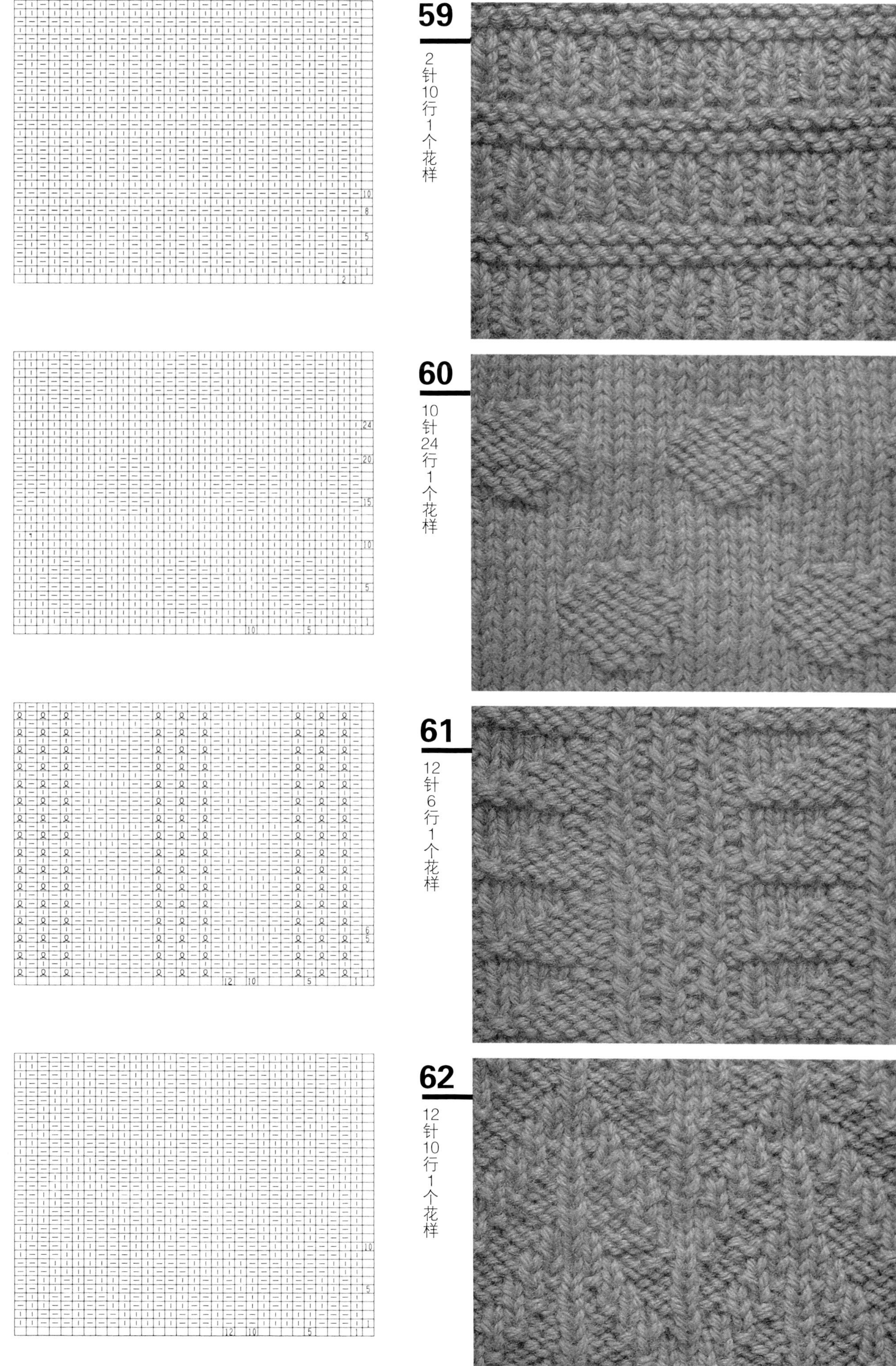
59
2针10行1个花样
60
10针24行1个花样
61
12针6行1个花样
62
12针10行1个花样

63

5针10行1个花样

● = 3

64

28针24行1个花样

● = 3

65

10针16行1个花样

● = 3

1针放3针
（下针、挂针、下针）

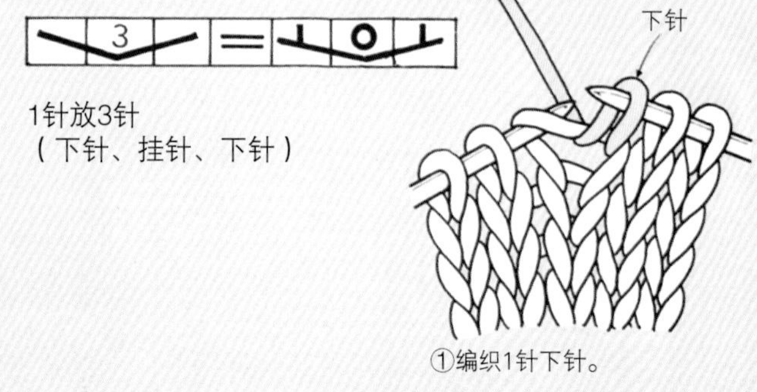

①编织1针下针。

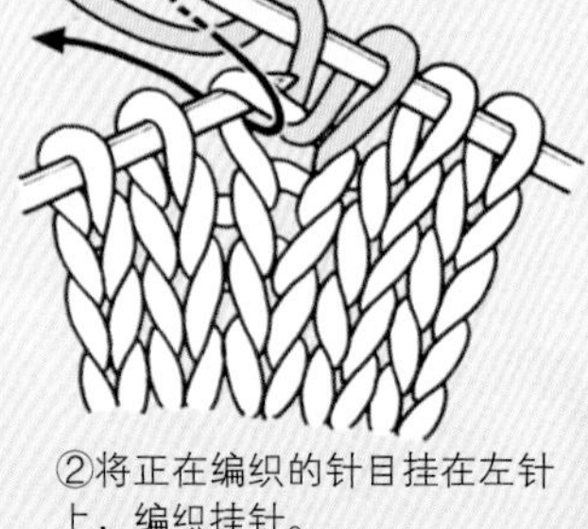

②将正在编织的针目挂在左针上，编织挂针。

③再编织1针下针。

66

6针8行1个花样

67

6针12行1个花样

68

21针20行1个花样

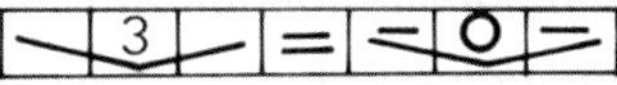

1针放3针
（上针、挂针、上针）

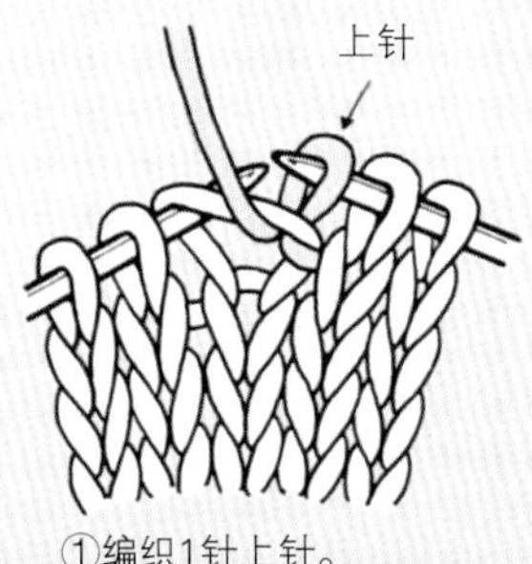

①编织1针上针。

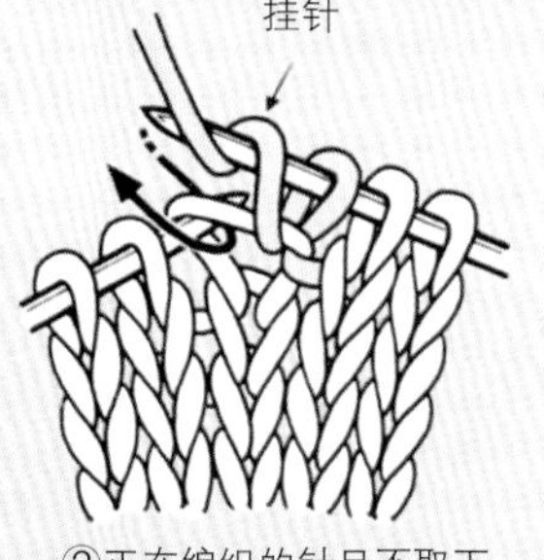

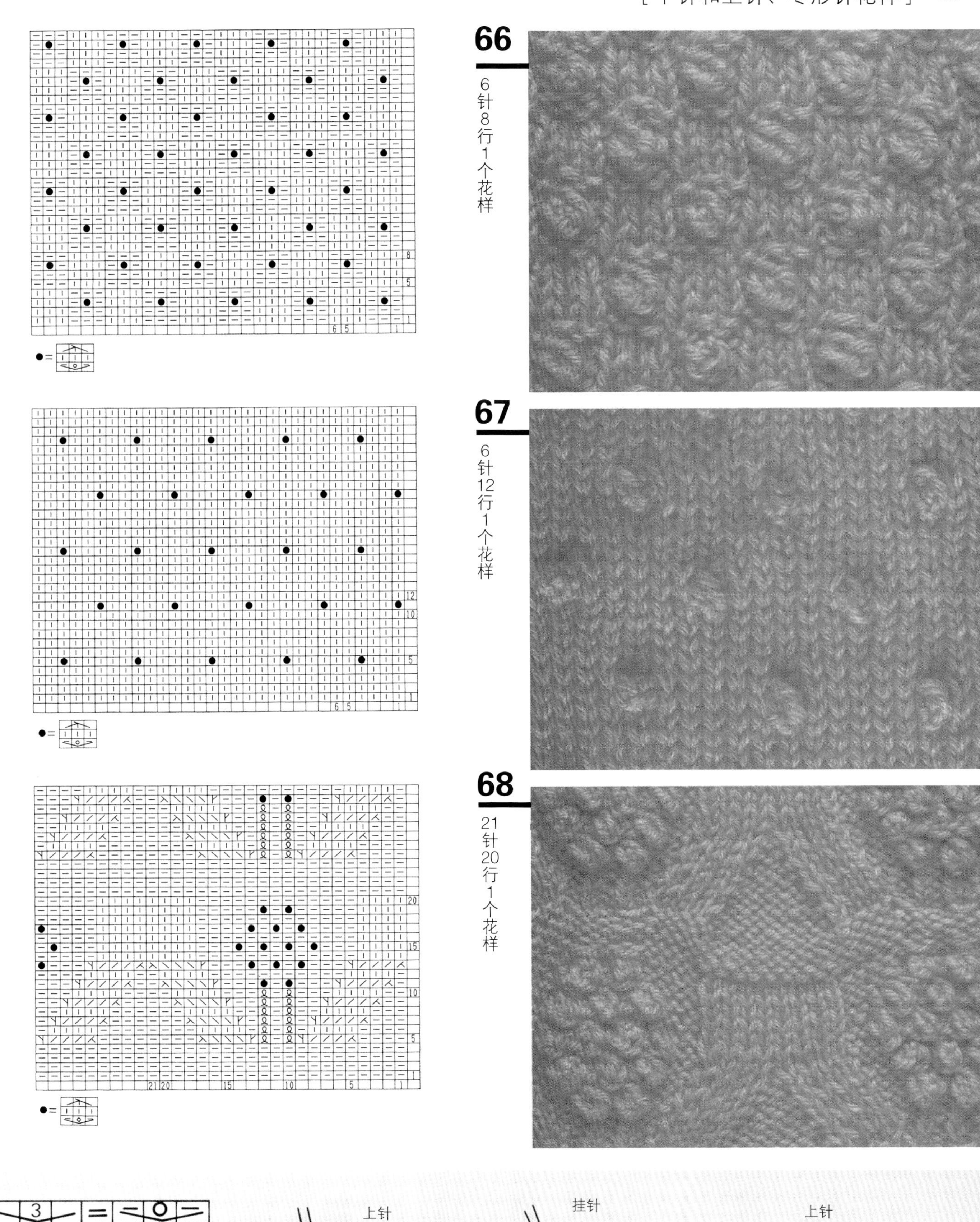

②正在编织的针目不取下直接编织挂针。

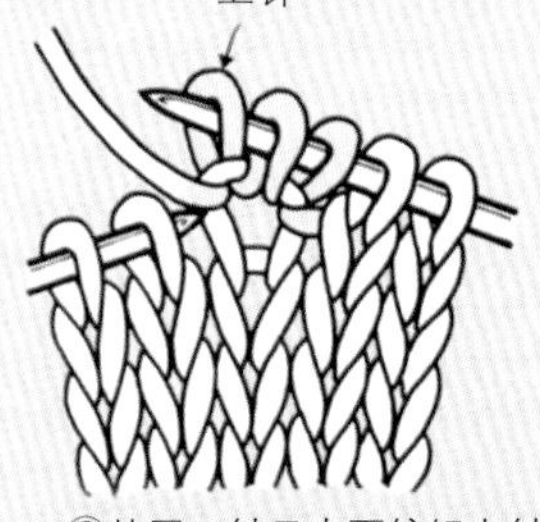

③从同一针目中再编织上针。

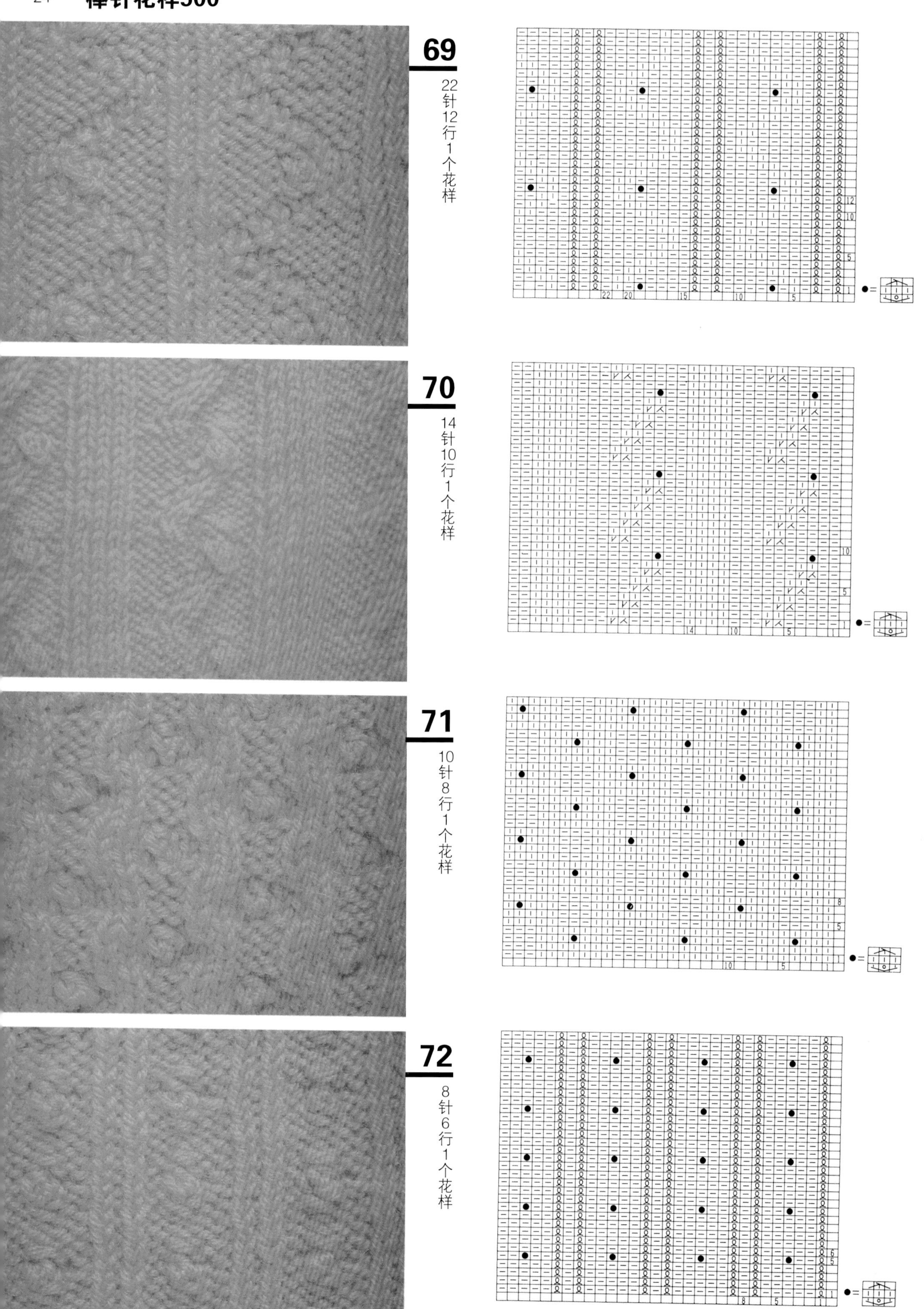

69

22针12行1个花样

70

14针10行1个花样

71

10针8行1个花样

72

8针6行1个花样

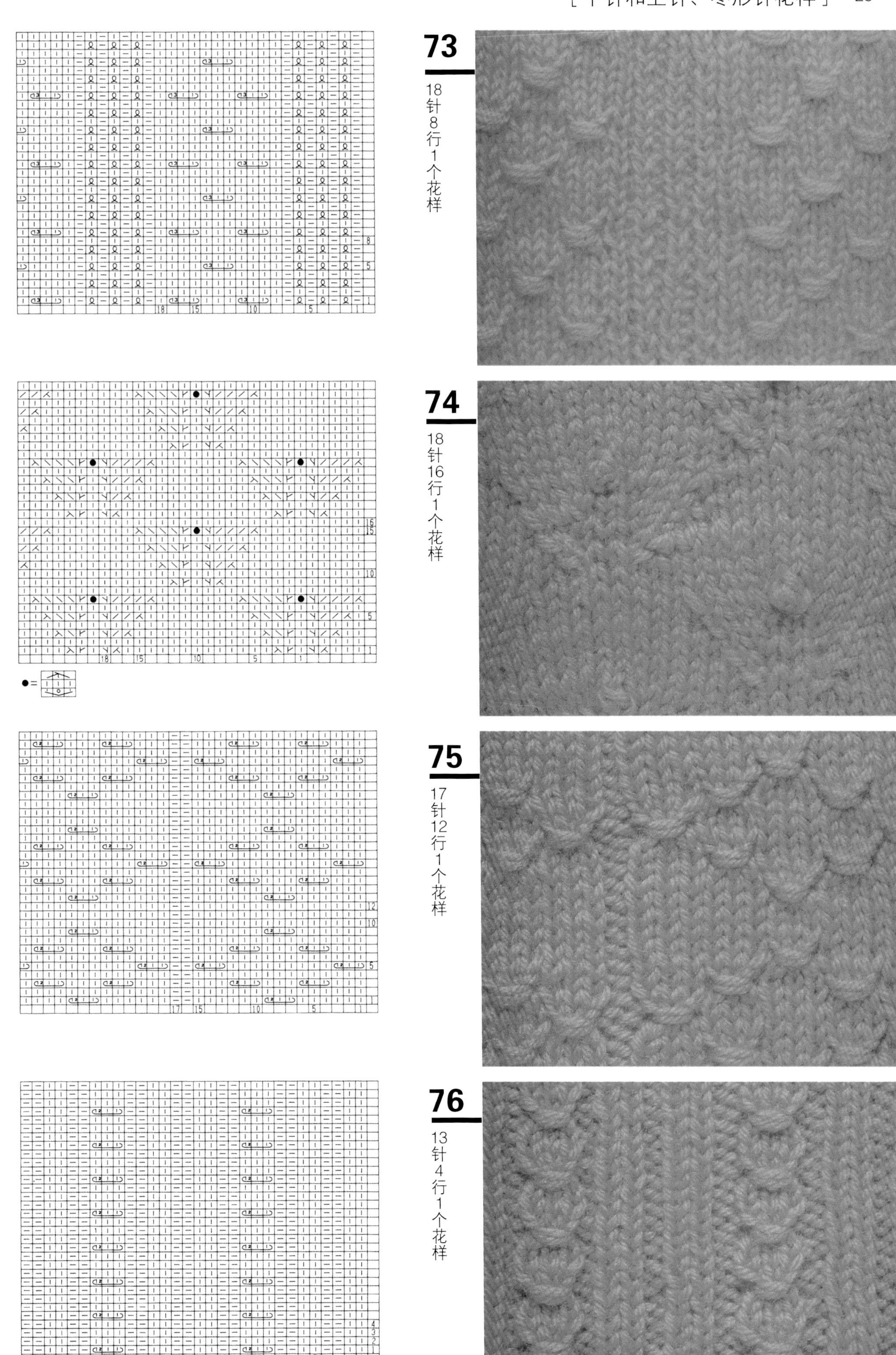
73
18针8行1个花样
74
18针16行1个花样
75
17针12行1个花样
76
13针4行1个花样

77

4针2行1个花样

78

4针4行1个花样

79

6针4行1个花样

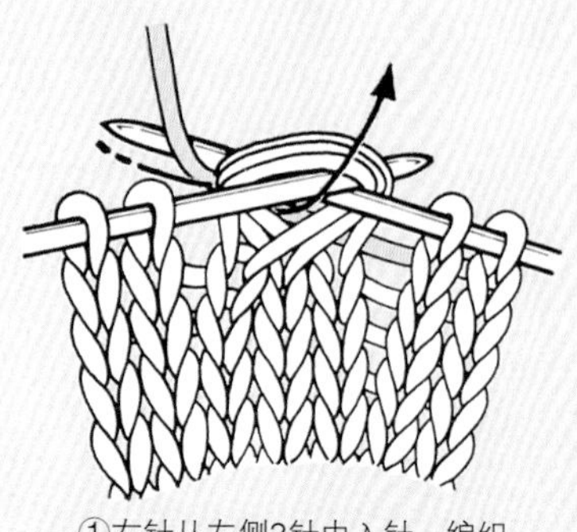

①右针从左侧3针中入针，编织下针。

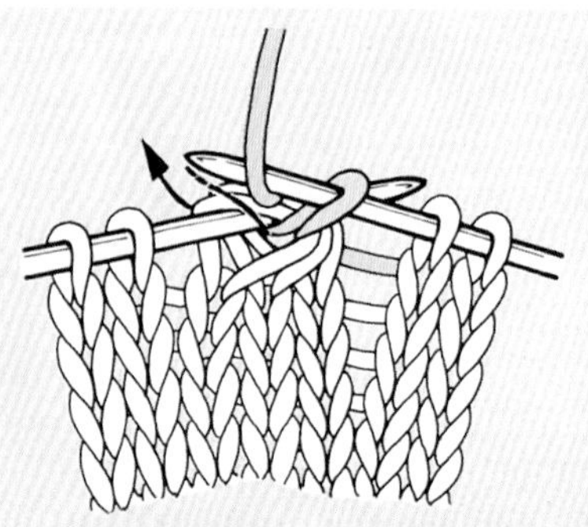

②3针挂在左针上，编织挂针。

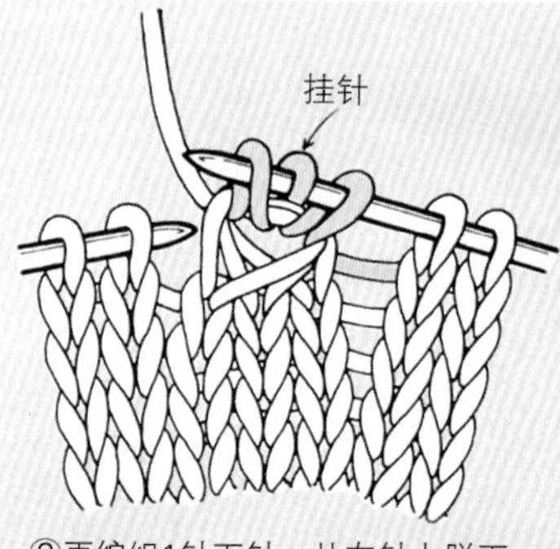

③再编织1针下针，从左针上脱下针目。

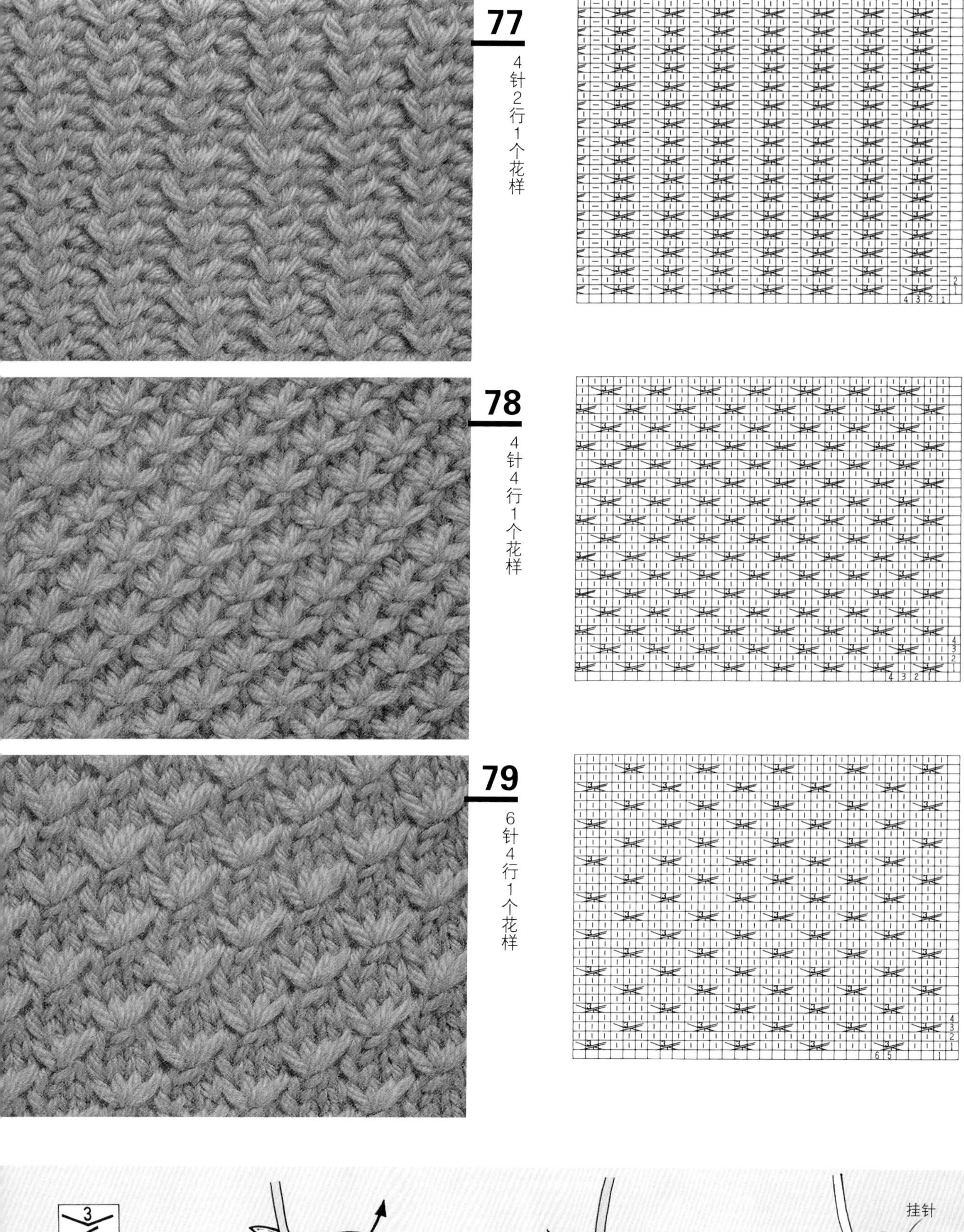

80

8针6行1个花样

81

4针14行1个花样

82

12针12行1个花样

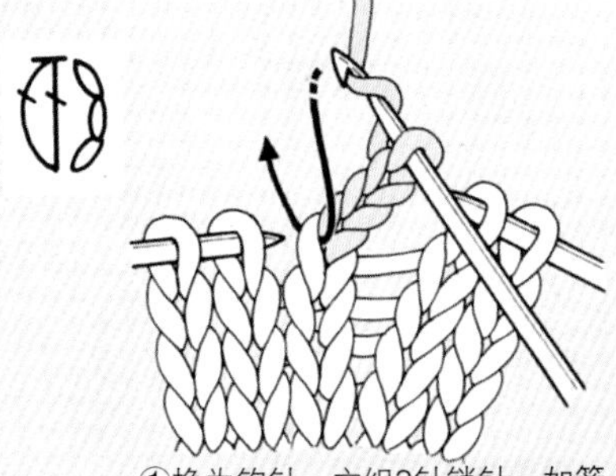

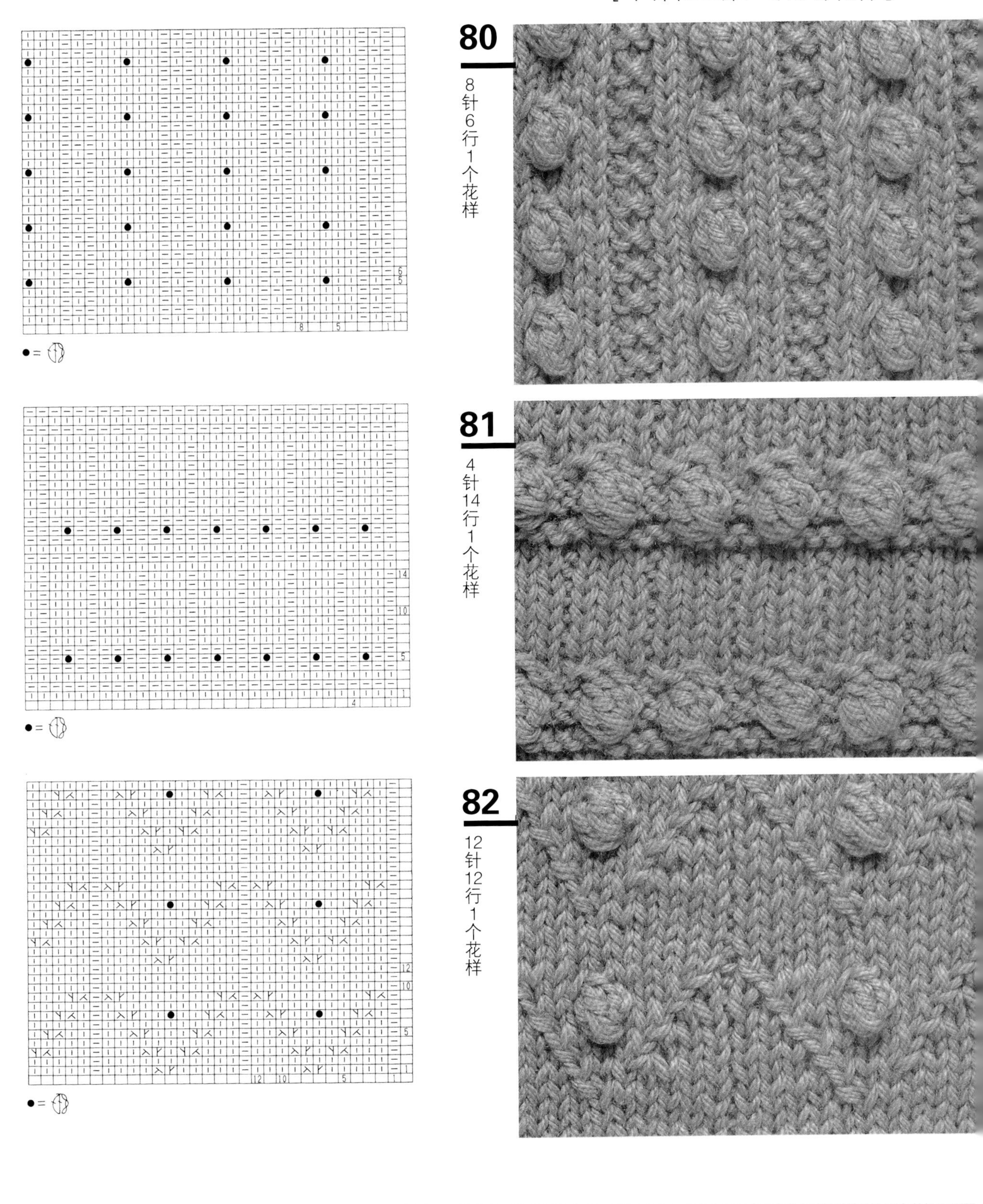

①换为钩针，立织3针锁针，如箭头所示，针上挂线。

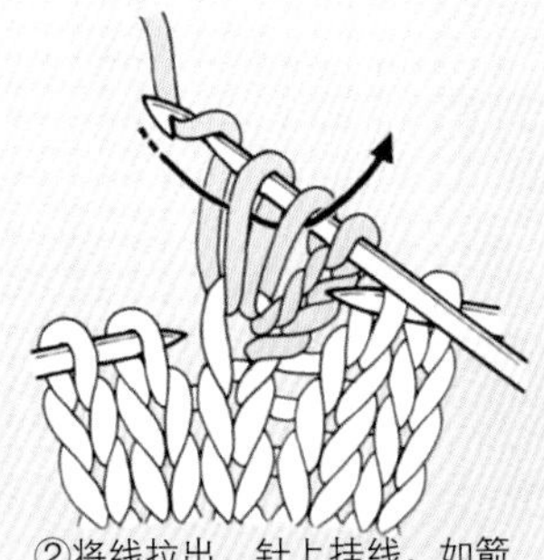

②将线拉出，针上挂线，如箭头所示引拔编织未完成的长针。

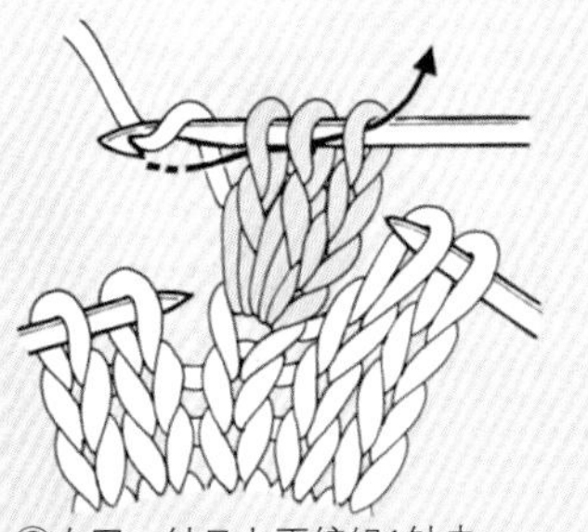

③在同一针目上再编织1针未完成的长针，将针上的3个线圈一起引拔出。

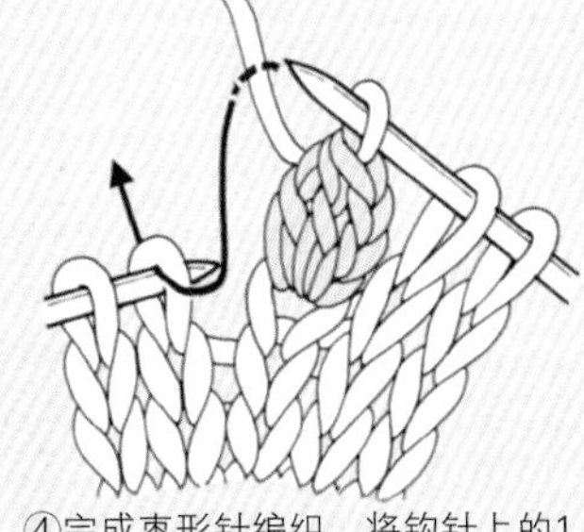

④完成枣形针编织，将钩针上的1针移到棒针上，编织下一针目。

83

6针12行1个花样

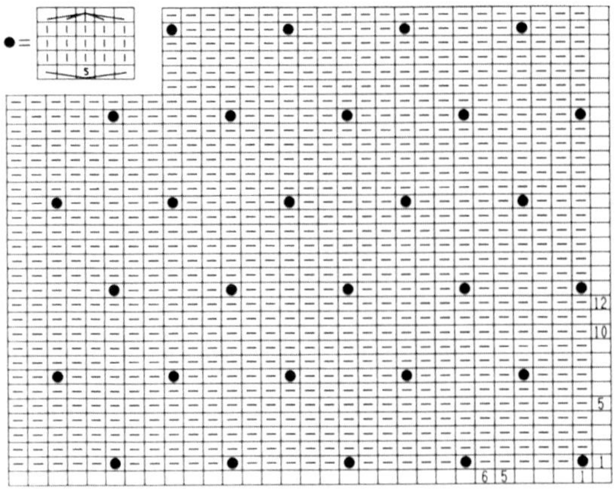

84

7针8行1个花样

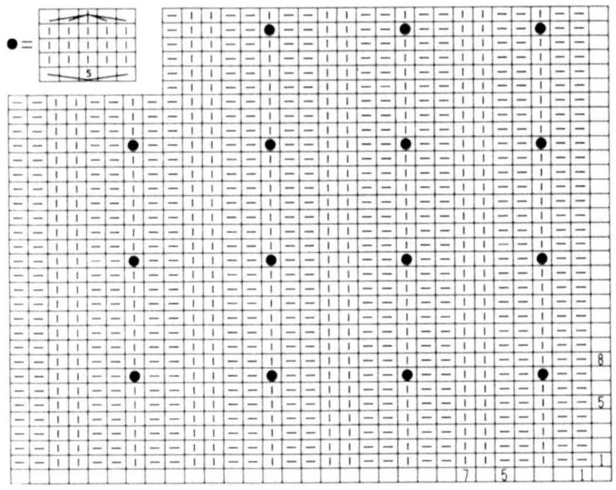

85

14针20行1个花样

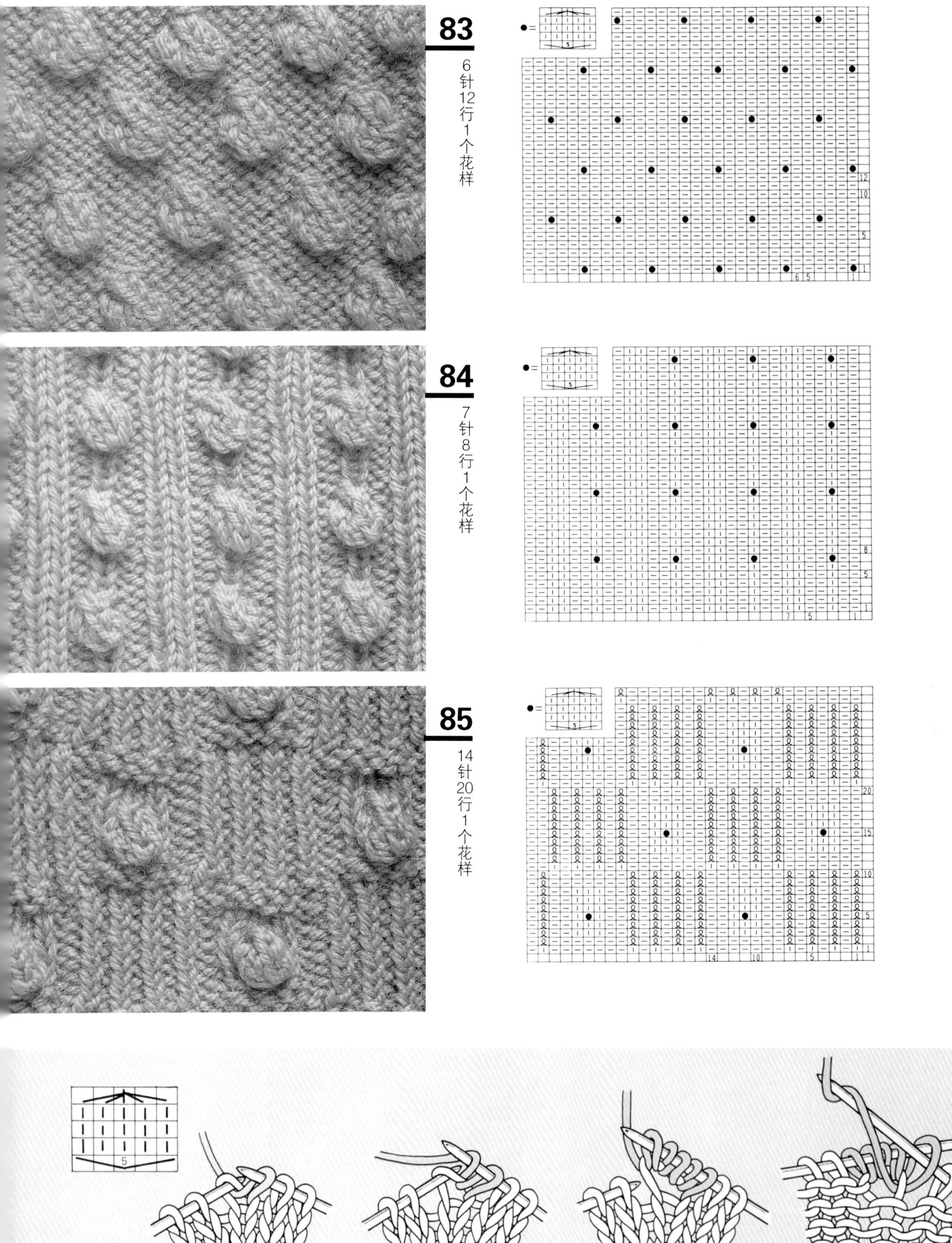

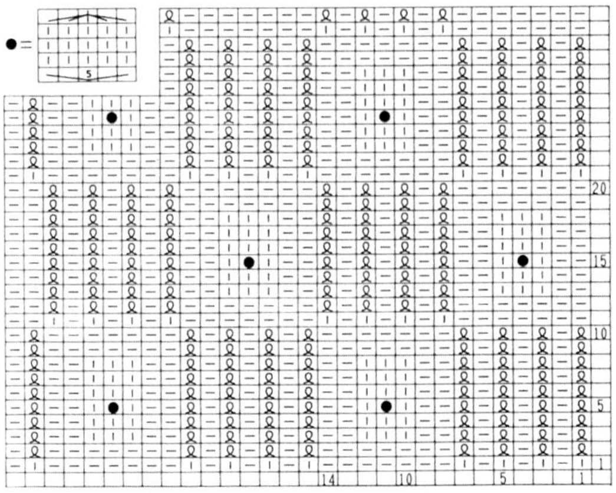

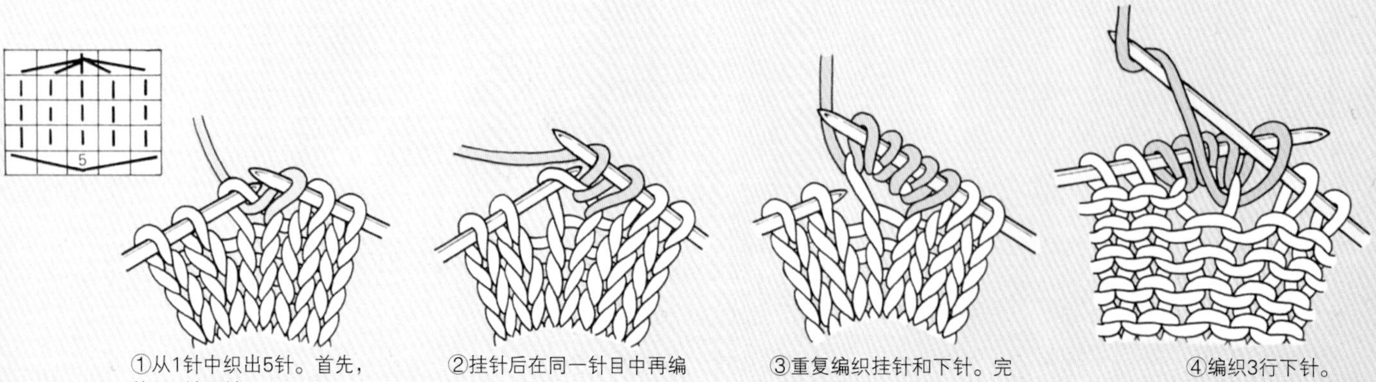

①从1针中织出5针。首先，编织1针下针。

②挂针后在同一针目中再编织1针下针。

③重复编织挂针和下针。完成1针放5针的编织。

④编织3行下针。

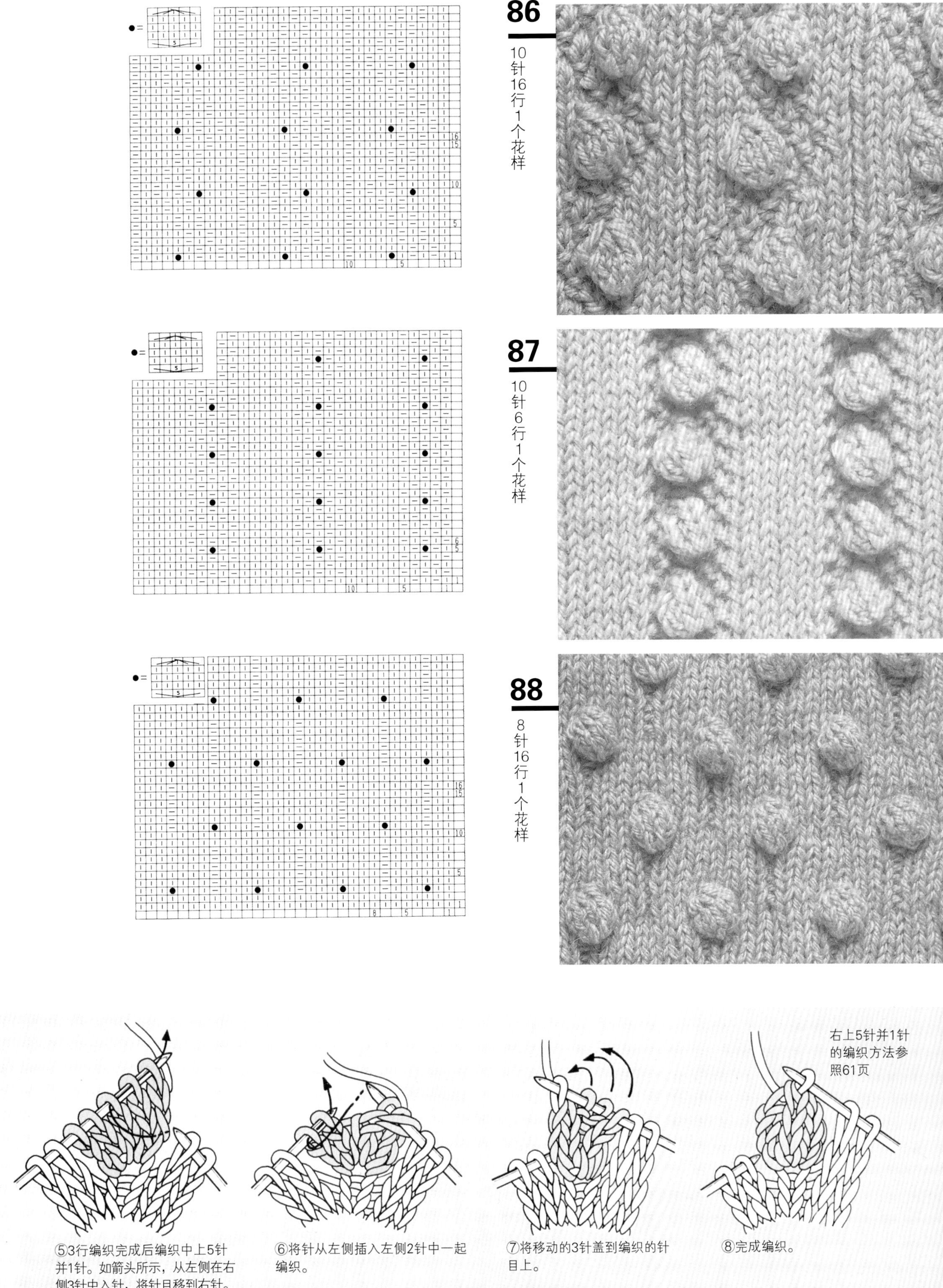
86
10针16行1个花样
87
10针6行1个花样
88
8针16行1个花样
右上5针并1针的编织方法参照61页
⑤3行编织完成后编织中上5针并1针。如箭头所示，从左侧在右侧3针中入针，将针目移到右针。
⑥将针从左侧插入左侧2针中一起编织。
⑦将移动的3针盖到编织的针目上。
⑧完成编织。

89

6针16行1个花样

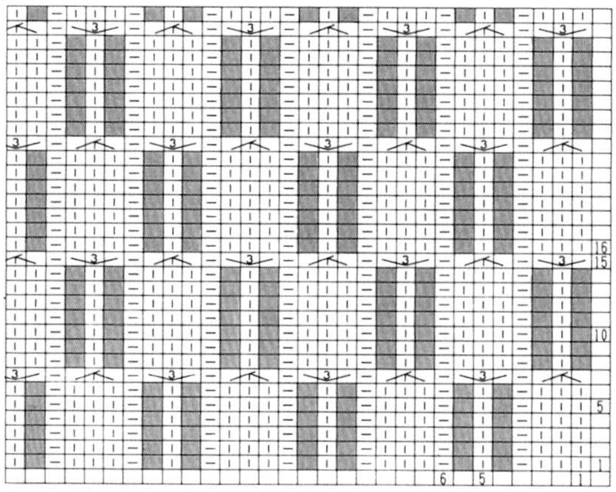

▒=无针目部分

90

7针12行1个花样

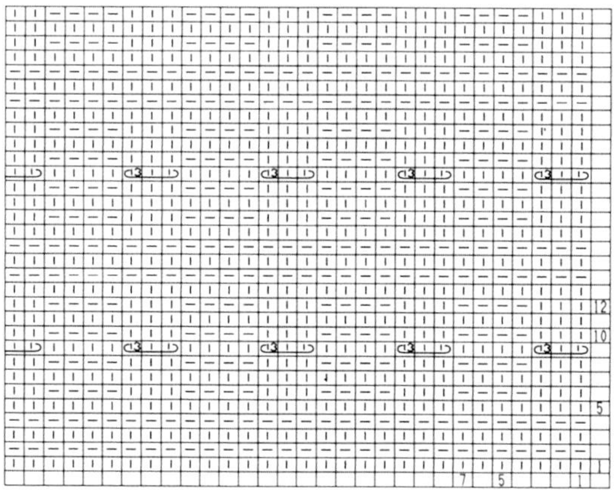

91

13针8行1个花样

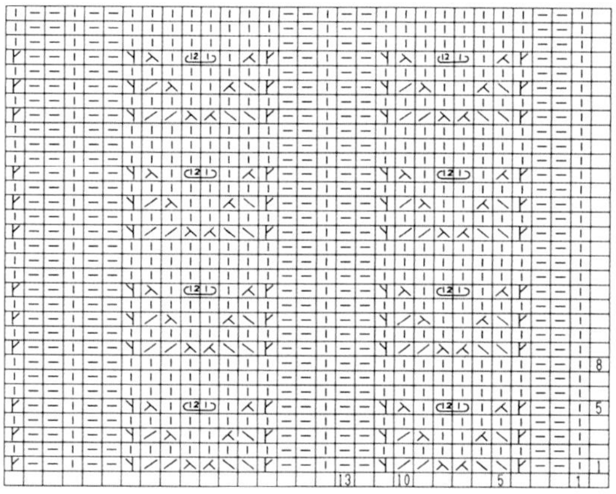

92

21针8行1个花样

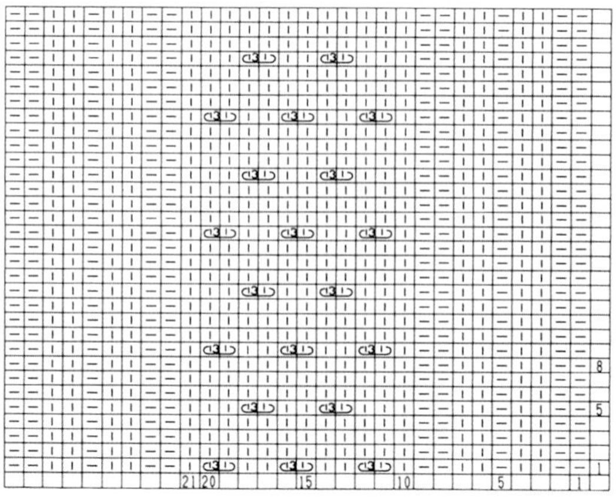

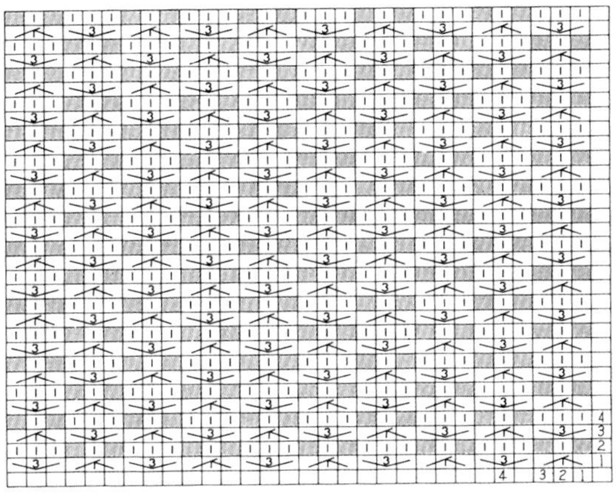

93

4针4行1个花样

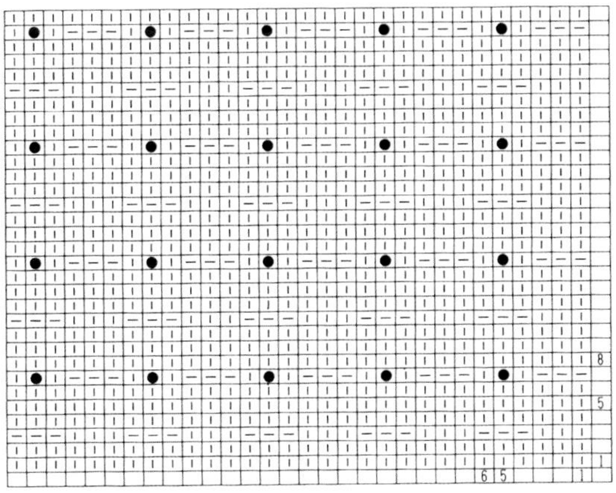

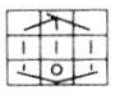

▨ =无针目部分

94

6针8行1个花样

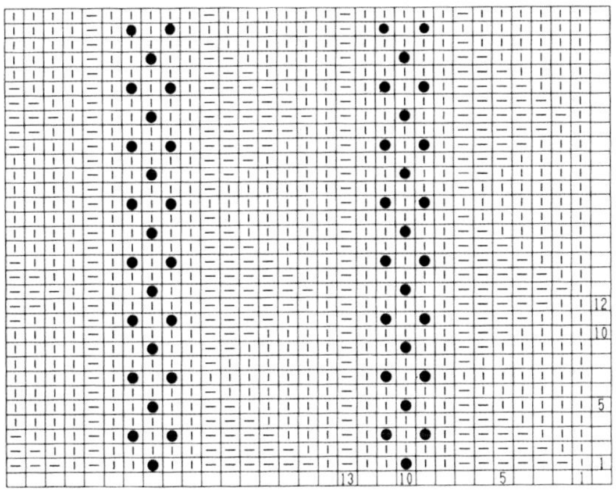

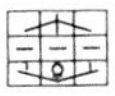

95

13针12行1个花样

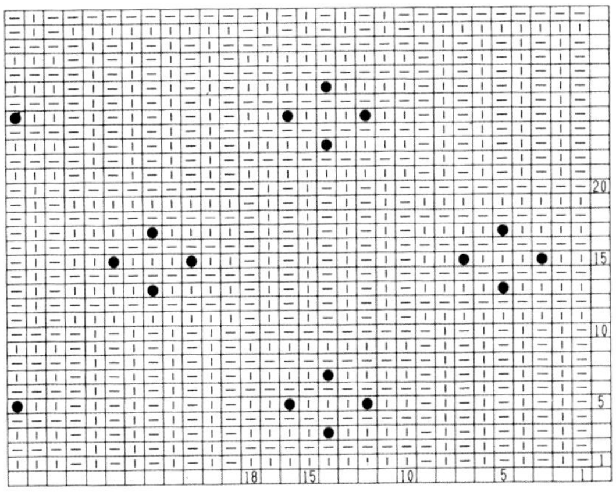

96

18针20行1个花样

97

14针16行1个花样

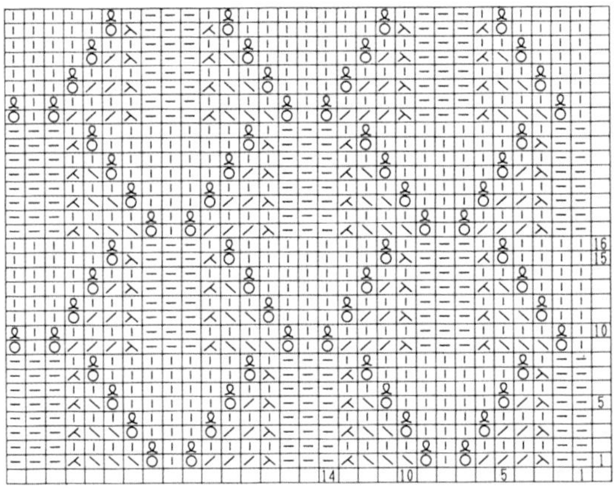

98

10针4行1个花样

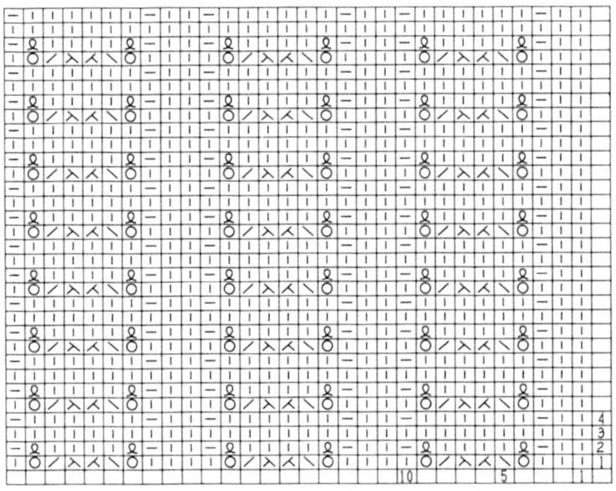

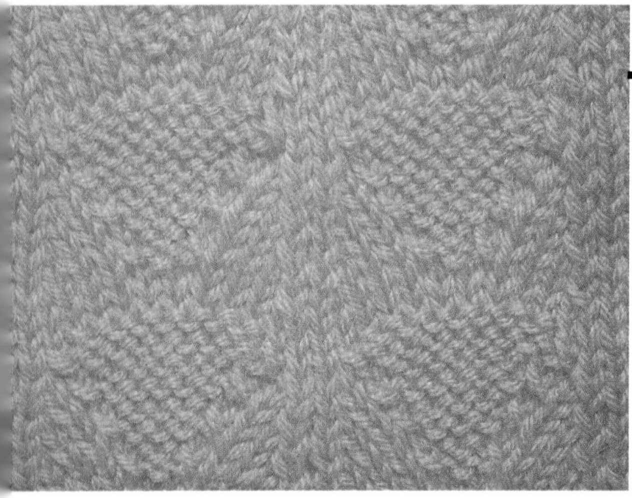

99

12针10行1个花样

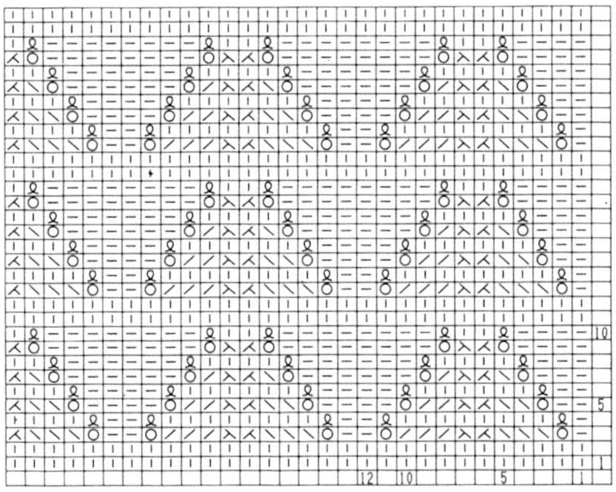

100

15针10行1个花样

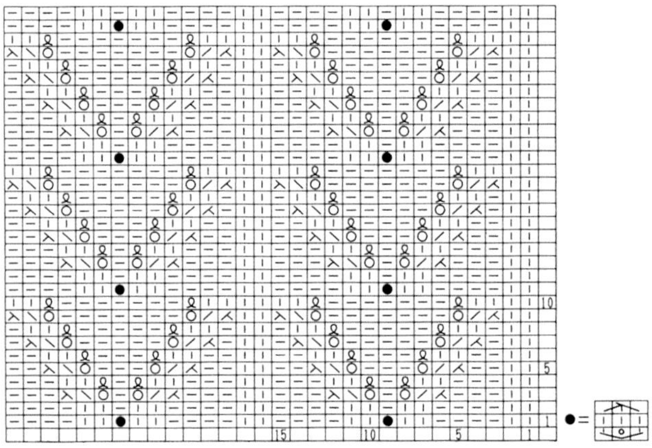

KNITTING
PATTERNS
500
镂空花样

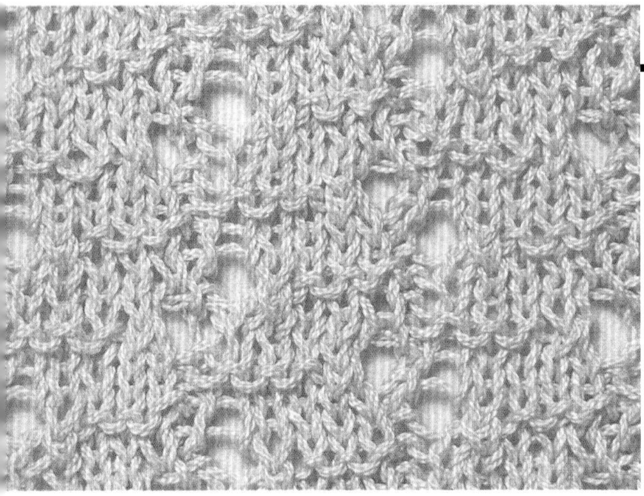

101

12针8行1个花样

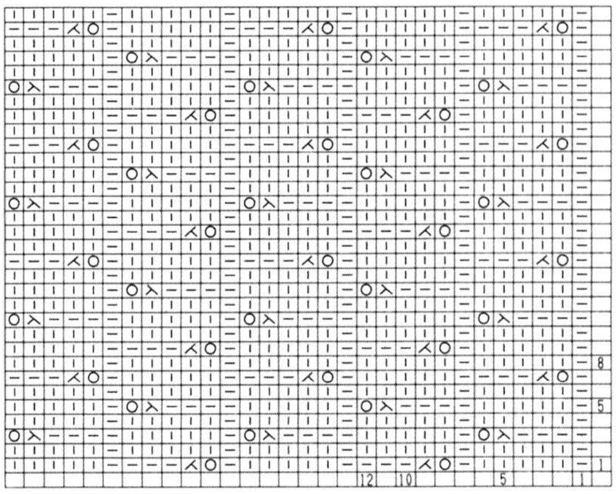

102

20针8行1个花样

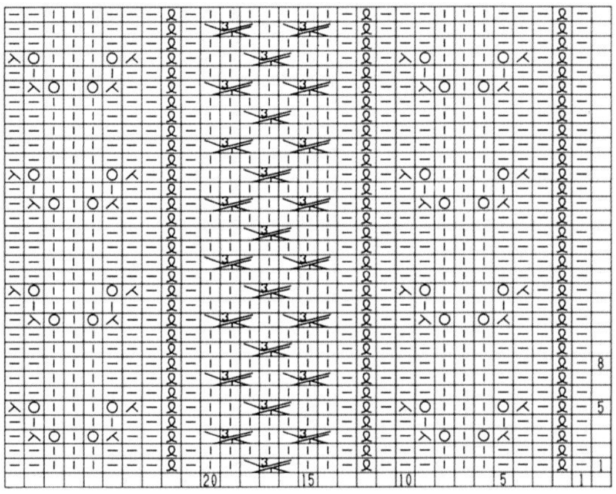

103

10针12行1个花样

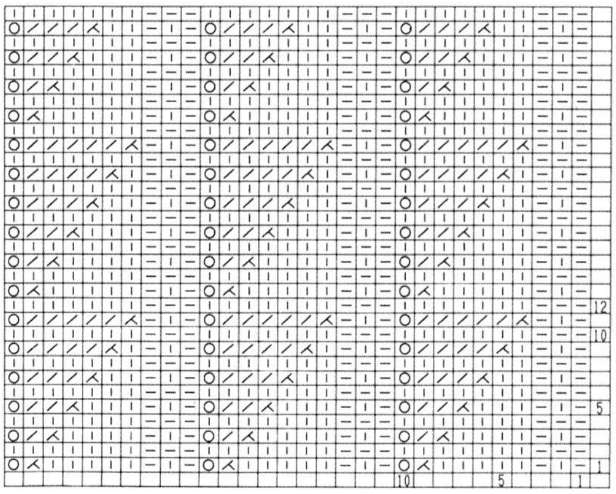

挂针

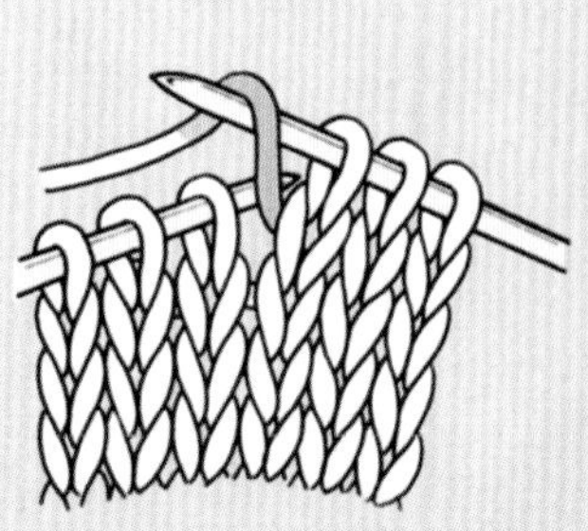

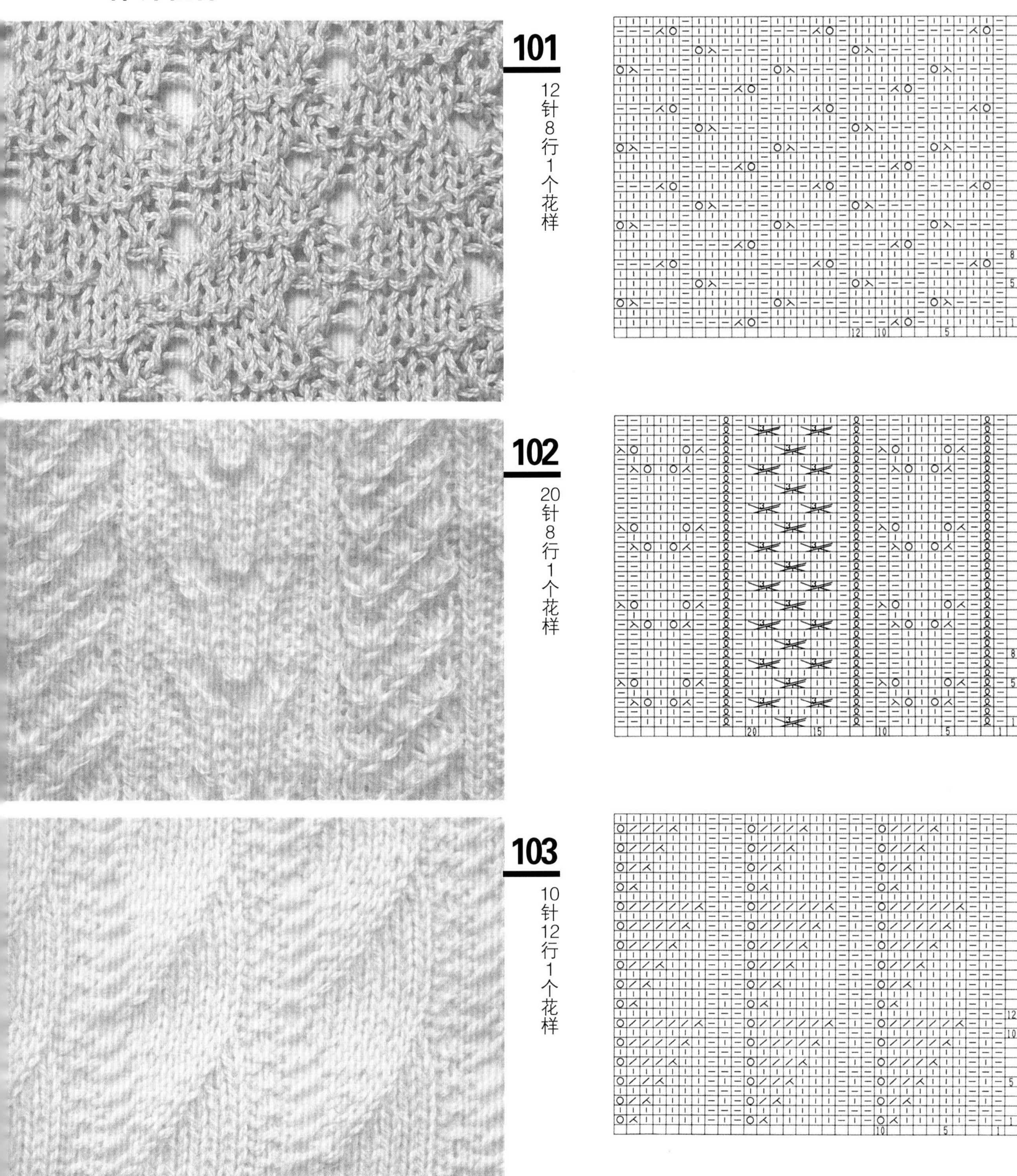

①从前面将线挂到右针上。

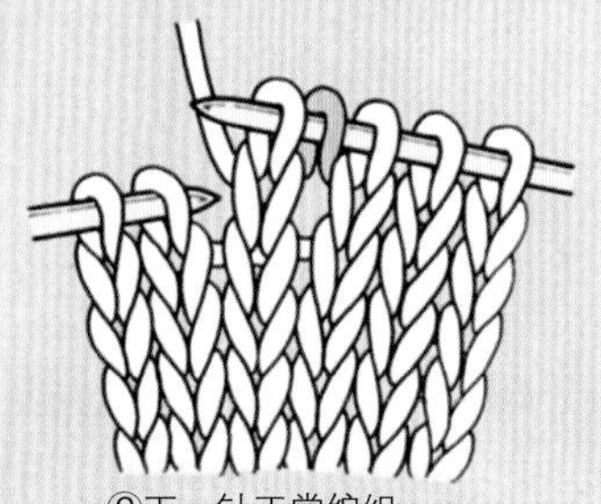

②下一针正常编织。

③编织完下一行的情形。

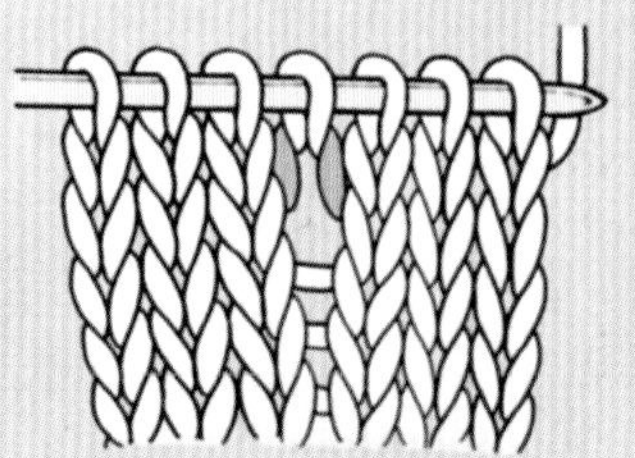

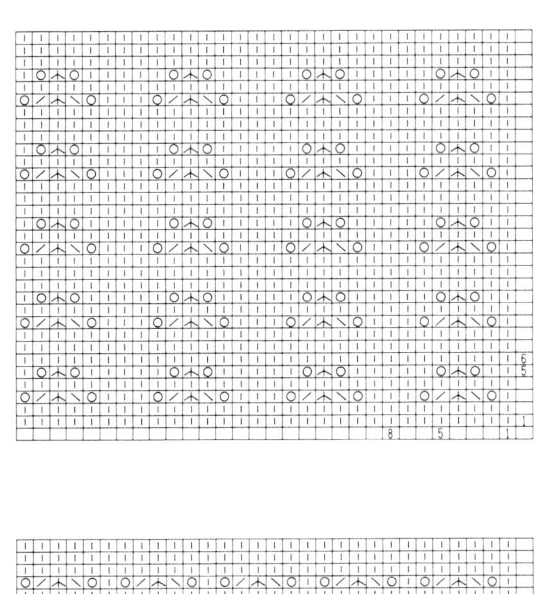

104

8针6行1个花样

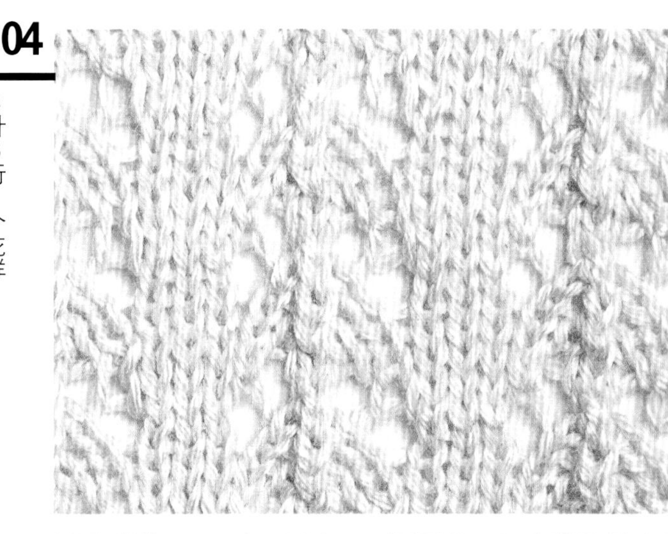

105

6针8行1个花样

106

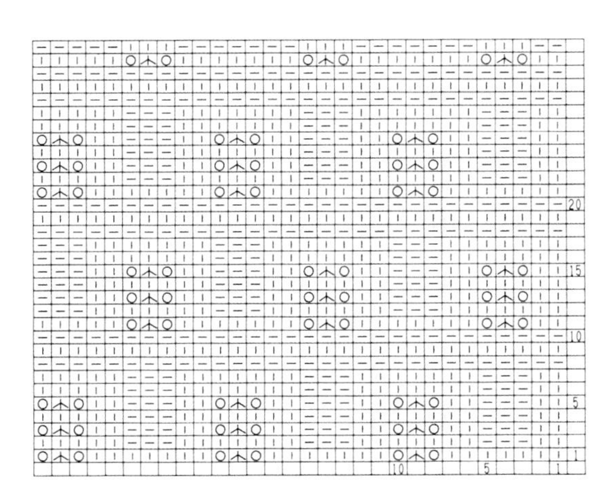

10针20行1个花样

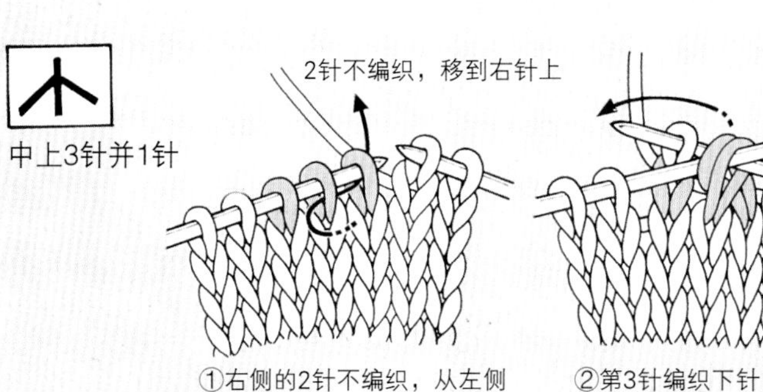

①右侧的2针不编织，从左侧一并入针移到右针上。

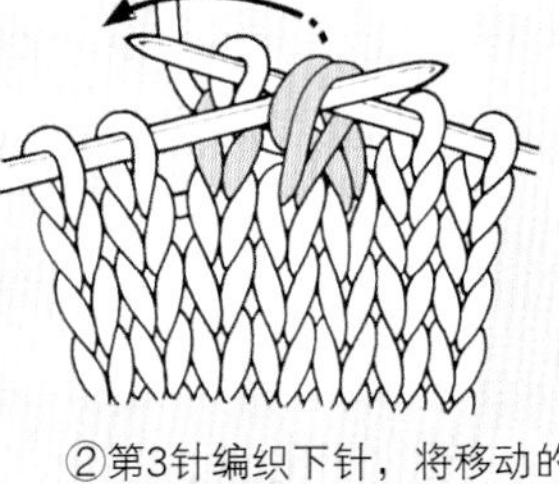

②第3针编织下针，将移动的2针盖到编织的针目上。

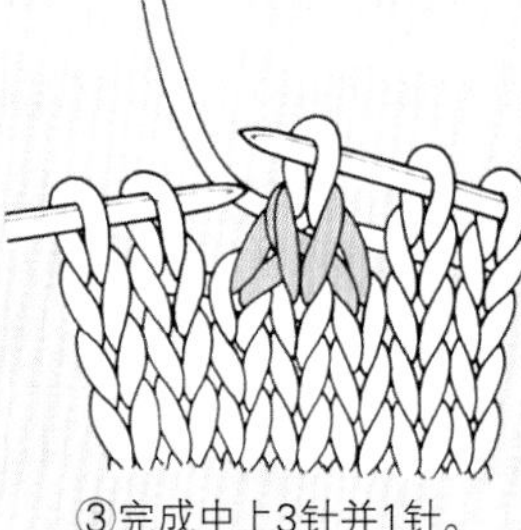

③完成中上3针并1针。

中上3针并1针（上针）

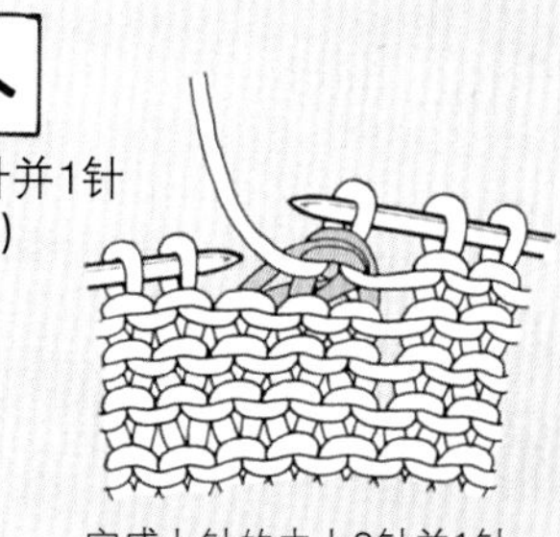

完成上针的中上3针并1针。

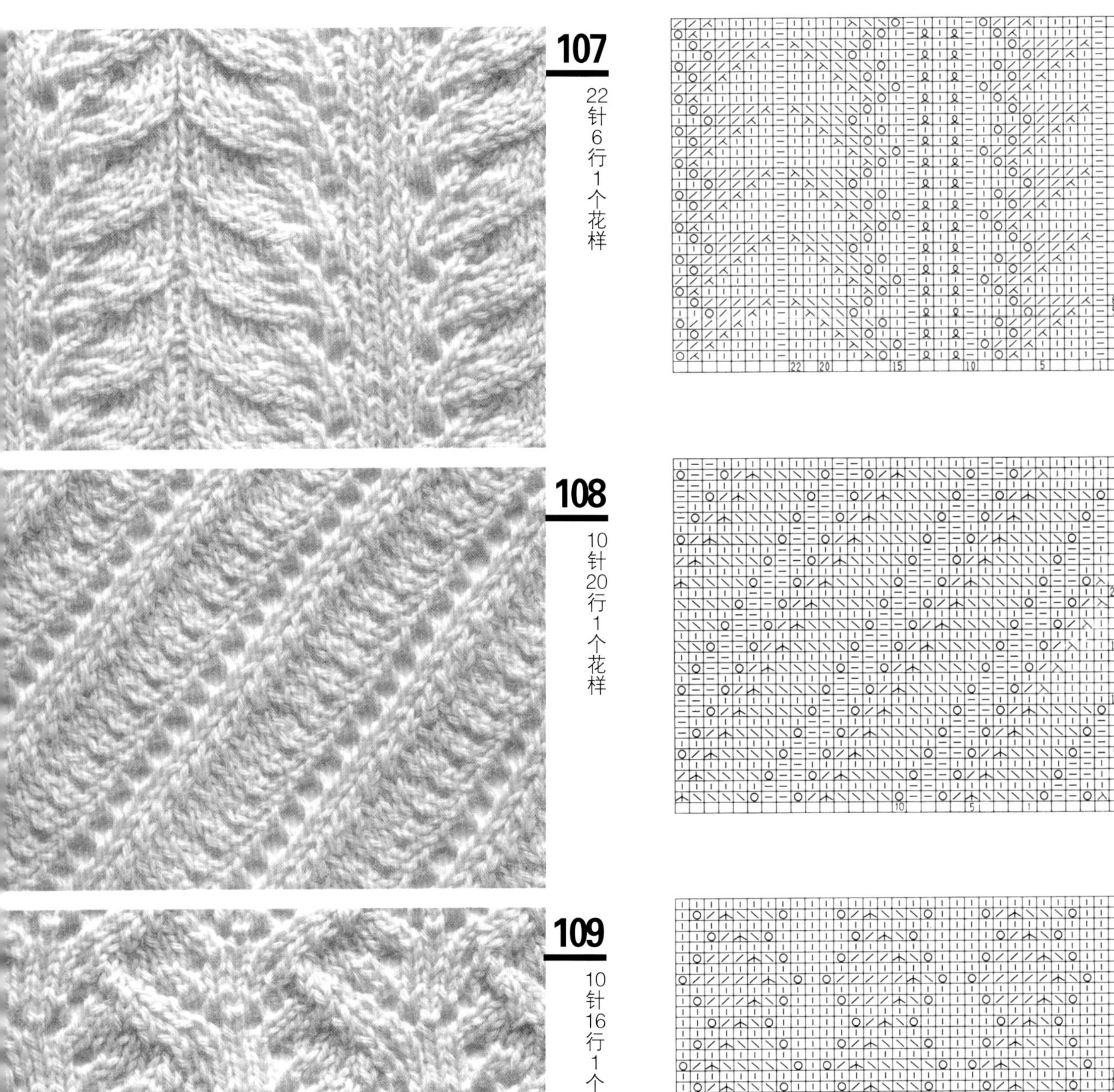

107

22针6行1个花样

108

10针20行1个花样

109

10针16行1个花样

110

12针16行1个花样

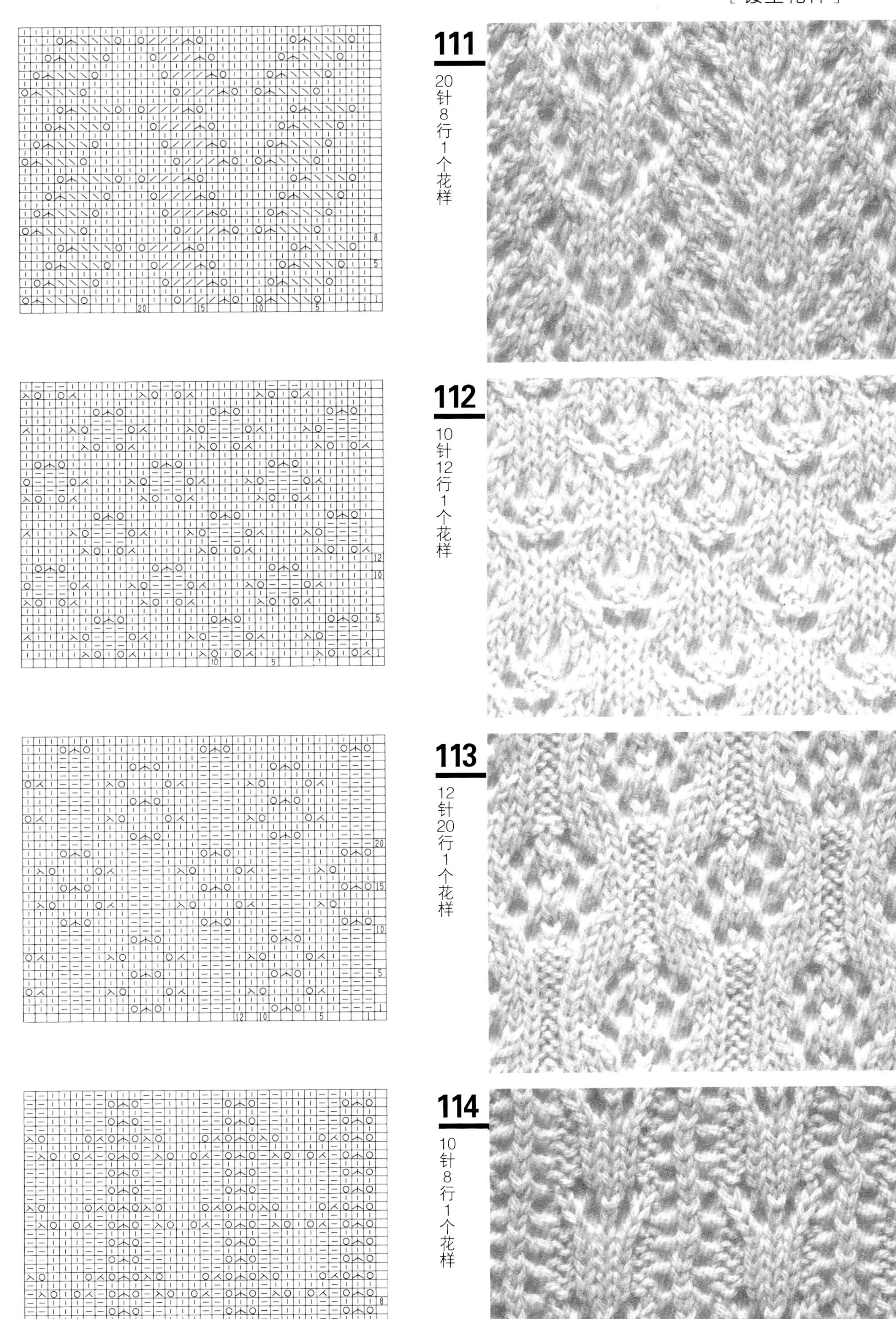
111
20针8行1个花样
112
10针12行1个花样
113
12针20行1个花样
114
10针8行1个花样

115

8针16行1个花样

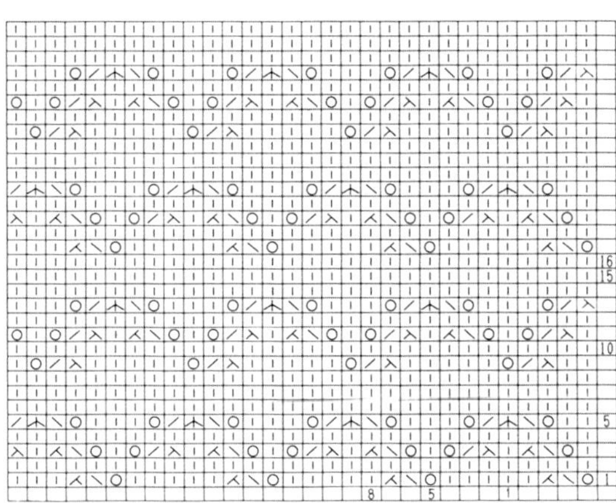

116

8针10行1个花样

117

11针6行1个花样

118

43针24行1个花样

中心

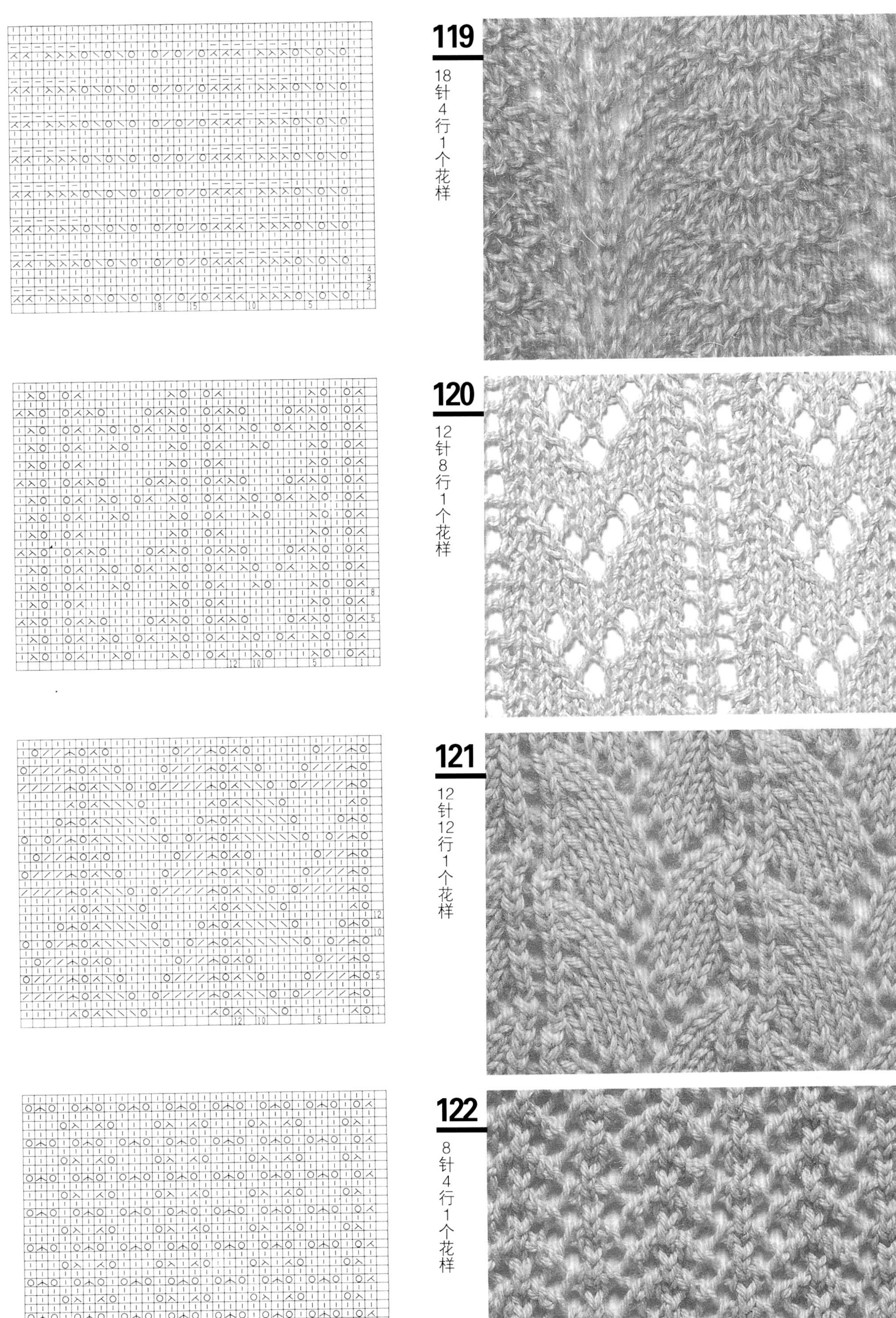

119

18针4行1个花样

120

12针8行1个花样

121

12针12行1个花样

122

8针4行1个花样

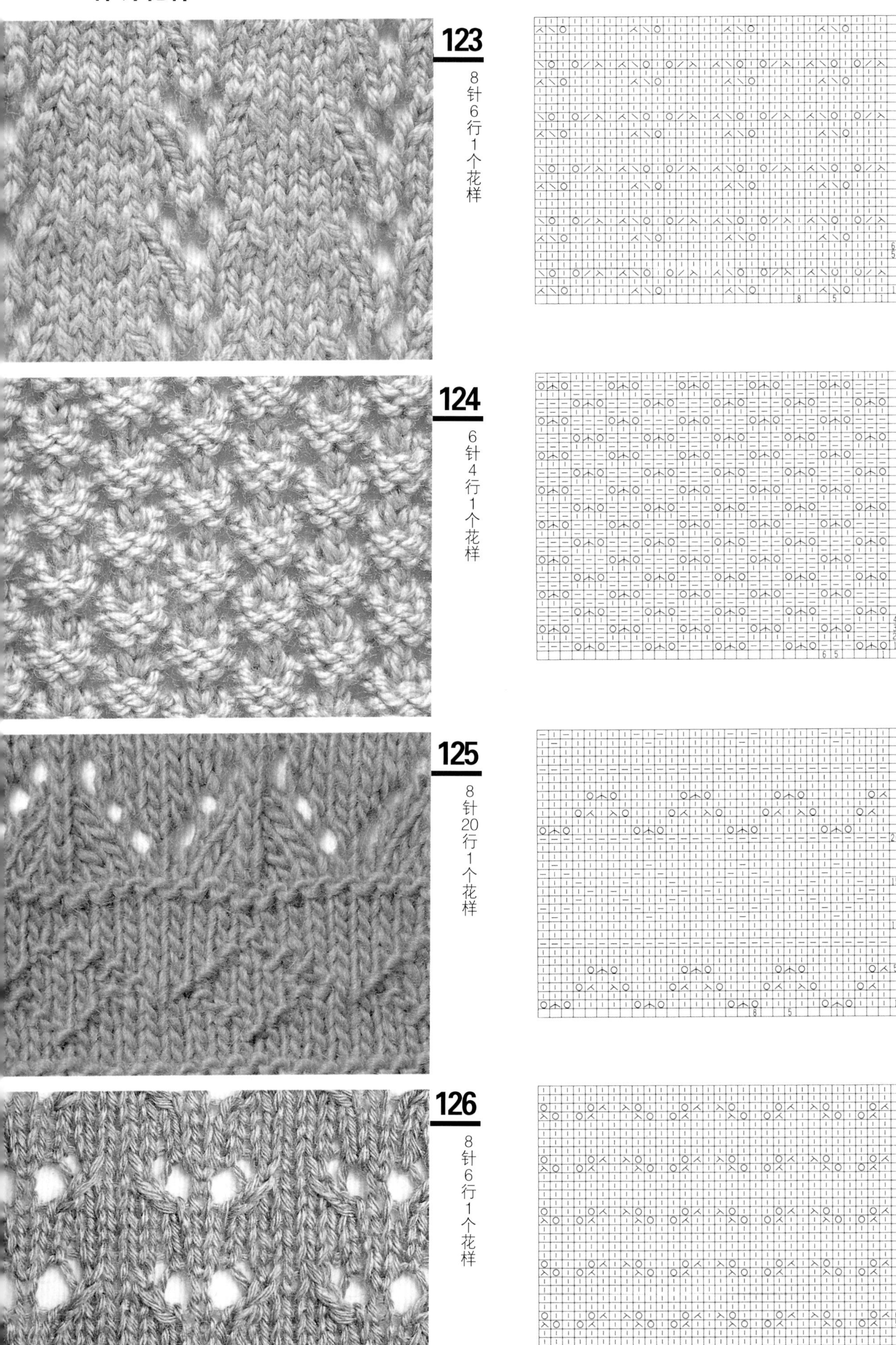

123

8针6行1个花样

124

6针4行1个花样

125

8针20行1个花样

126

8针6行1个花样

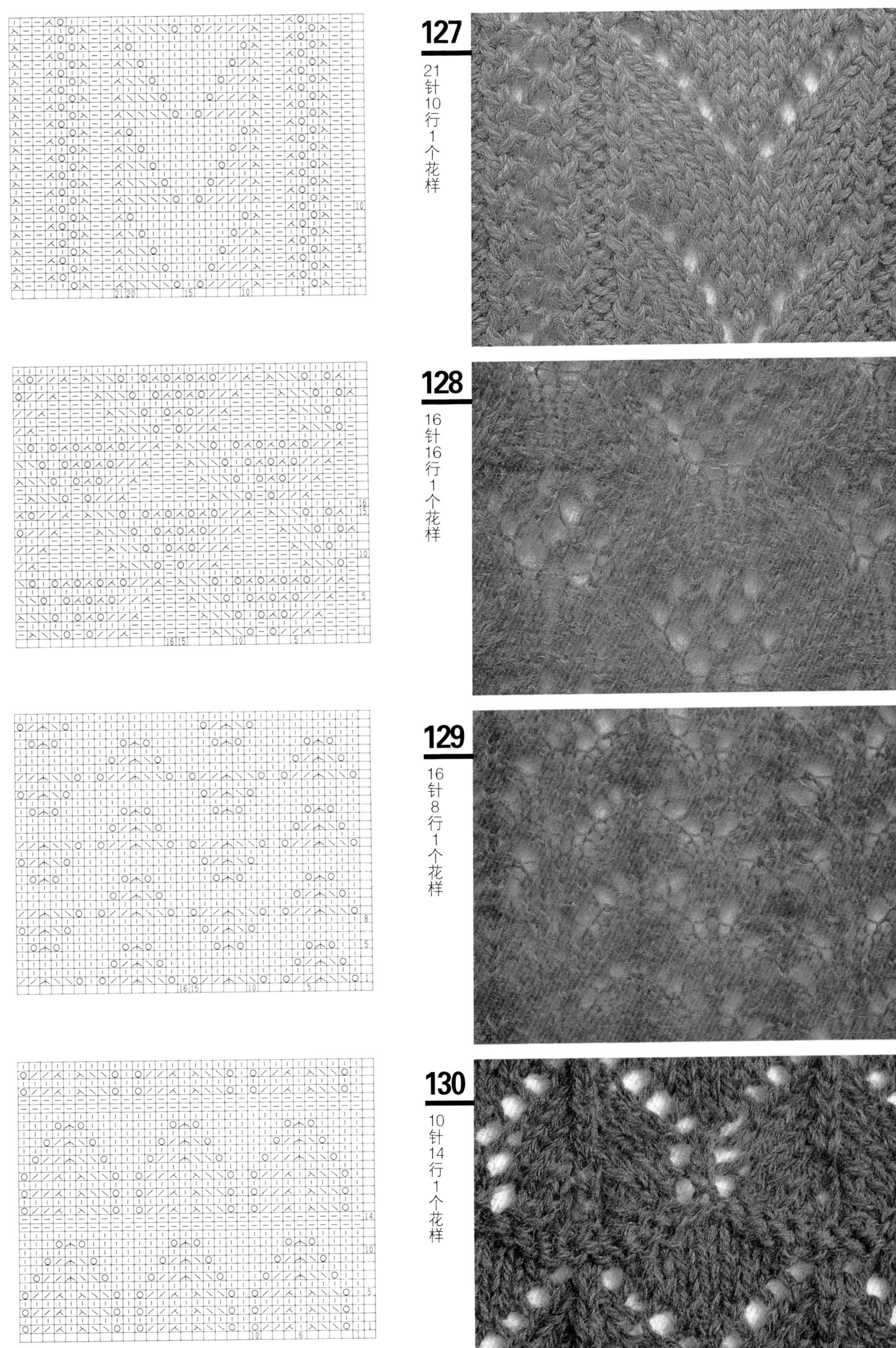

127

21针10行1个花样

128

16针16行1个花样

129

16针8行1个花样

130

10针14行1个花样

131

8针12行1个花样

132

10针16行1个花样

133

9针16行1个花样

左上3针并1针

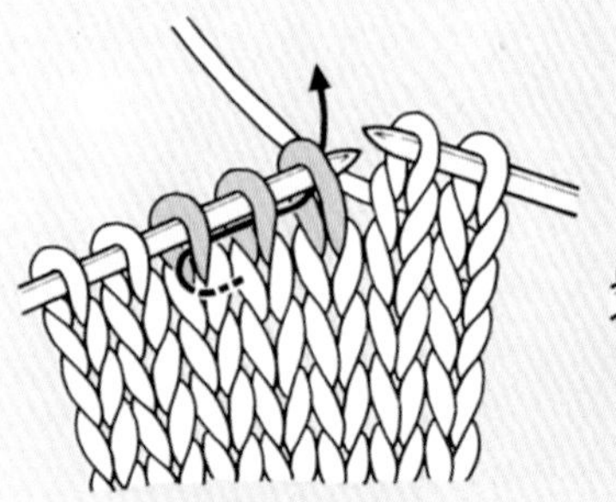

①右针如箭头所示，从3针的左侧一并插入。

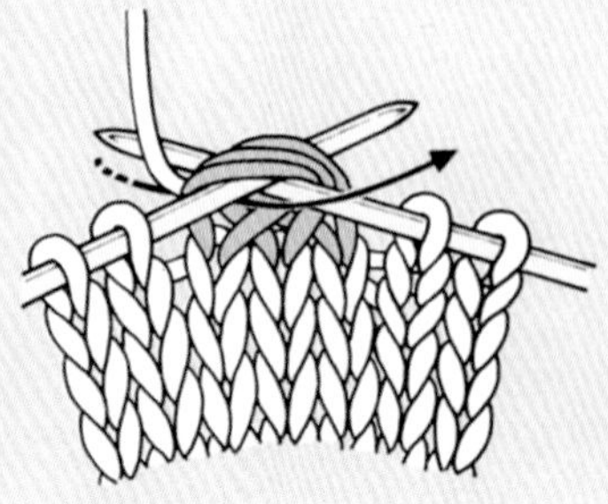

②编织下针。

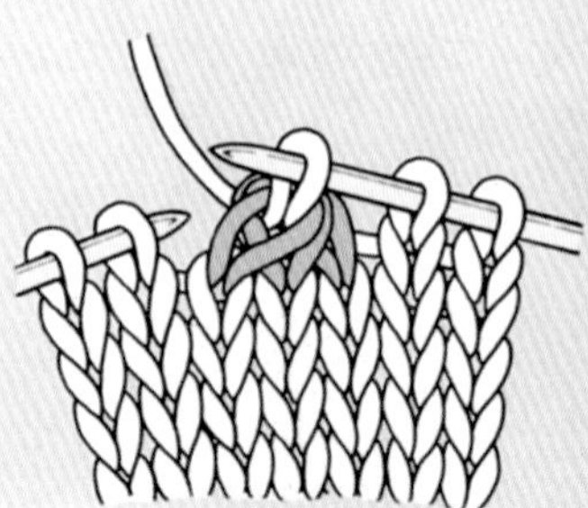

③完成左上3针并1针编织。

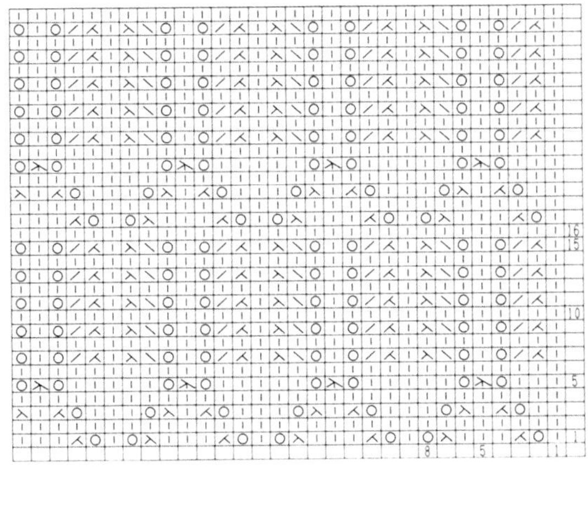

134

8针16行1个花样

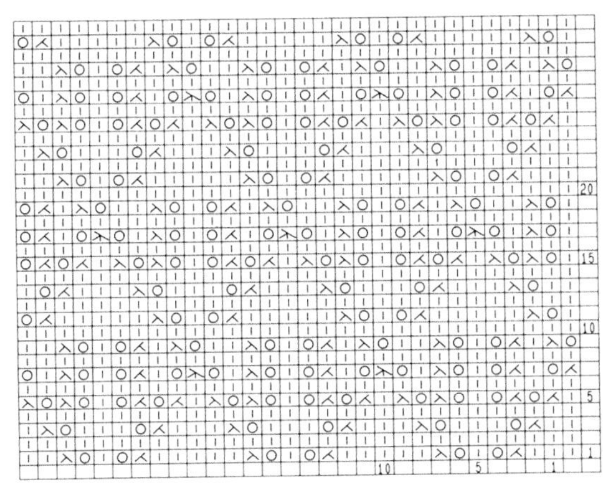

135

10针20行1个花样

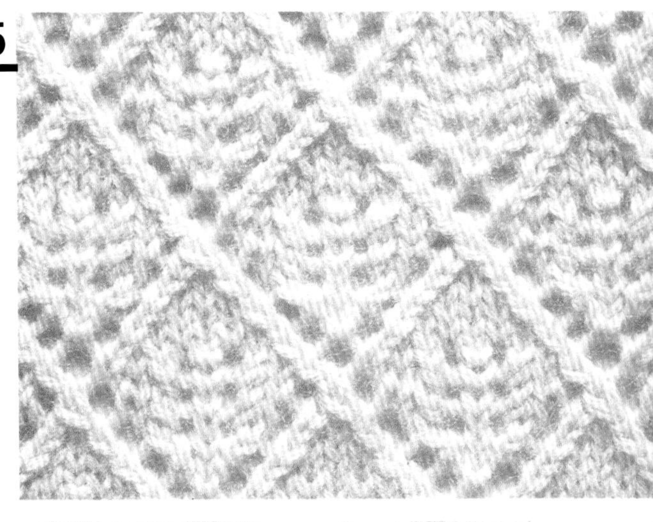

136

12针16行1个花样

右上3针并1针

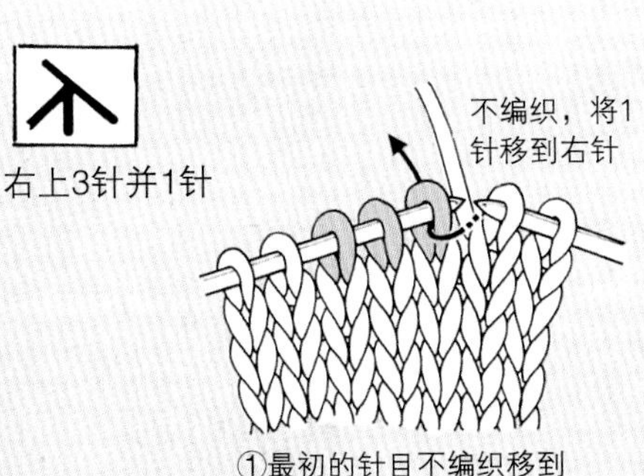

①最初的针目不编织移到右针。

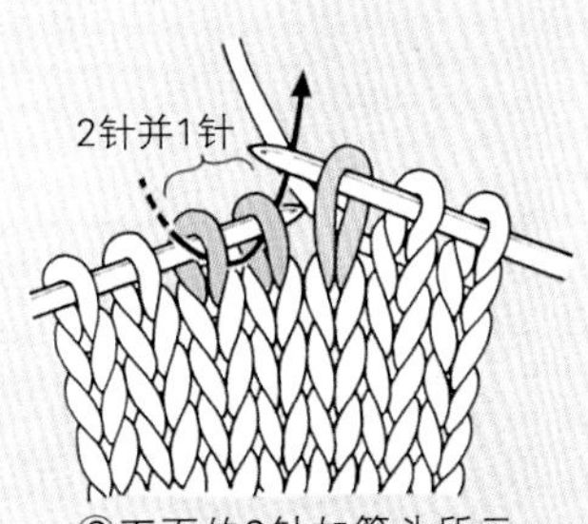

②下面的2针如箭头所示从左侧入针，编织2针并1针。

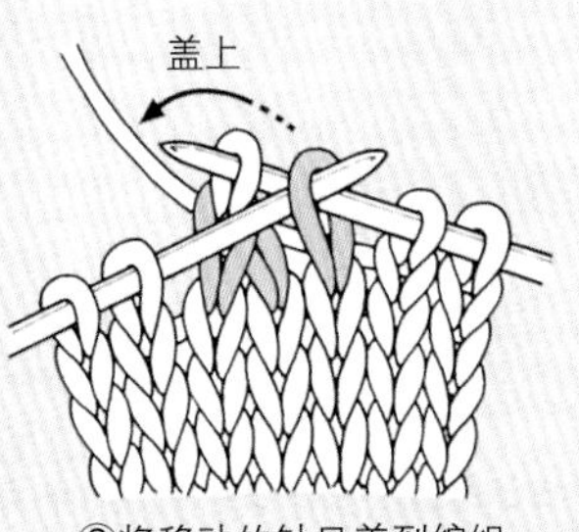

③将移动的针目盖到编织的针目上。

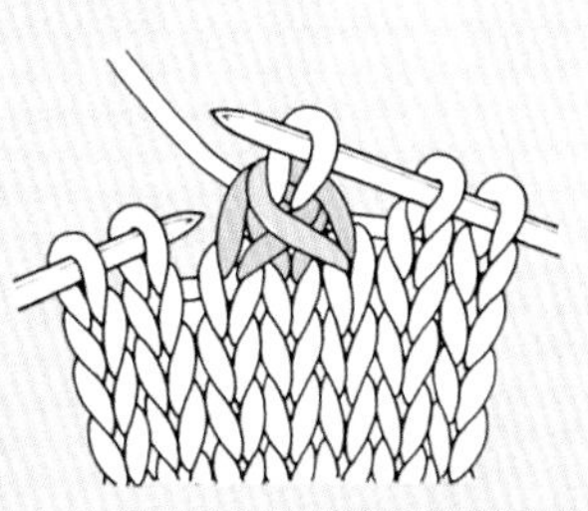

④完成右上3针并1针编织。

137

12针22行1个花样

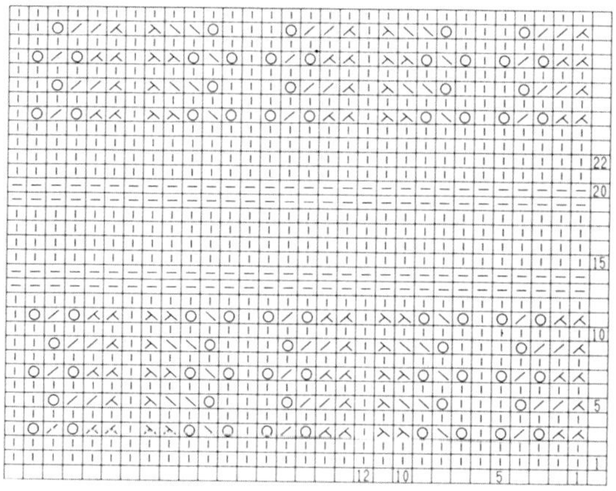

138

12针2行1个花样

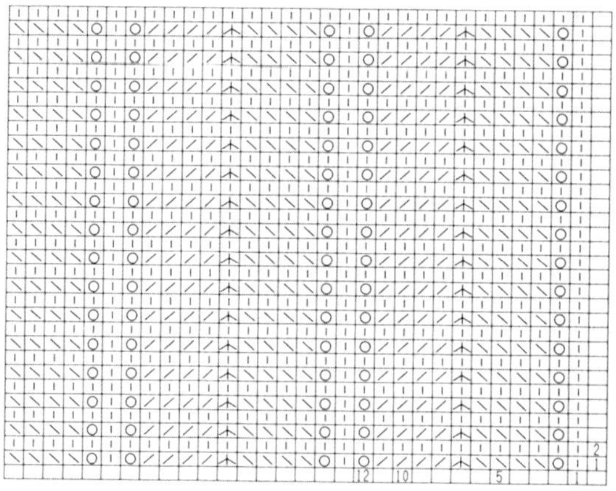

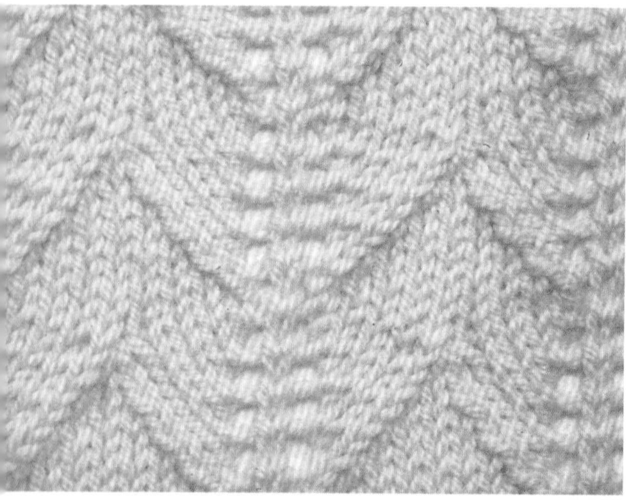

139

12针10行1个花样

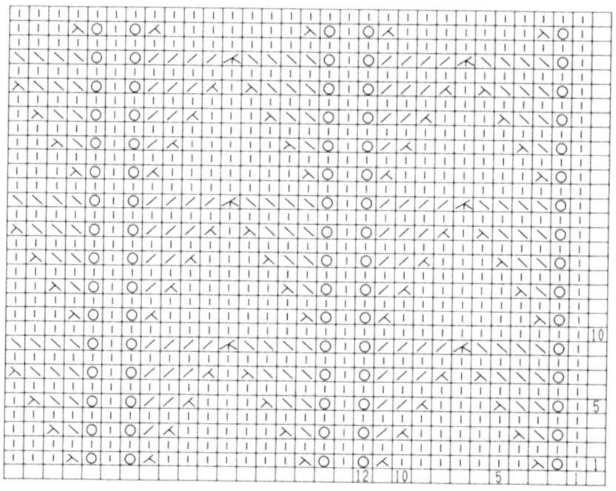

140

5针10行1个花样

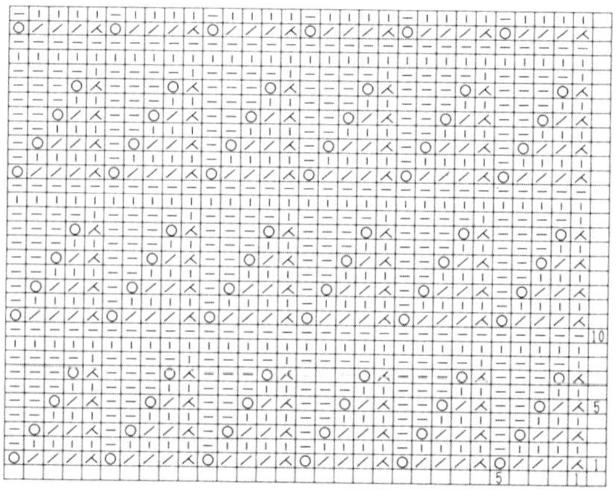

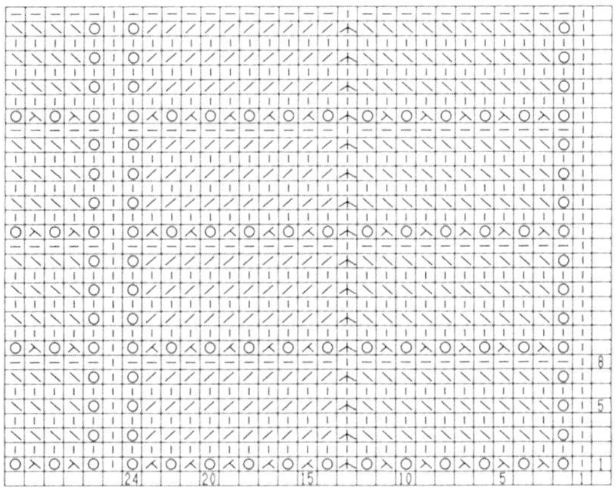

141

24针8行1个花样

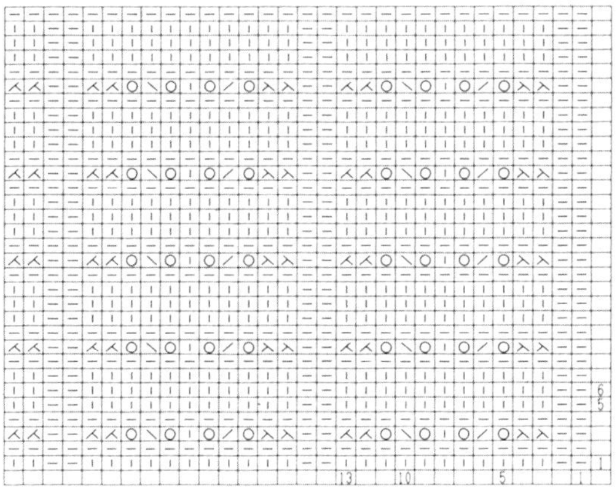

142

13针6行1个花样

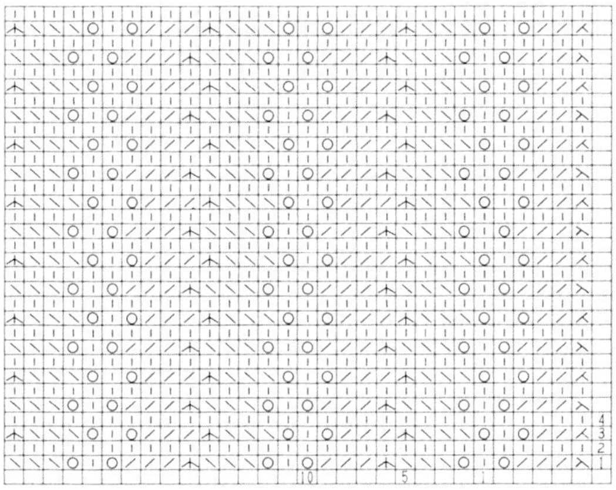

143

10针4行1个花样

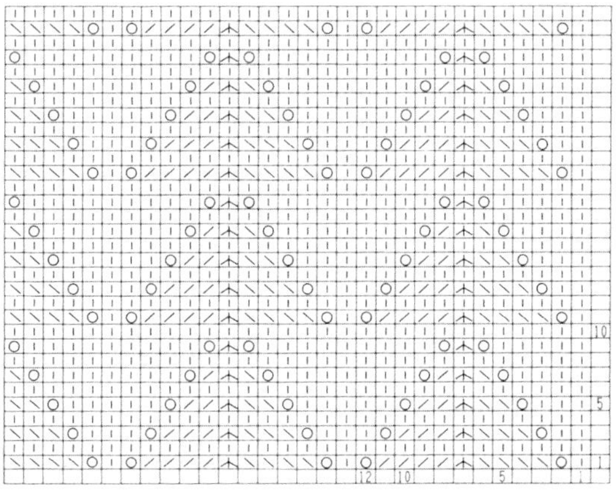

144

12针10行1个花样

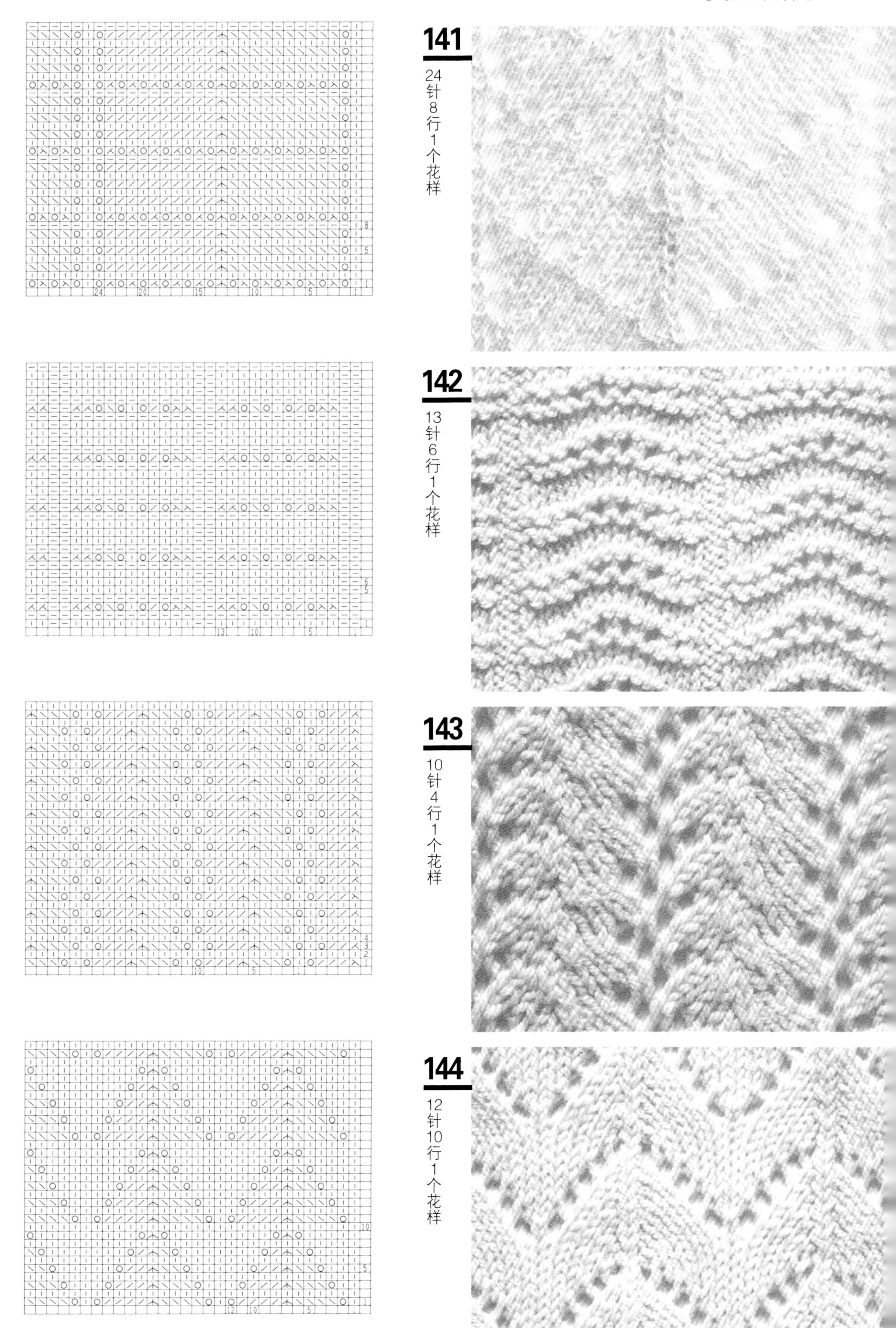

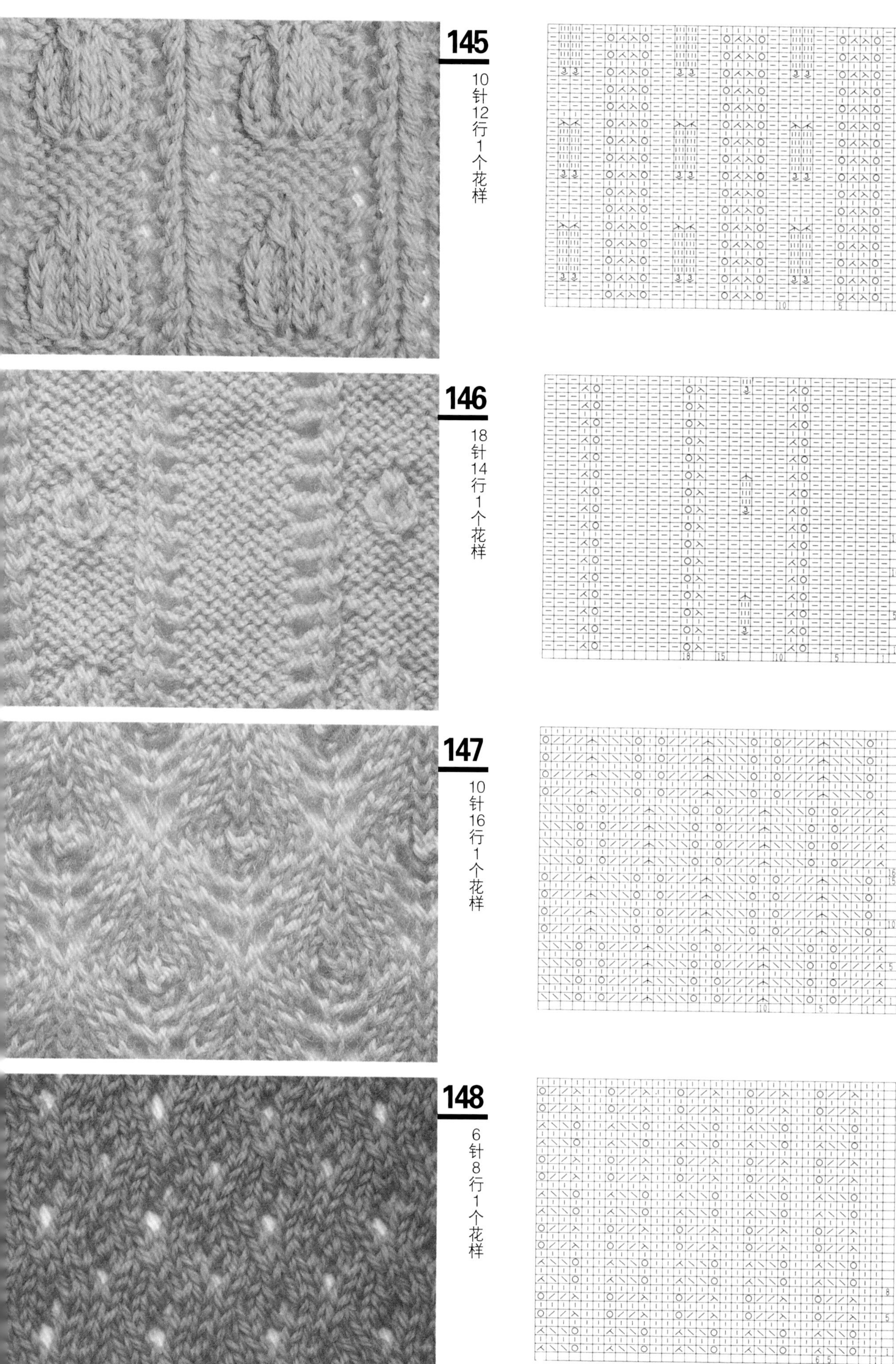

145

10针12行1个花样

146

18针14行1个花样

147

10针16行1个花样

148

6针8行1个花样

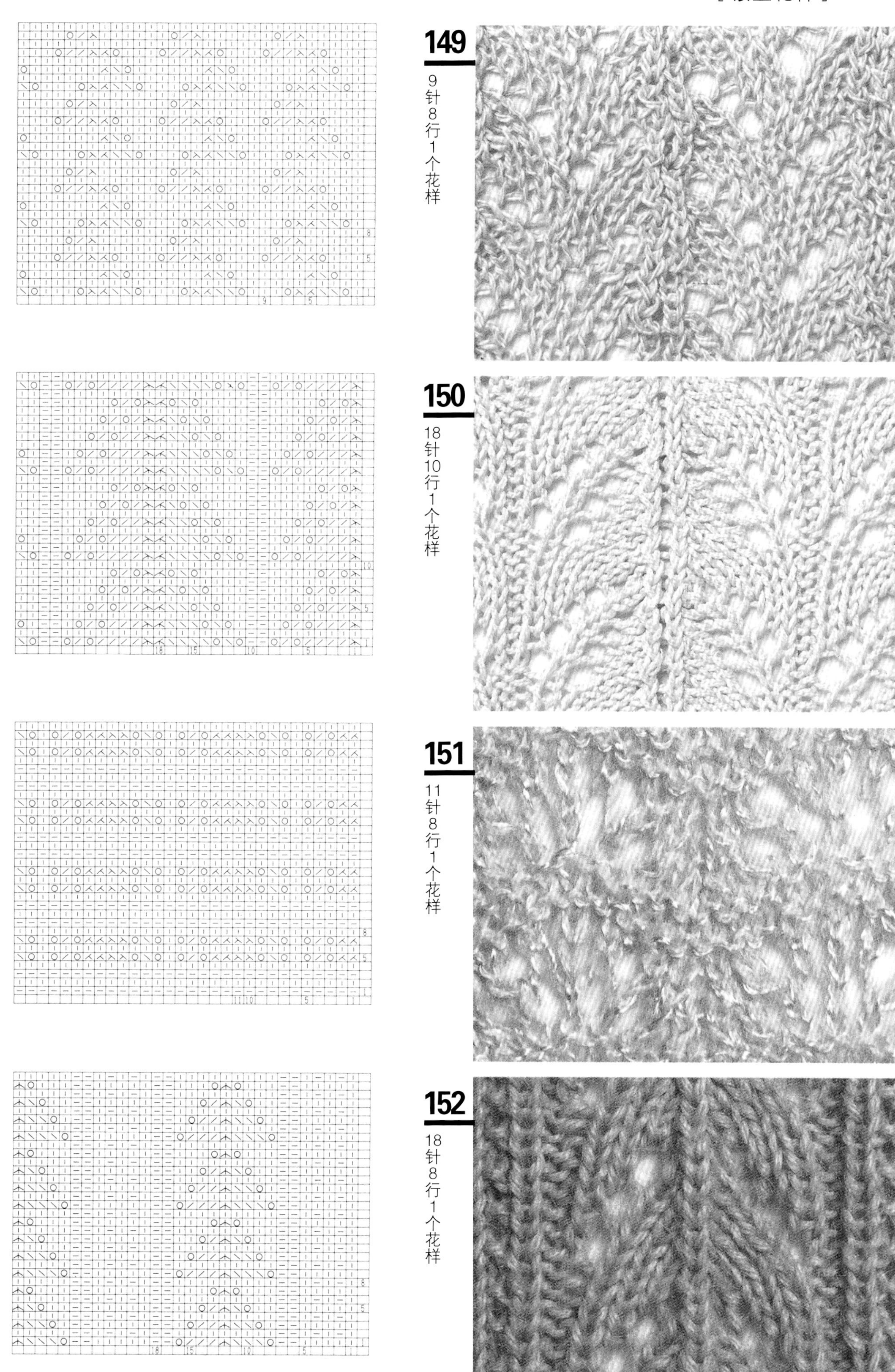
149
9针8行1个花样
150
18针10行1个花样
151
11针8行1个花样
152
18针8行1个花样

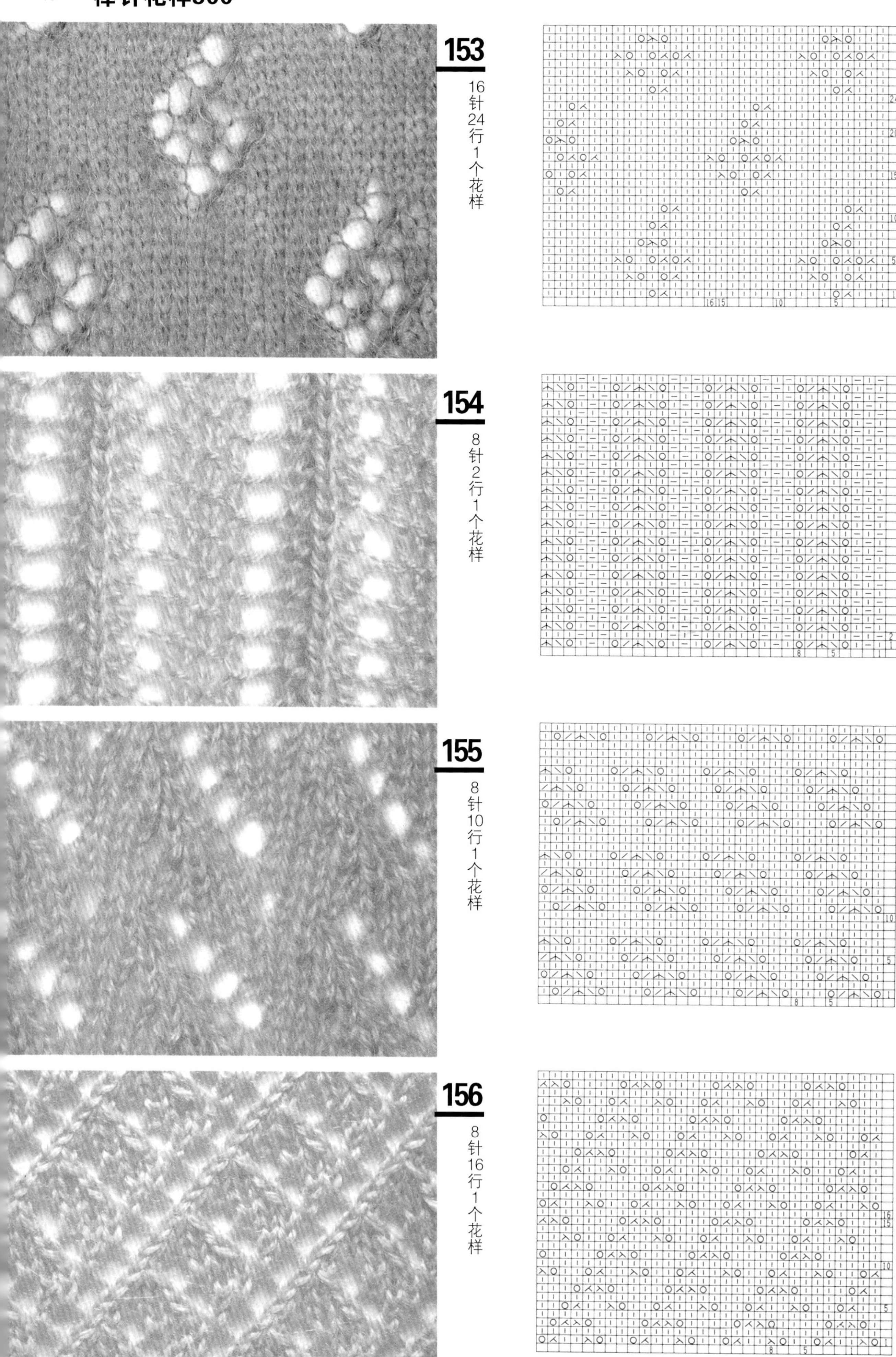
153
16针24行1个花样
154
8针2行1个花样
155
8针10行1个花样
156
8针16行1个花样

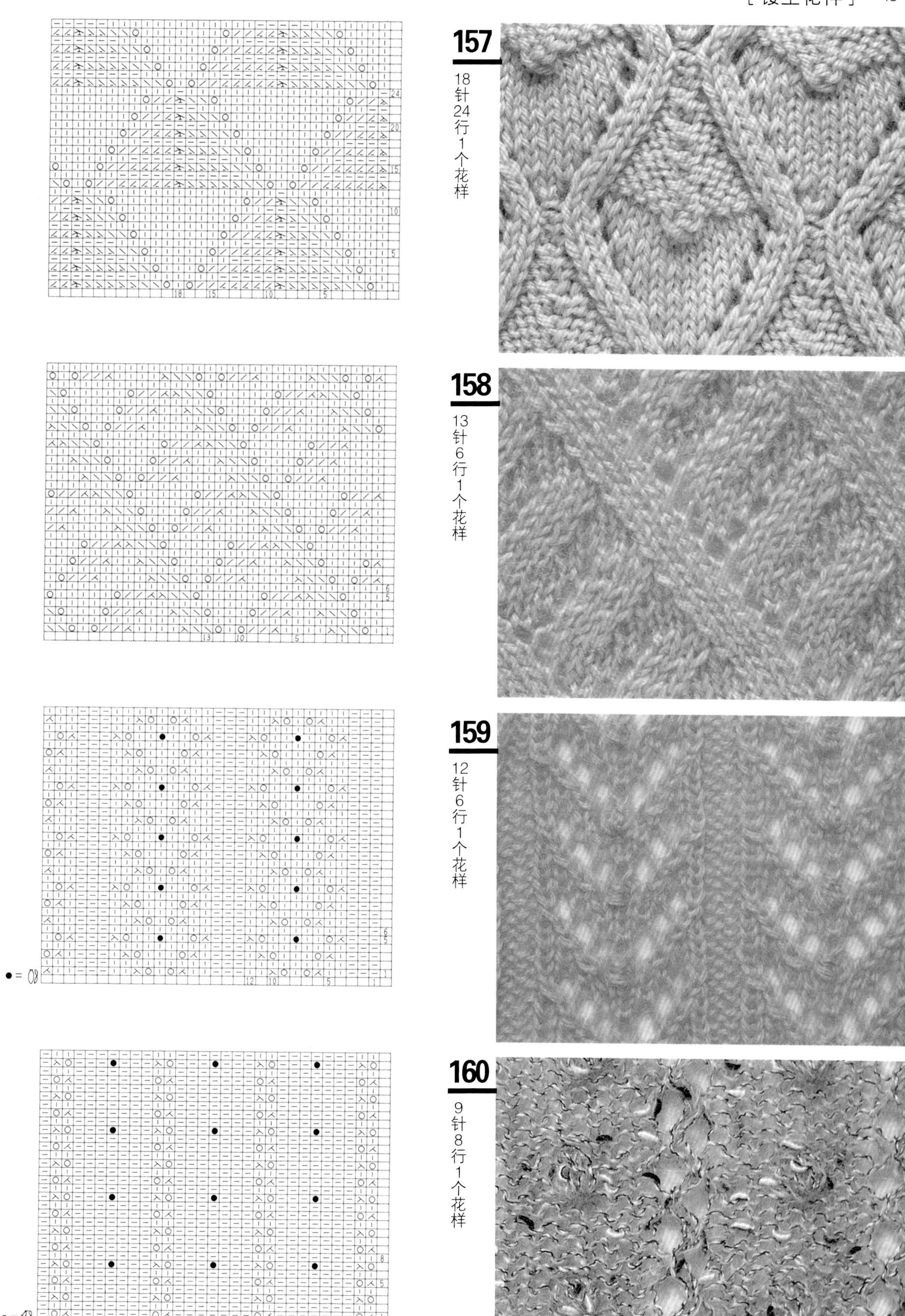

157
18针24行1个花样

158
13针6行1个花样

159
12针6行1个花样

160
9针8行1个花样

161

5针4行1个花样

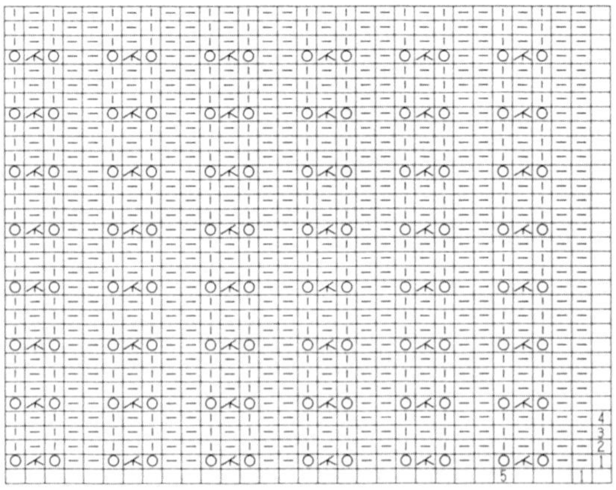

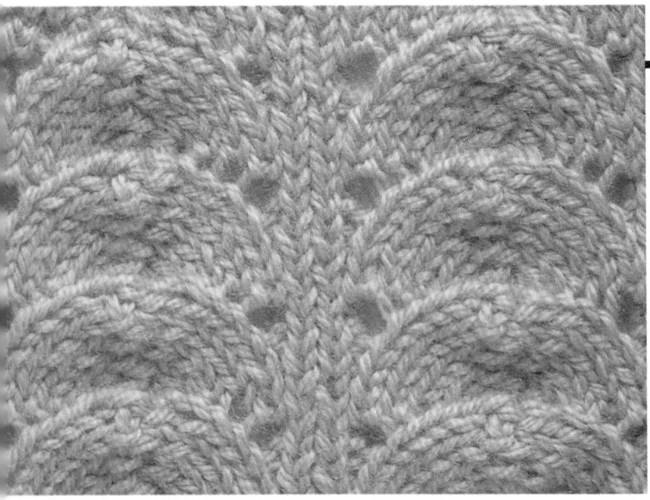

162

17针6行1个花样

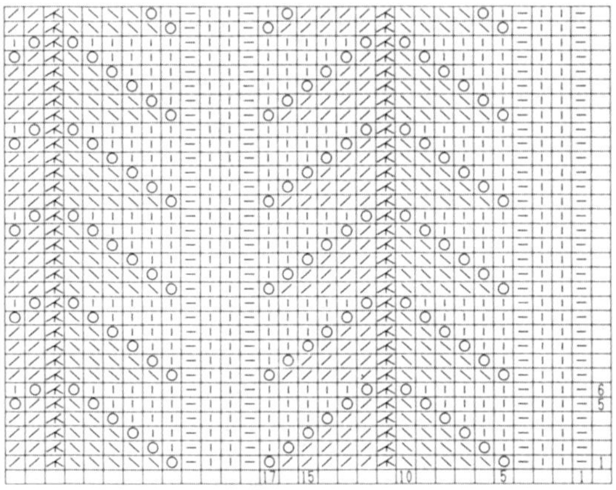

163

12针16行1个花样

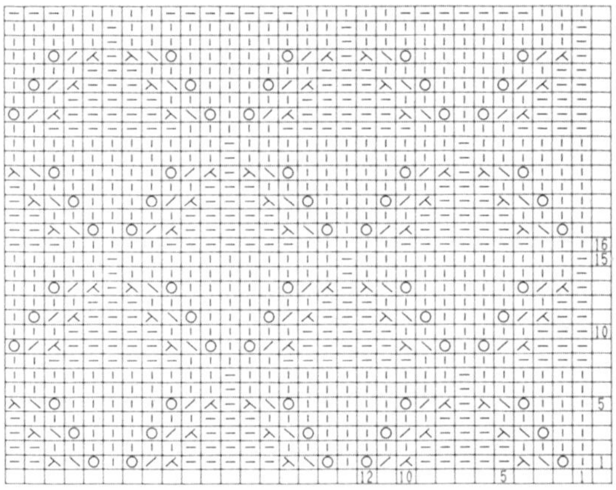

164

16针18行1个花样

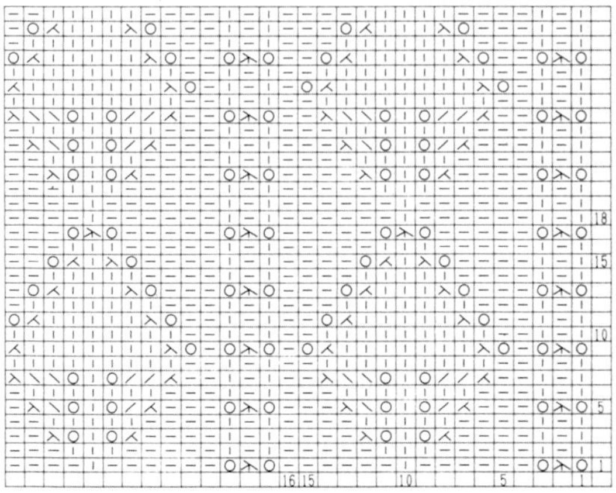

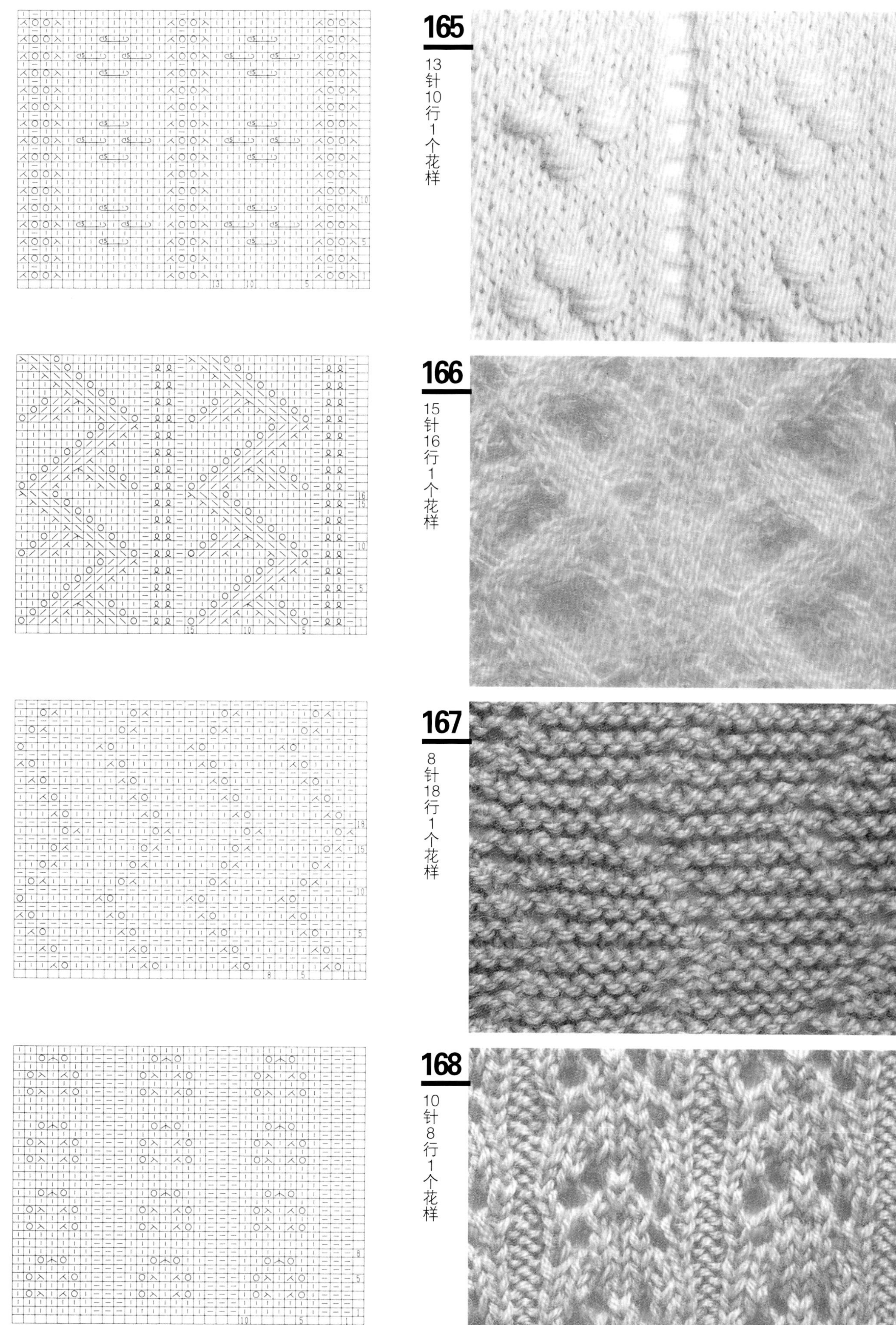

165
13针10行1个花样

166
15针16行1个花样

167
8针18行1个花样

168
10针8行1个花样

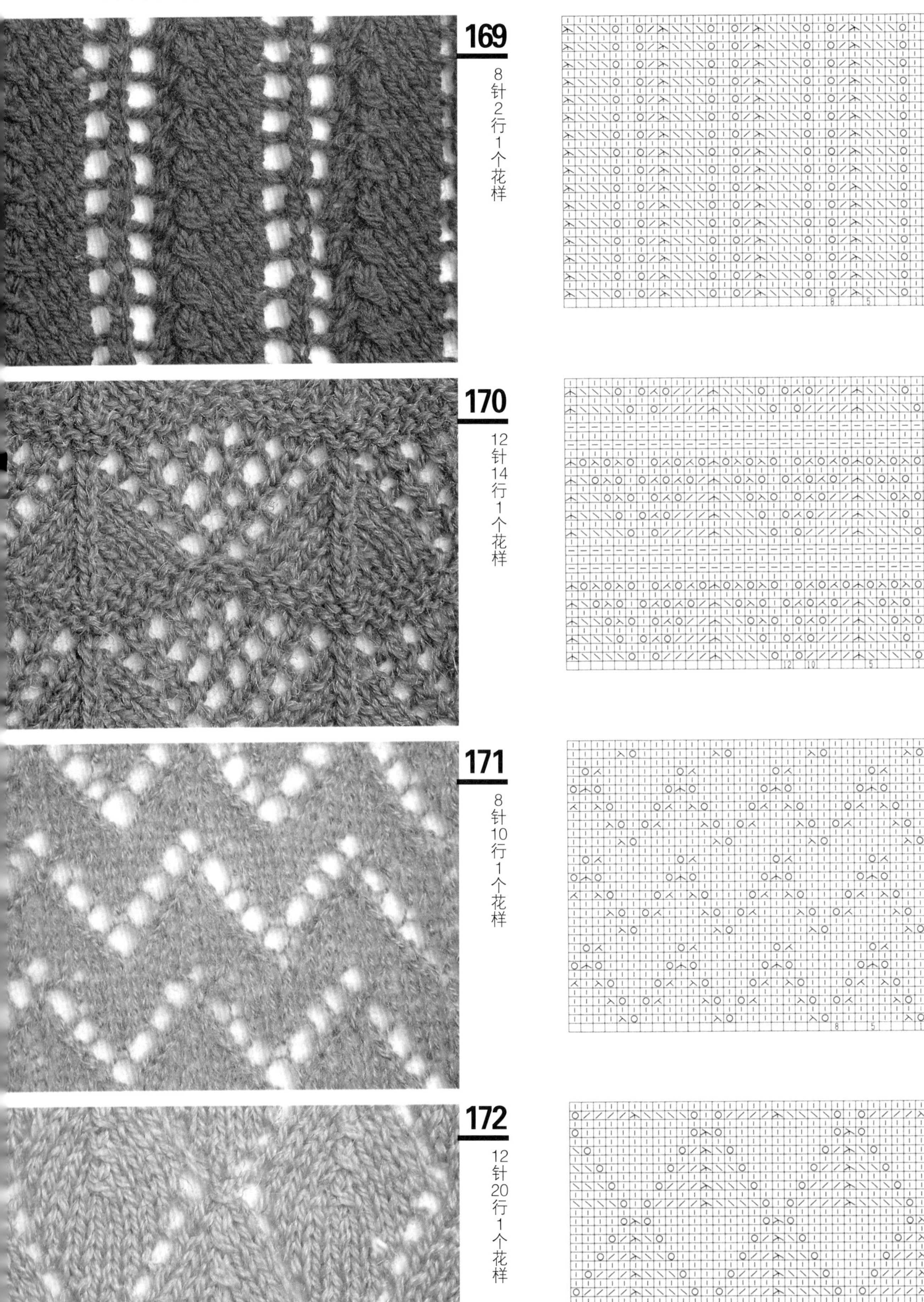

169

8针2行1个花样

170

12针14行1个花样

171

8针10行1个花样

172

12针20行1个花样

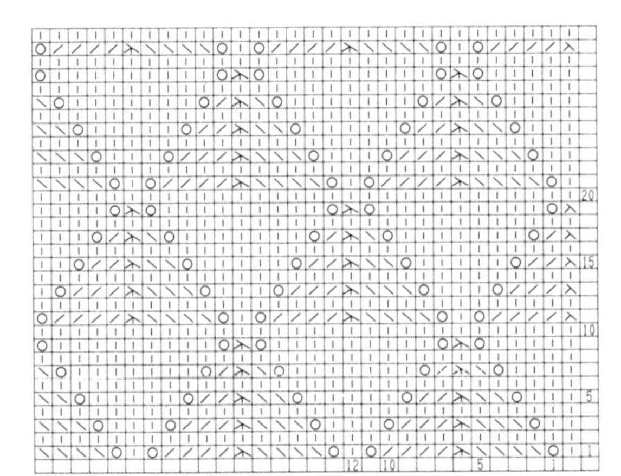

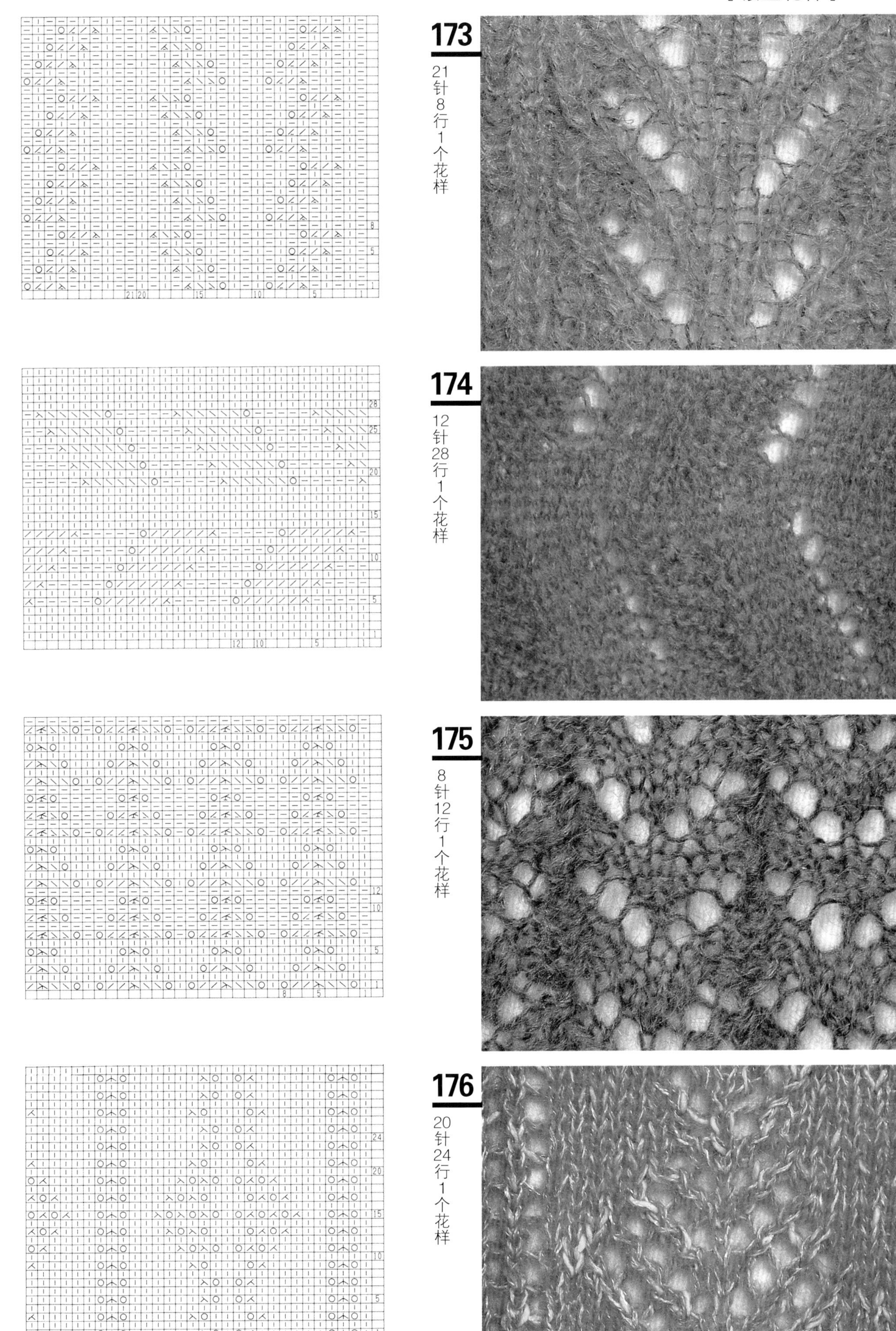

173
21针8行1个花样

174
12针28行1个花样

175
8针12行1个花样

176
20针24行1个花样

177

10针6行1个花样

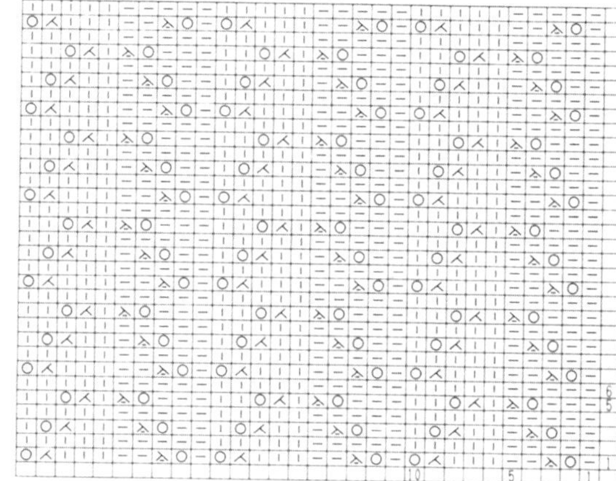

178

8针14行1个花样

179

2针2行1个花样

左上2针并1针（上针）

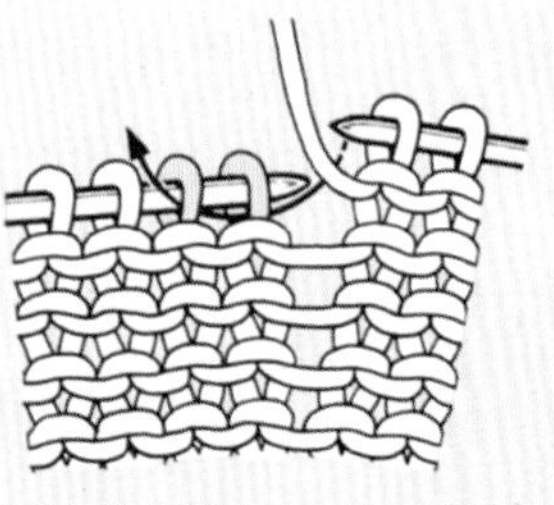

①如箭头所示，右针从2针的右侧一并入针。

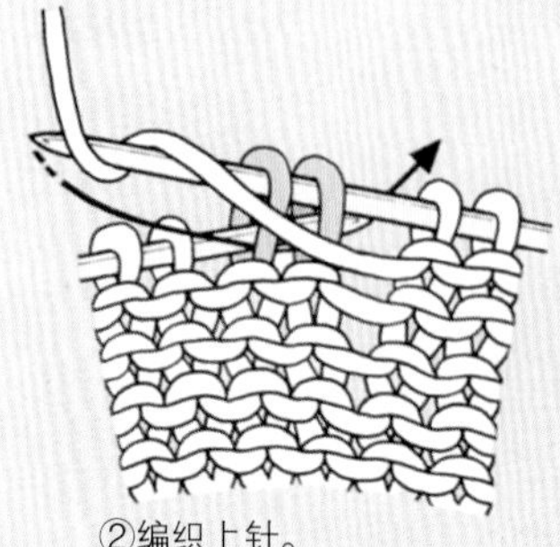

②编织上针。

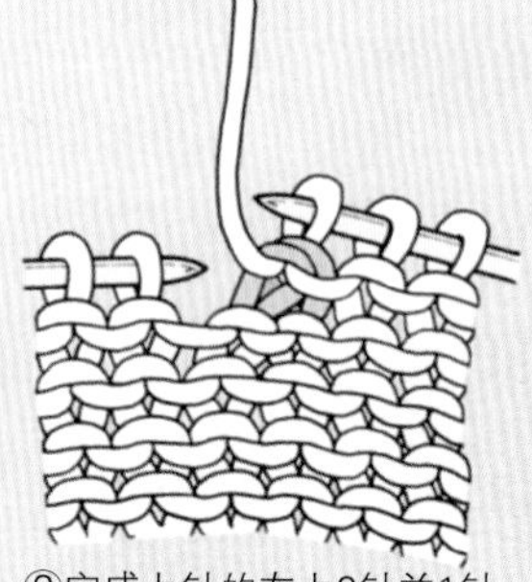

③完成上针的左上2针并1针编织。

180

14针20行1个花样

181

6针8行1个花样

182

8针12行1个花样

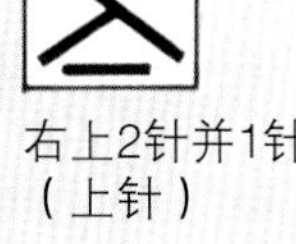

右上2针并1针
（上针）

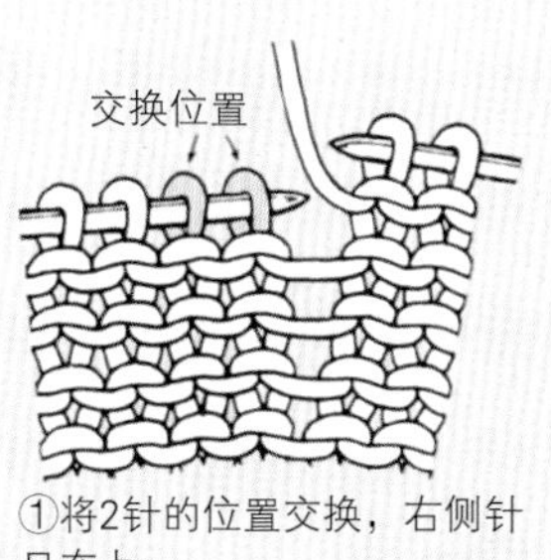

①将2针的位置交换，右侧针目在上。

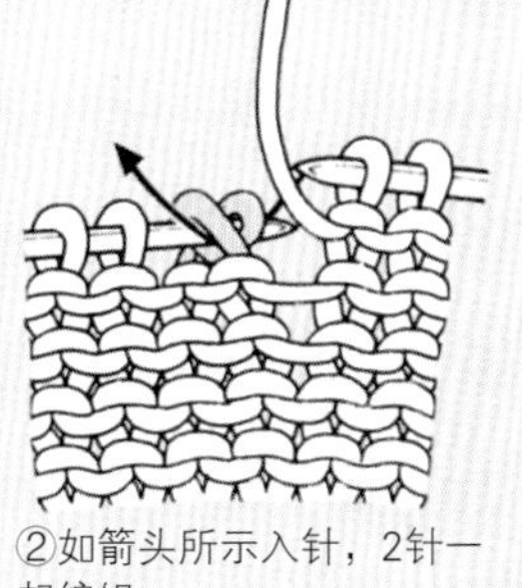

②如箭头所示入针，2针一起编织。

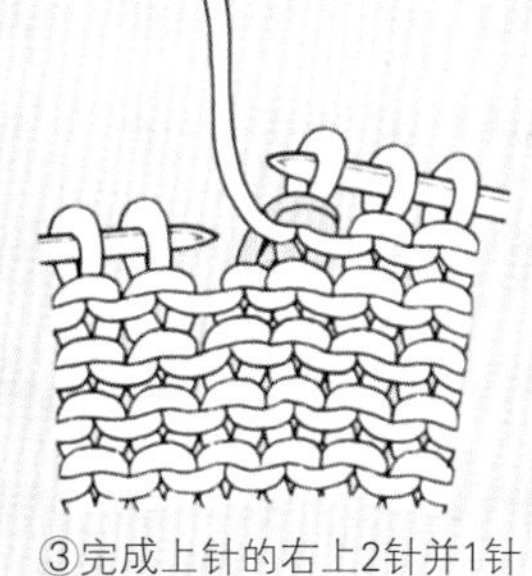

③完成上针的右上2针并1针编织。

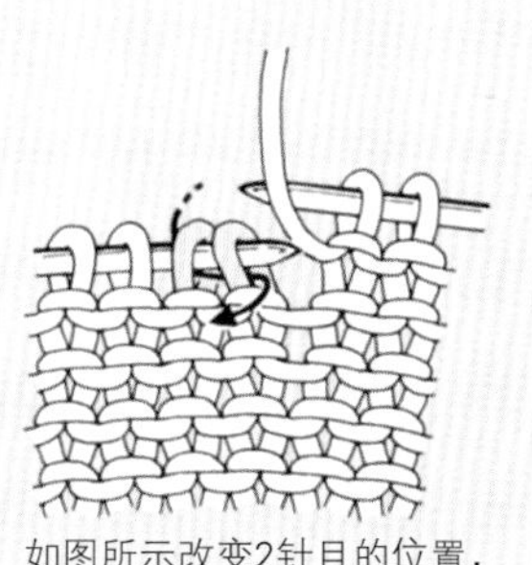

如图所示改变2针目的位置，如箭头所示入针编织。

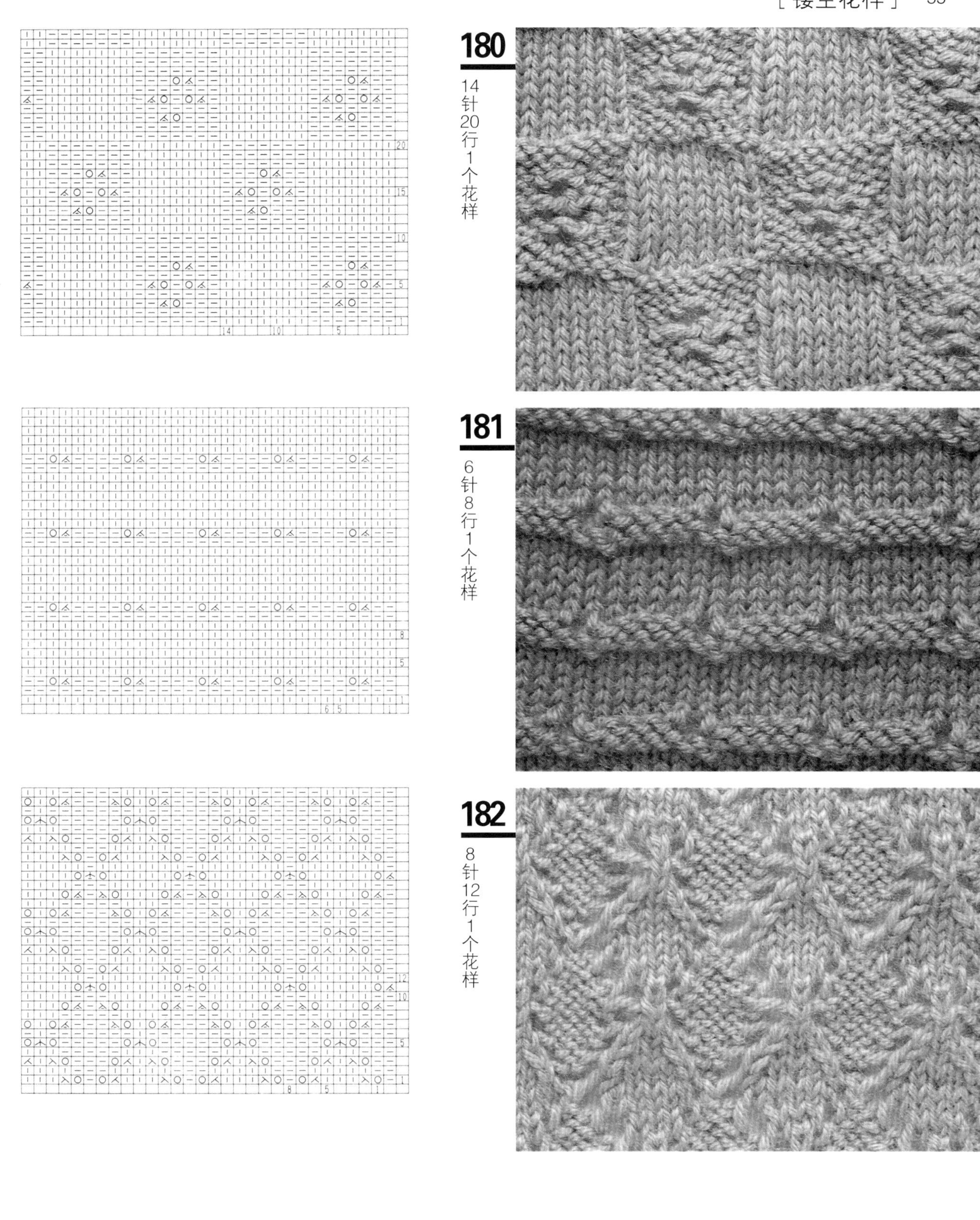

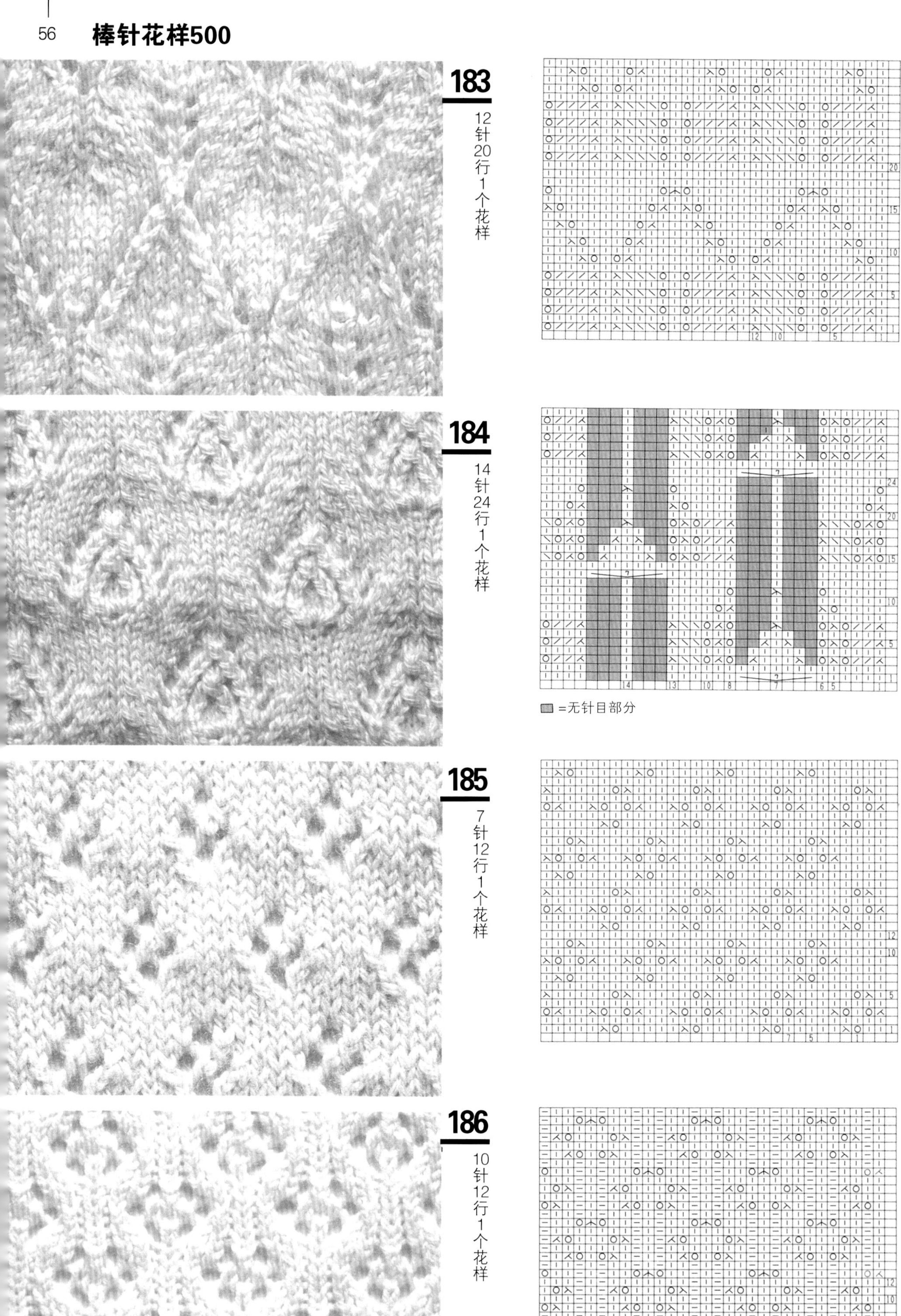

183

12针20行1个花样

184

14针24行1个花样

▇ =无针目部分

185

7针12行1个花样

186

10针12行1个花样

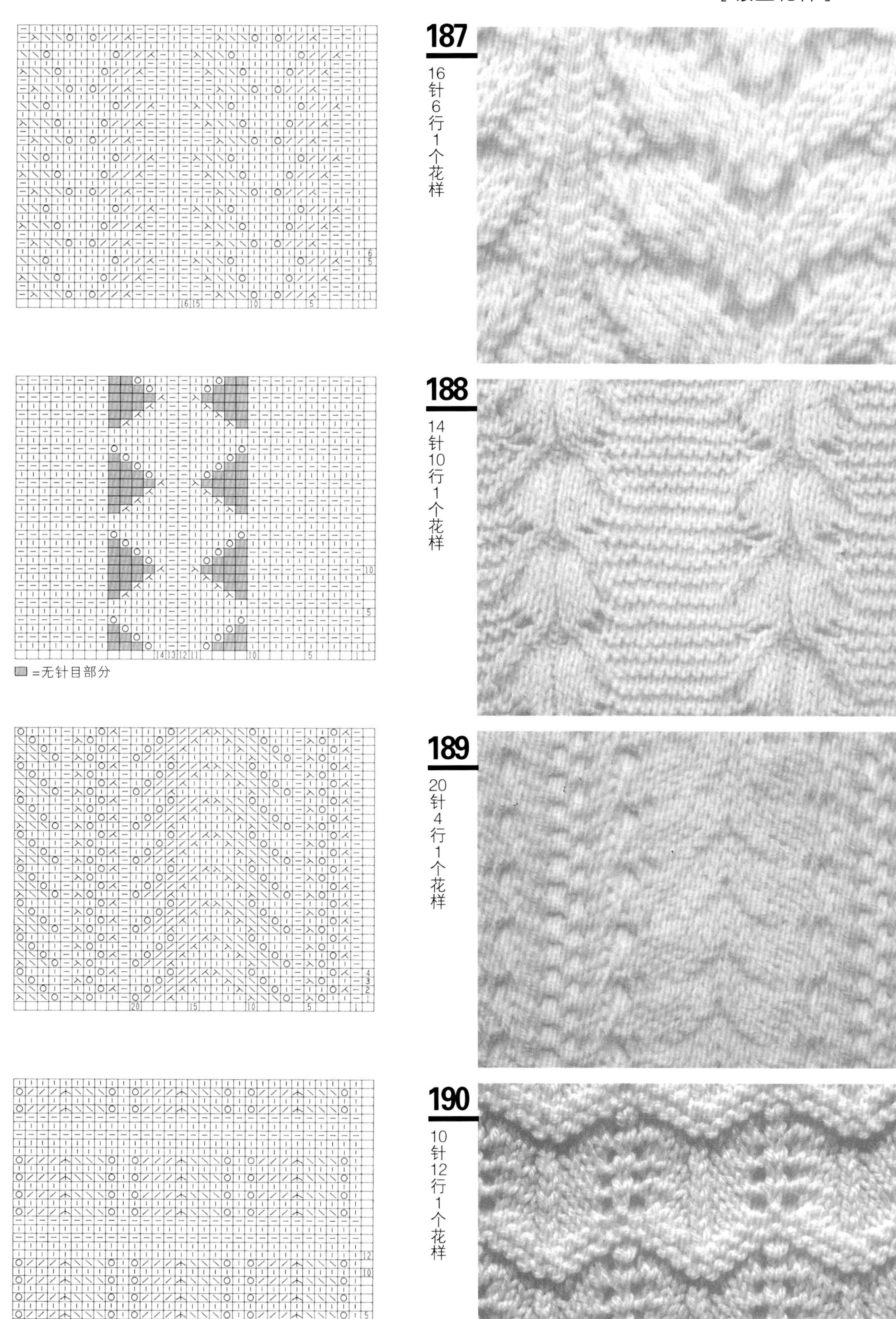

187
16针6行1个花样

188
14针10行1个花样

▨=无针目部分

189
20针4行1个花样

190
10针12行1个花样

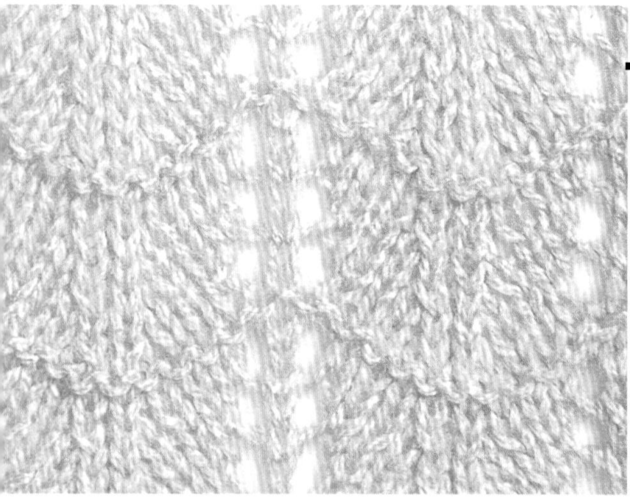

191

11针8行1个花样

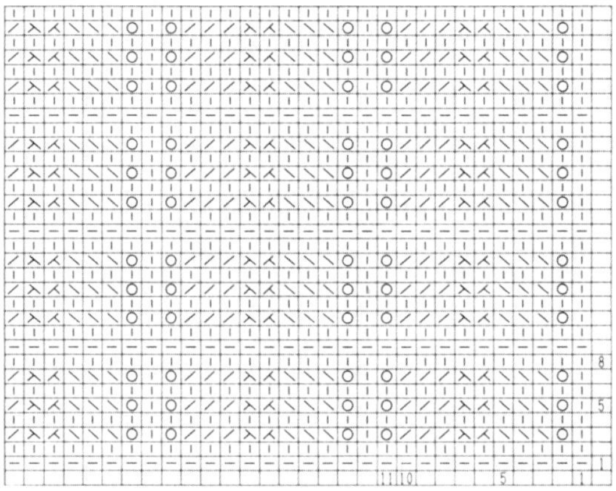

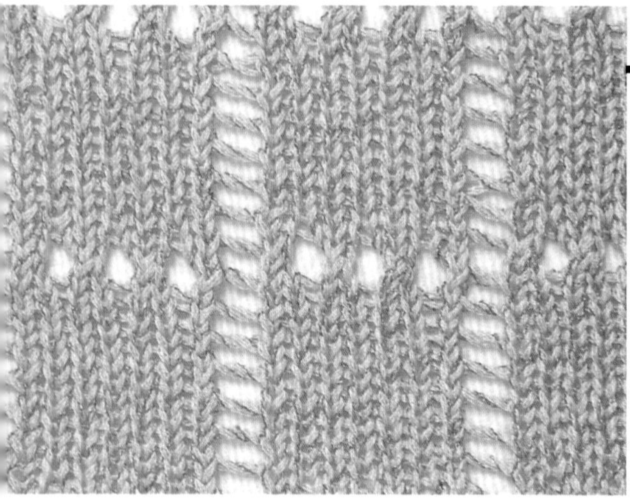

192

8针16行1个花样

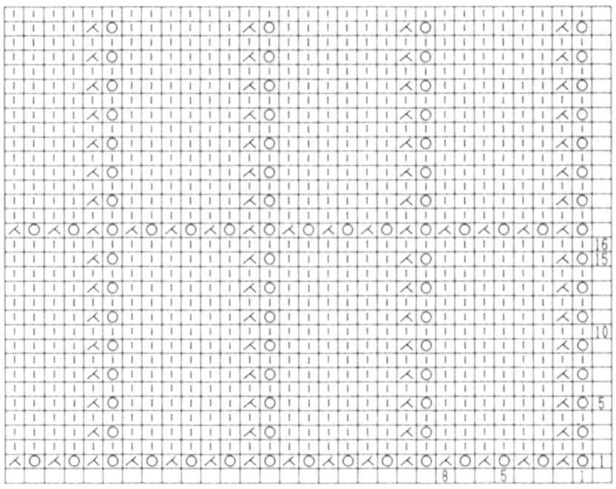

193

9针24行1个花样

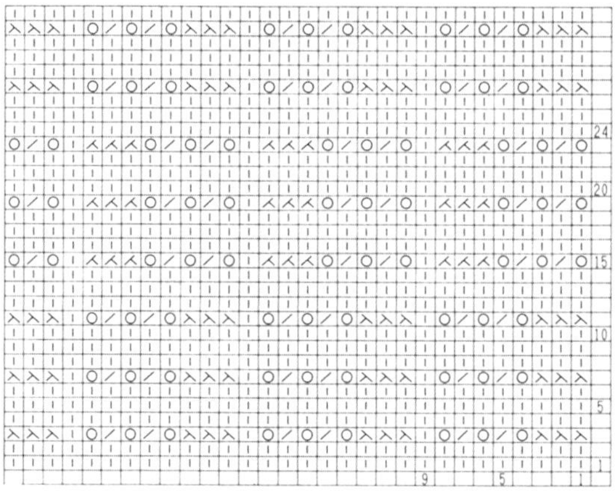

194

8针2行1个花样

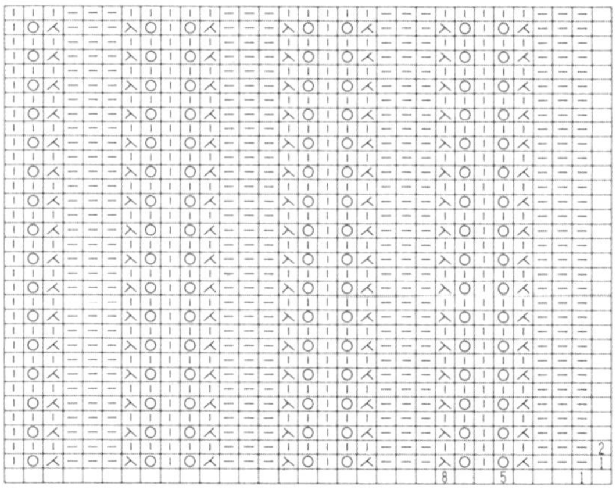

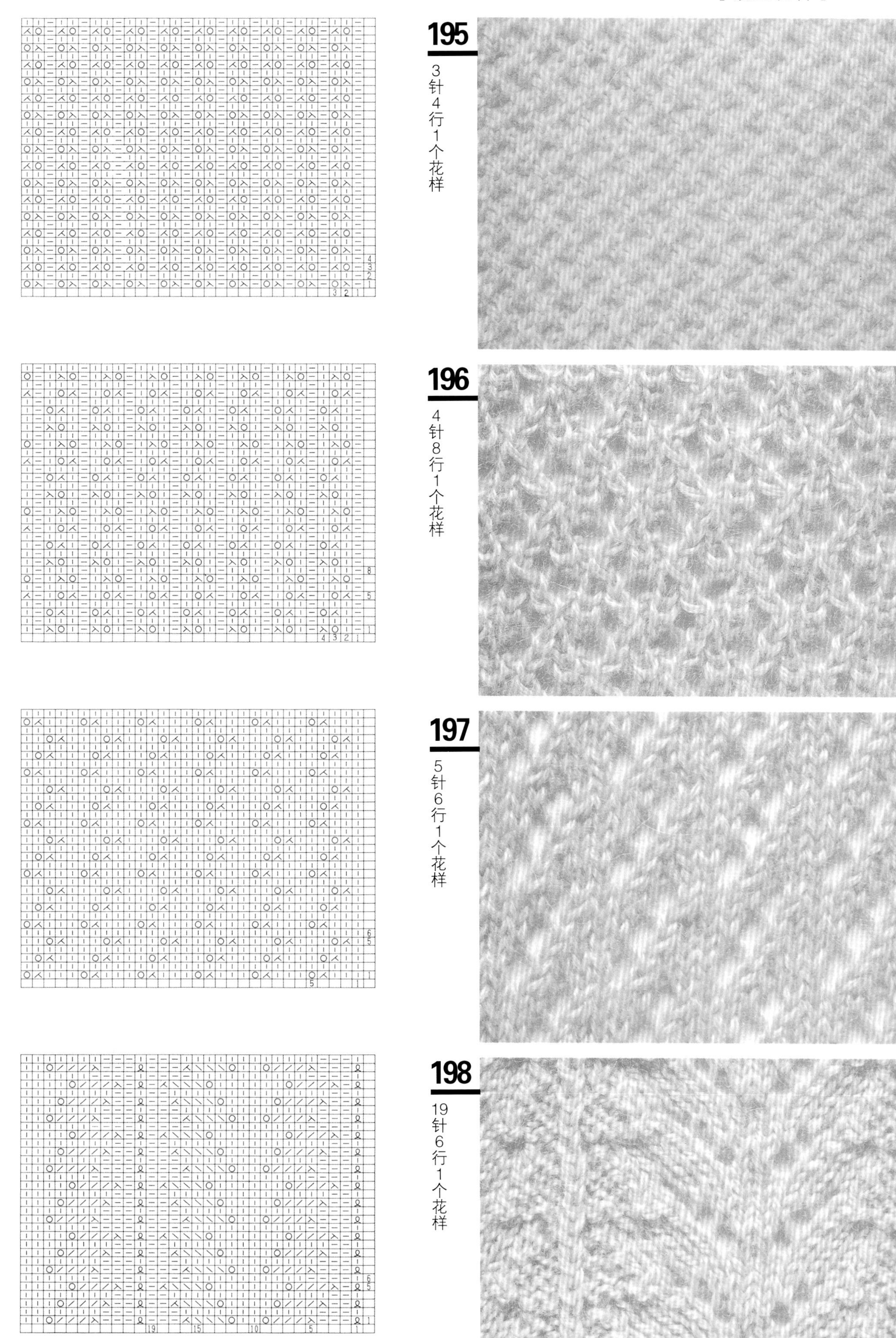
195
3针4行1个花样
196
4针8行1个花样
197
5针6行1个花样
198
19针6行1个花样

199

12针20行1个花样

200

10针6行1个花样

▨=无针目部分

201

8针11行1个花样

▨=

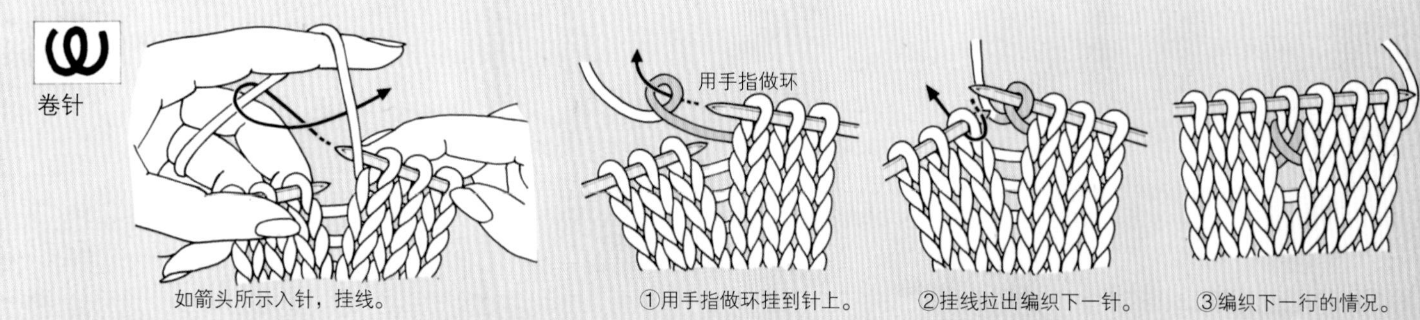

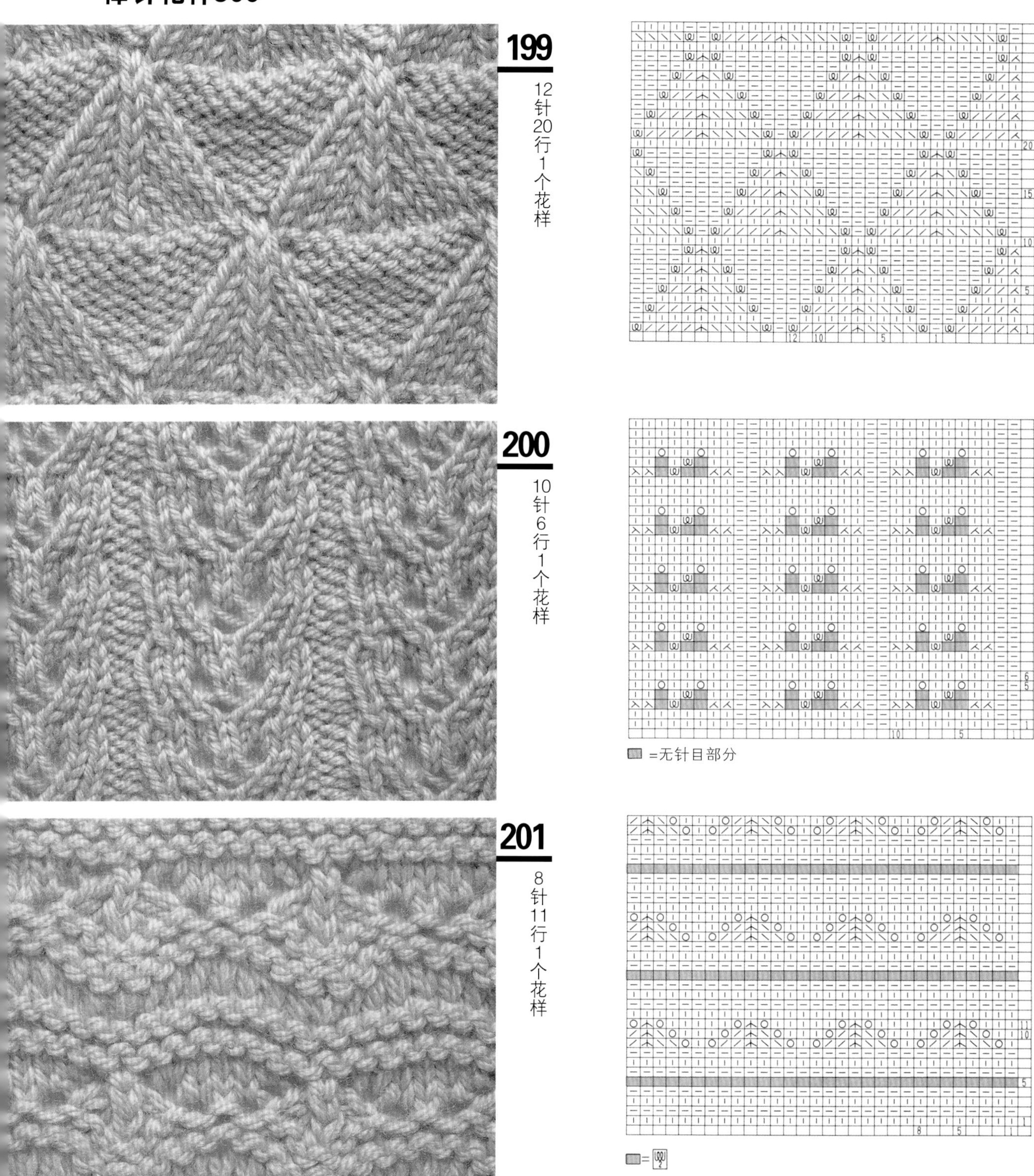

202

8针4行1个花样

203

8针8行1个花样

204

9针8行1个花样

▨=无针目部分

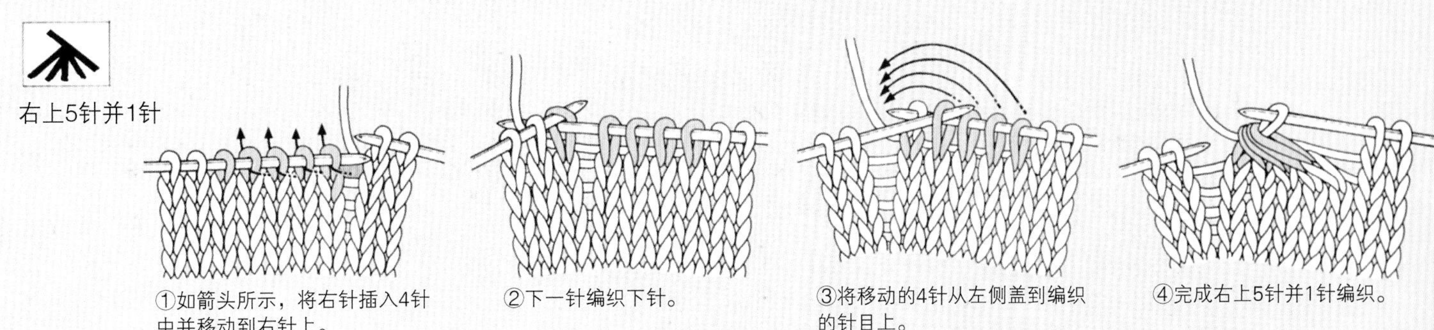

右上5针并1针

①如箭头所示，将右针插入4针中并移动到右针上。

②下一针编织下针。

③将移动的4针从左侧盖到编织的针目上。

④完成右上5针并1针编织。

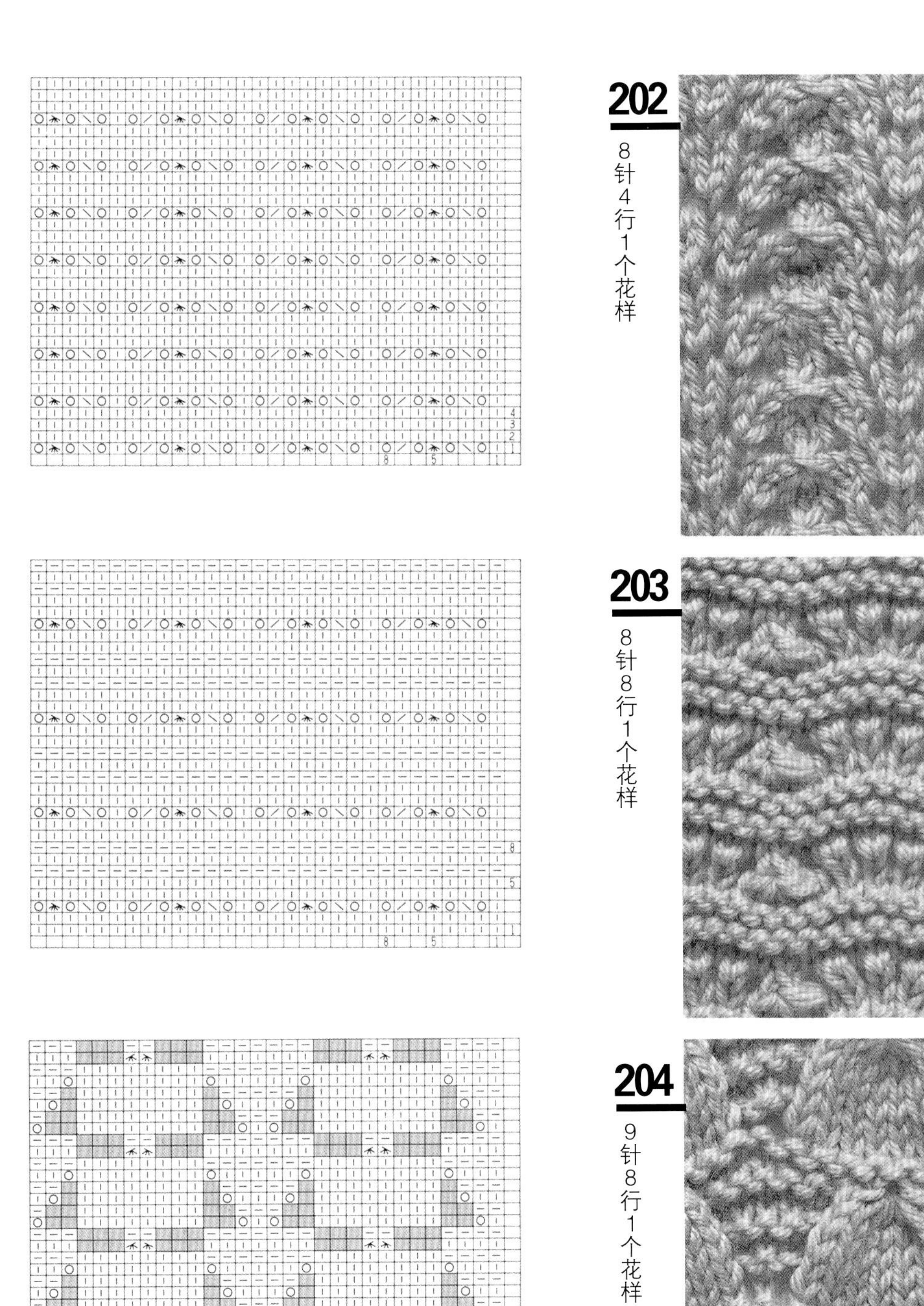

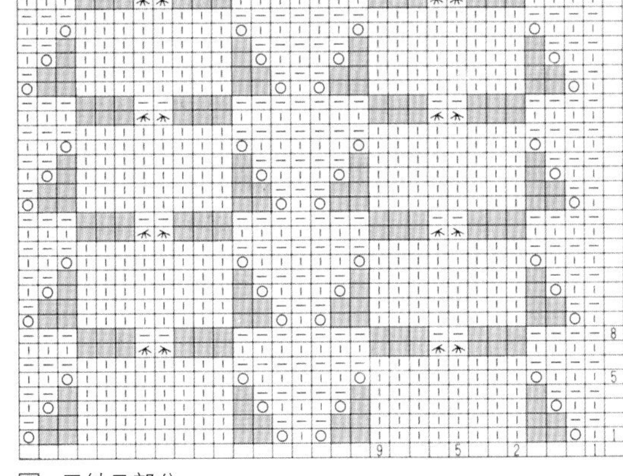

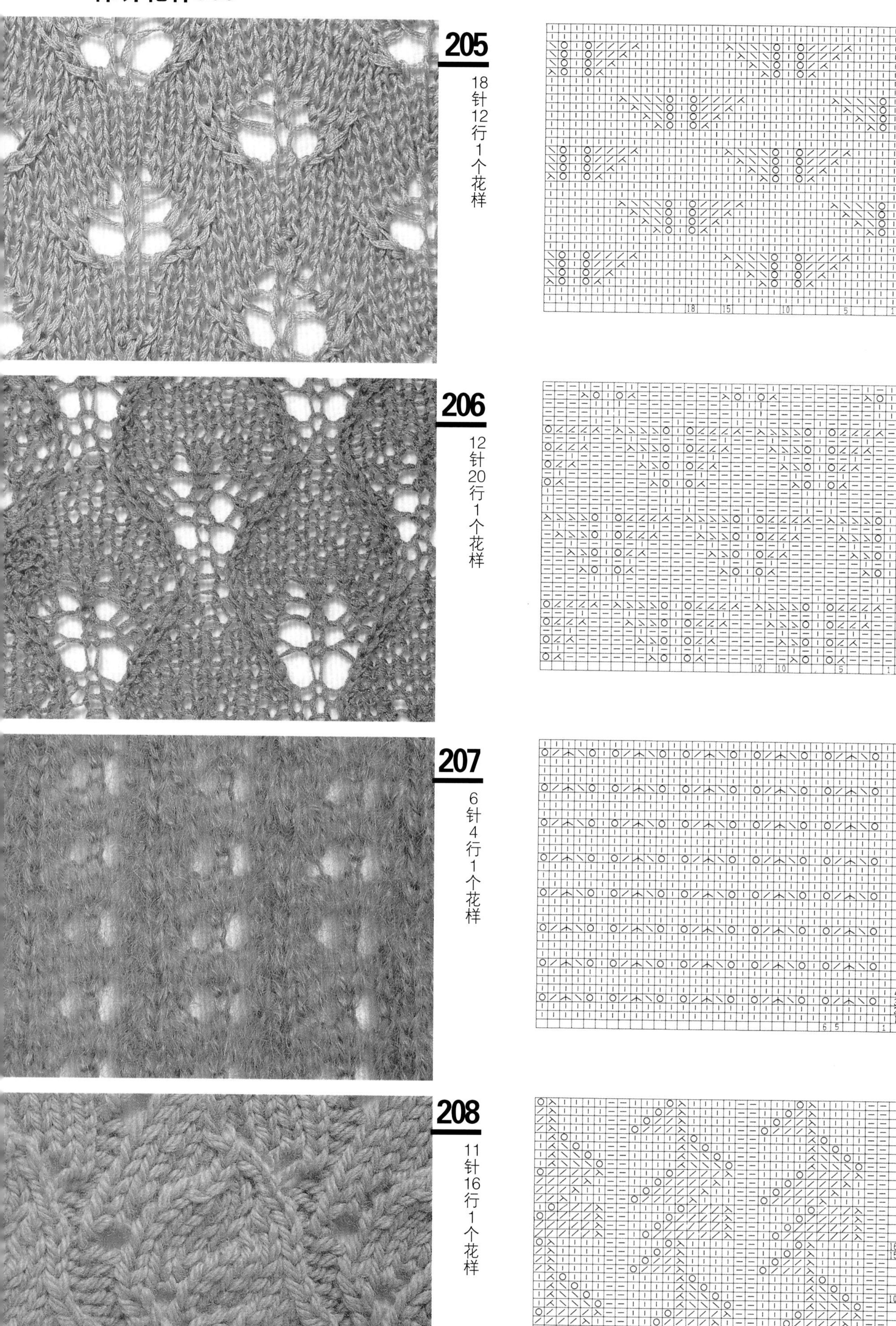

205

18针12行1个花样

206

12针20行1个花样

207

6针4行1个花样

208

11针16行1个花样

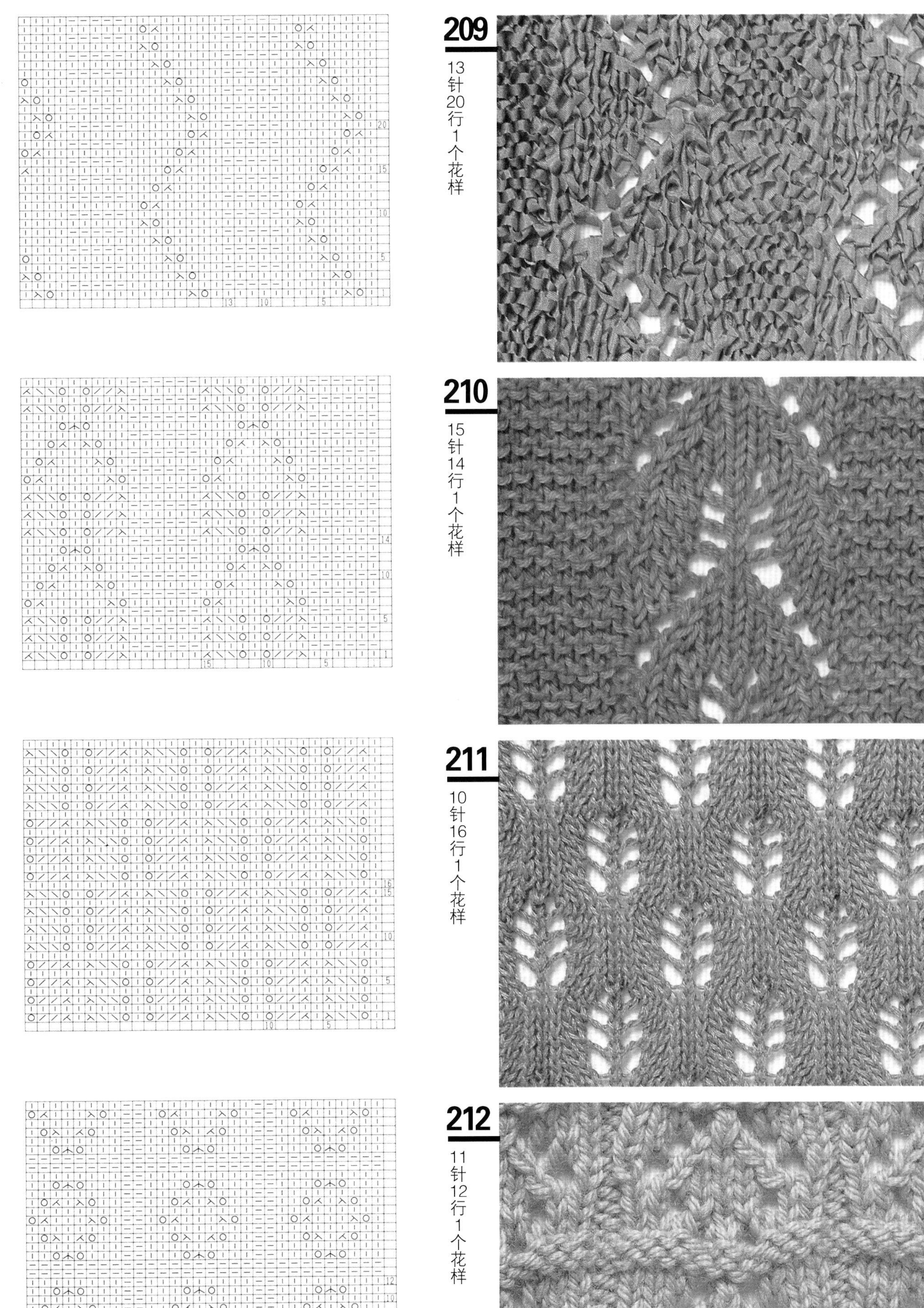

209

13针20行1个花样

210

15针14行1个花样

211

10针16行1个花样

212

11针12行1个花样

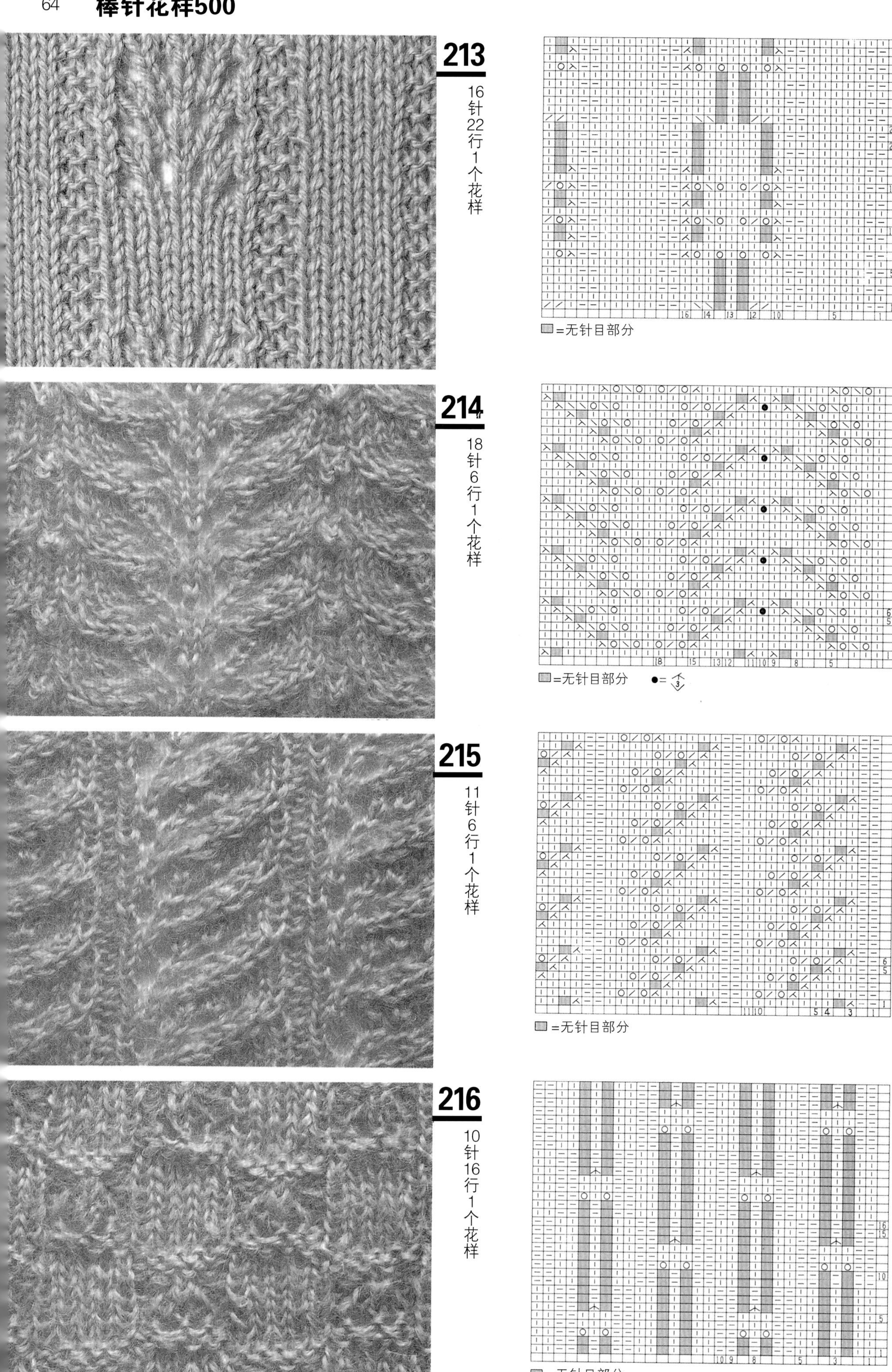

213

16针22行1个花样

▨=无针目部分

214

18针6行1个花样

▨=无针目部分 ●=3

215

11针6行1个花样

▨=无针目部分

216

10针16行1个花样

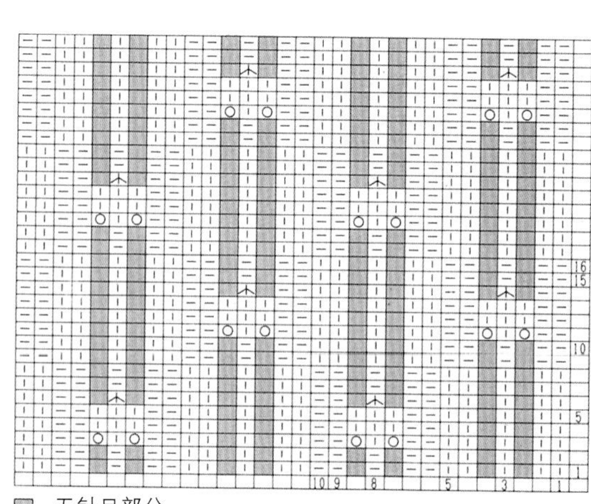

▨=无针目部分

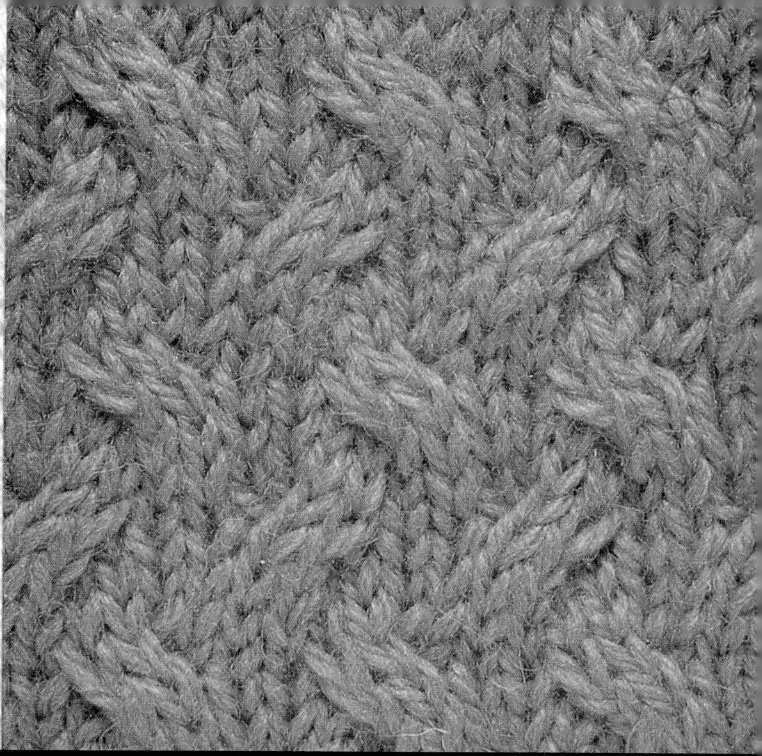

KNITTING PATTERNS 500

交叉花样

217

7针10行1个花样

218

8针16行1个花样

219

9针12行1个花样

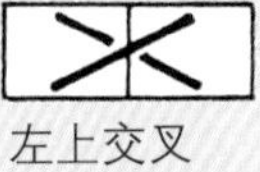

左上交叉

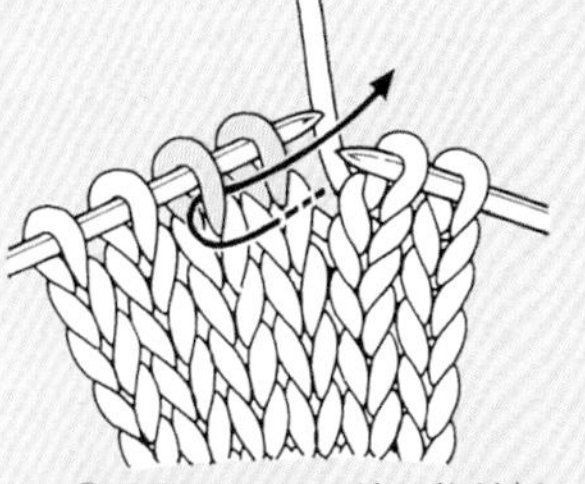

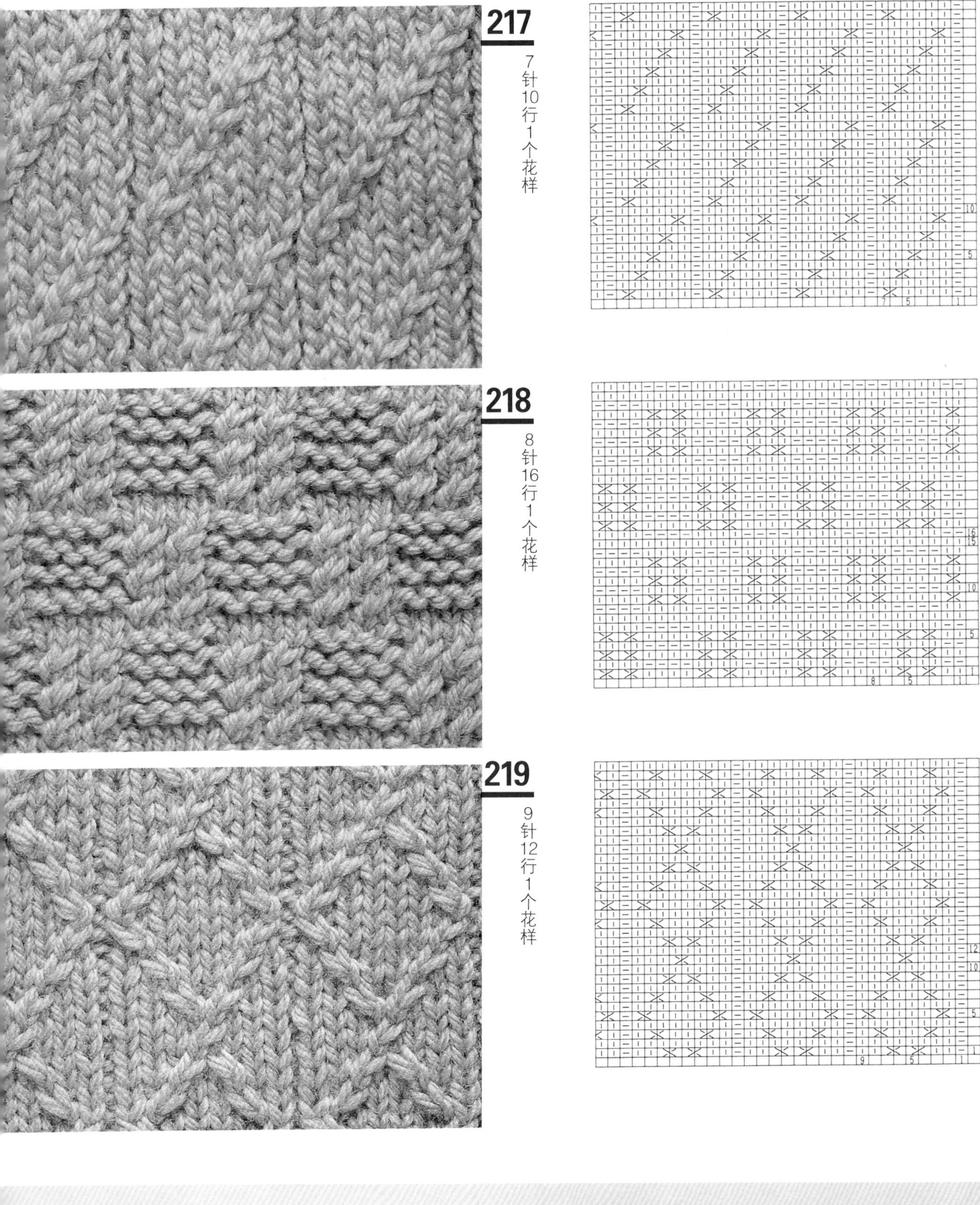

①如箭头所示从前面将针插入左侧针目。

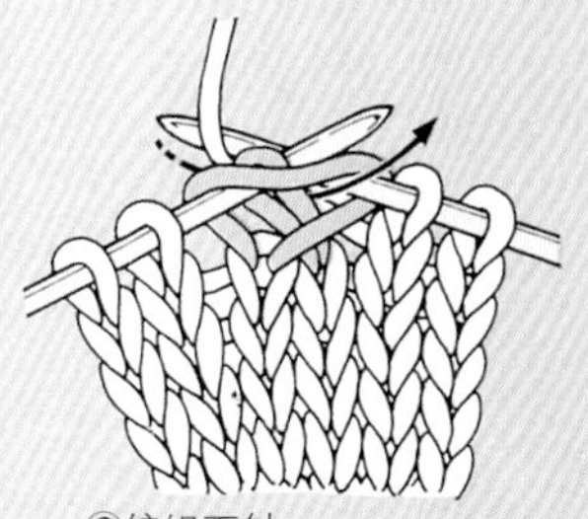

②编织下针。

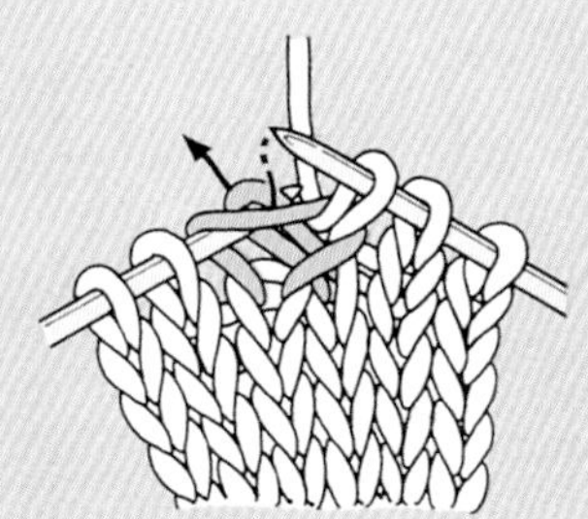

③右侧针目也是如此，如箭头所示入针，编织下针。

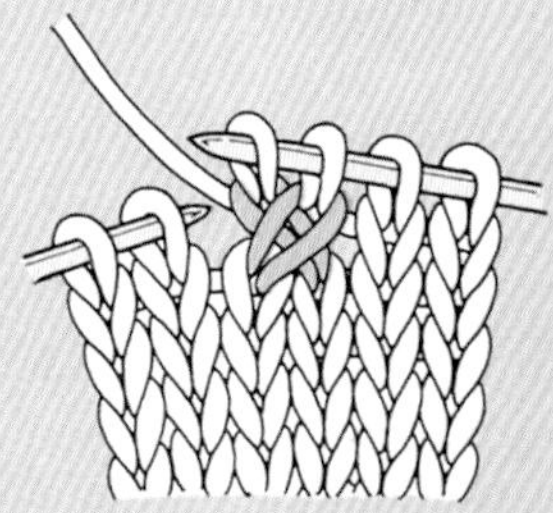

④完成左上交叉。

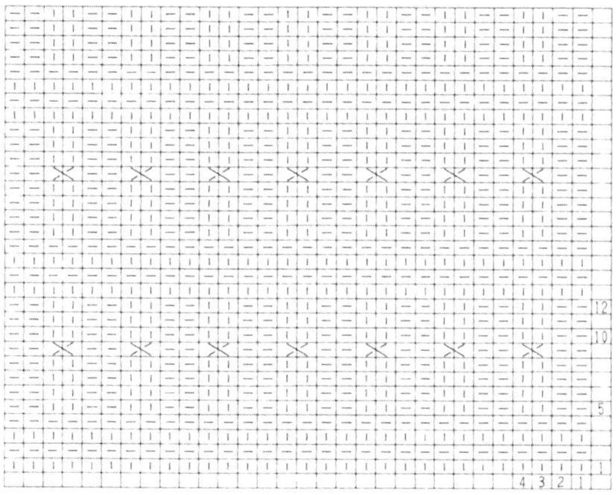

220

4针12行1个花样

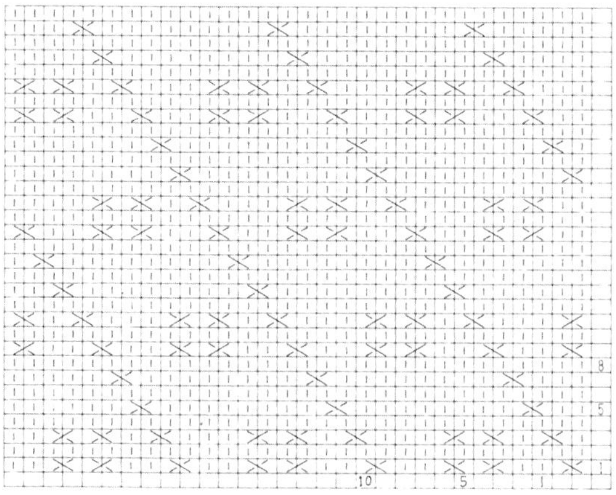

221

10针8行1个花样

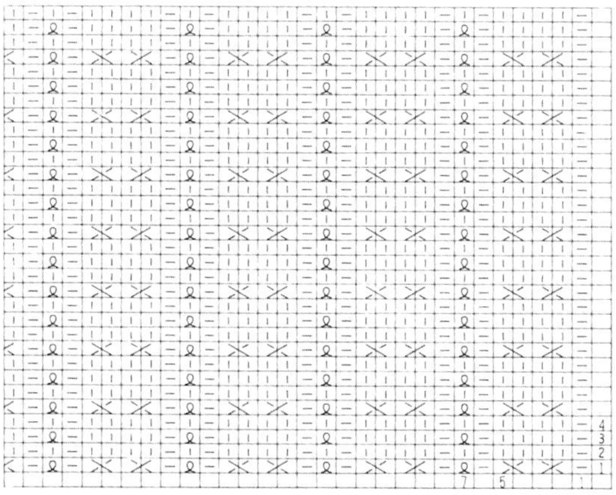

222

7针4行1个花样

右上交叉

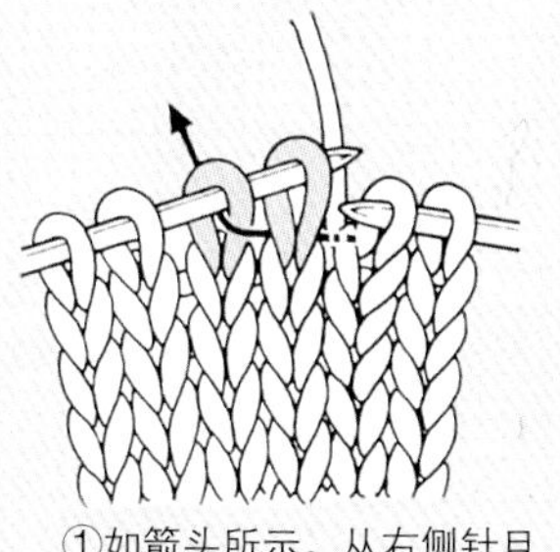

①如箭头所示，从右侧针目外侧将针插入左侧针目中。

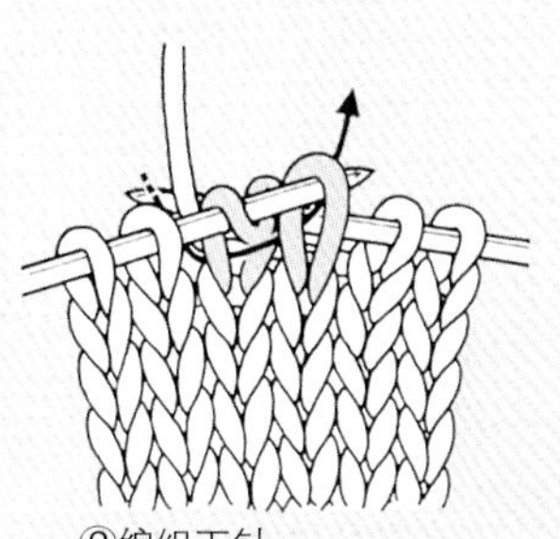

②编织下针。

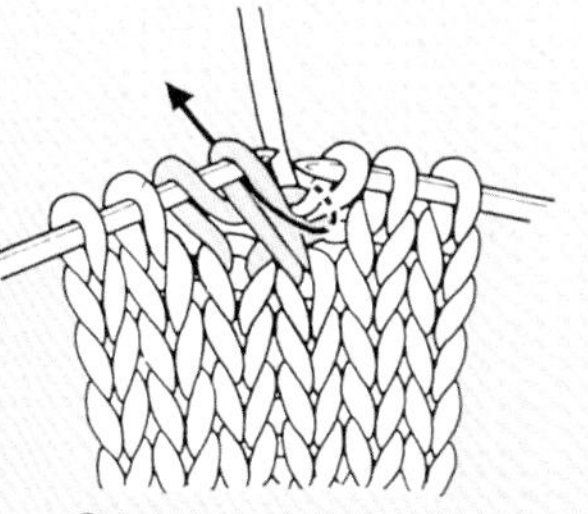

③右侧针目也编织下针。

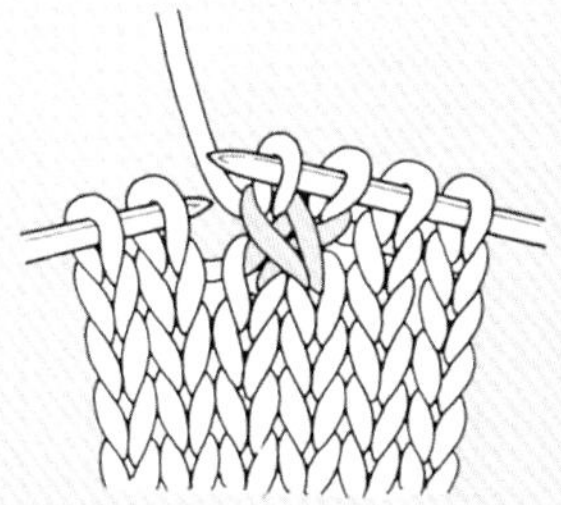

④完成右上交叉。

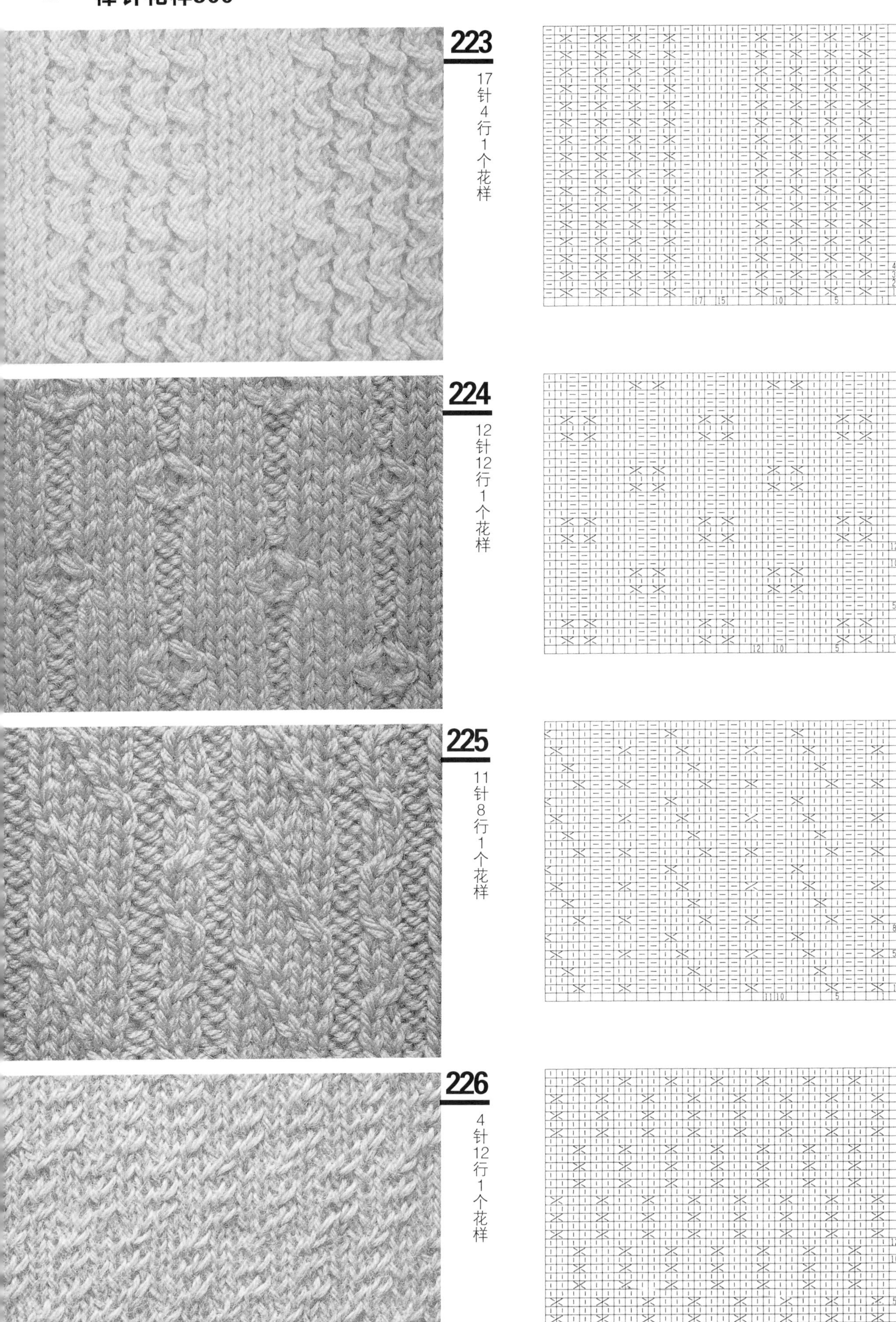
223
17针4行1个花样
224
12针12行1个花样
225
11针8行1个花样
226
4针12行1个花样

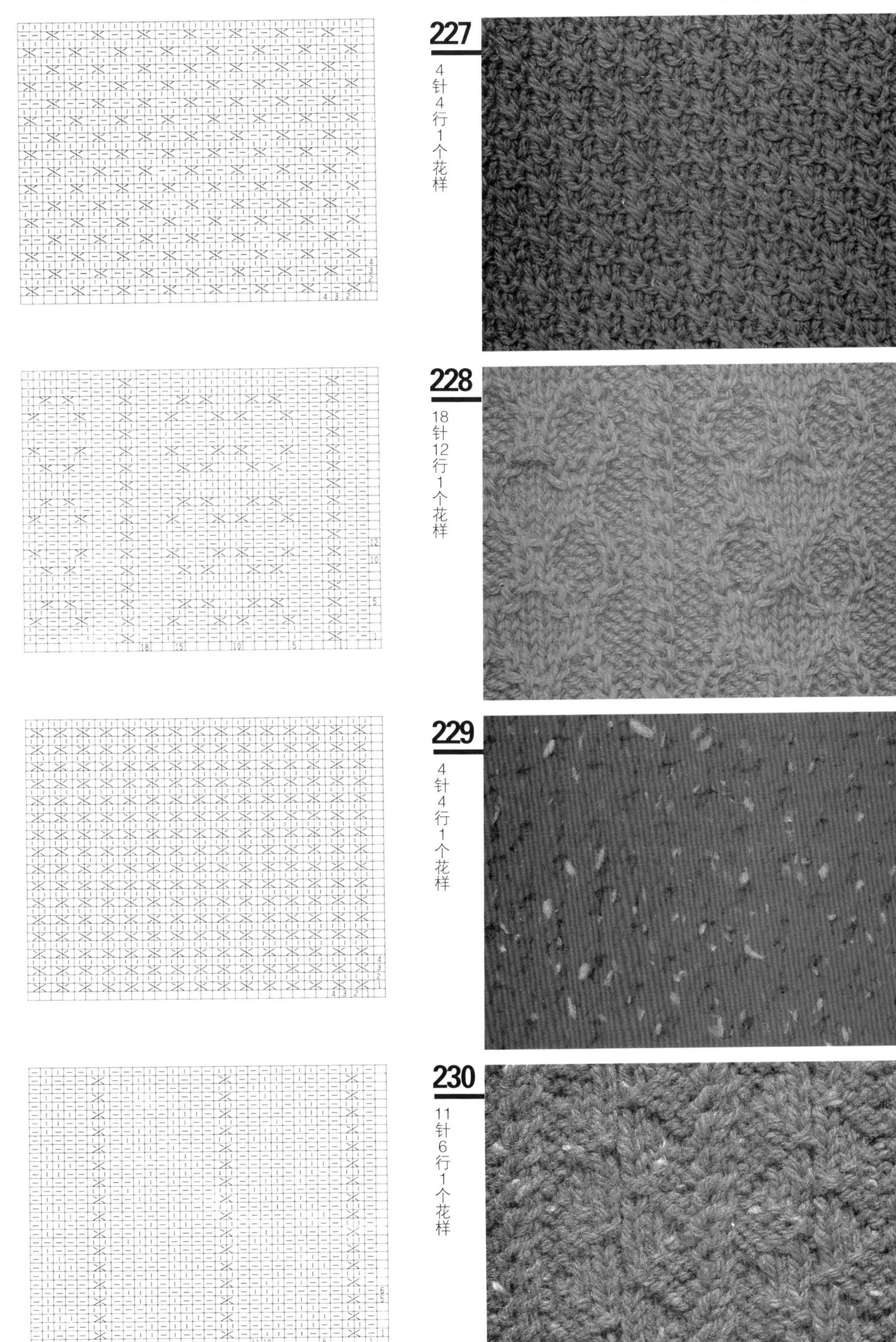

227
4针4行1个花样

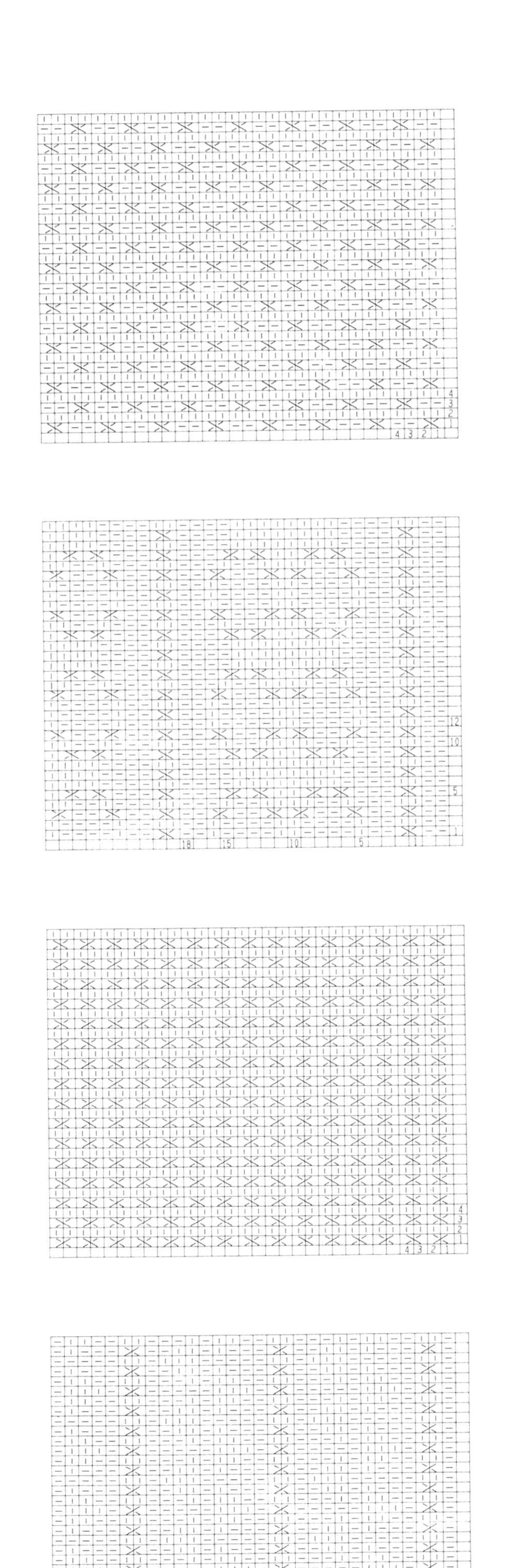

228
18针12行1个花样

229
4针4行1个花样

230
11针6行1个花样

231

6针8行1个花样

232

10针8行1个花样

233

10针12行1个花样

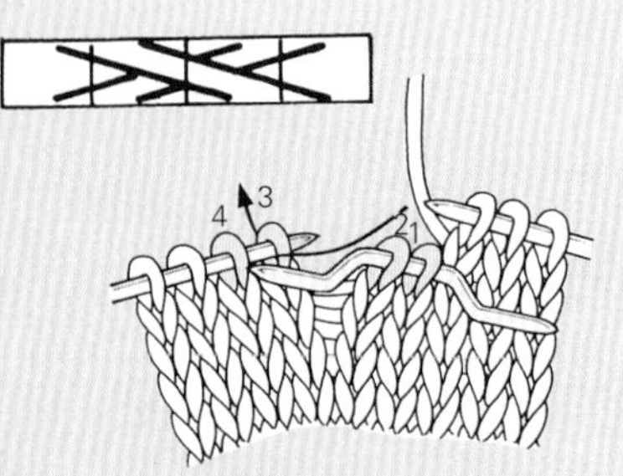

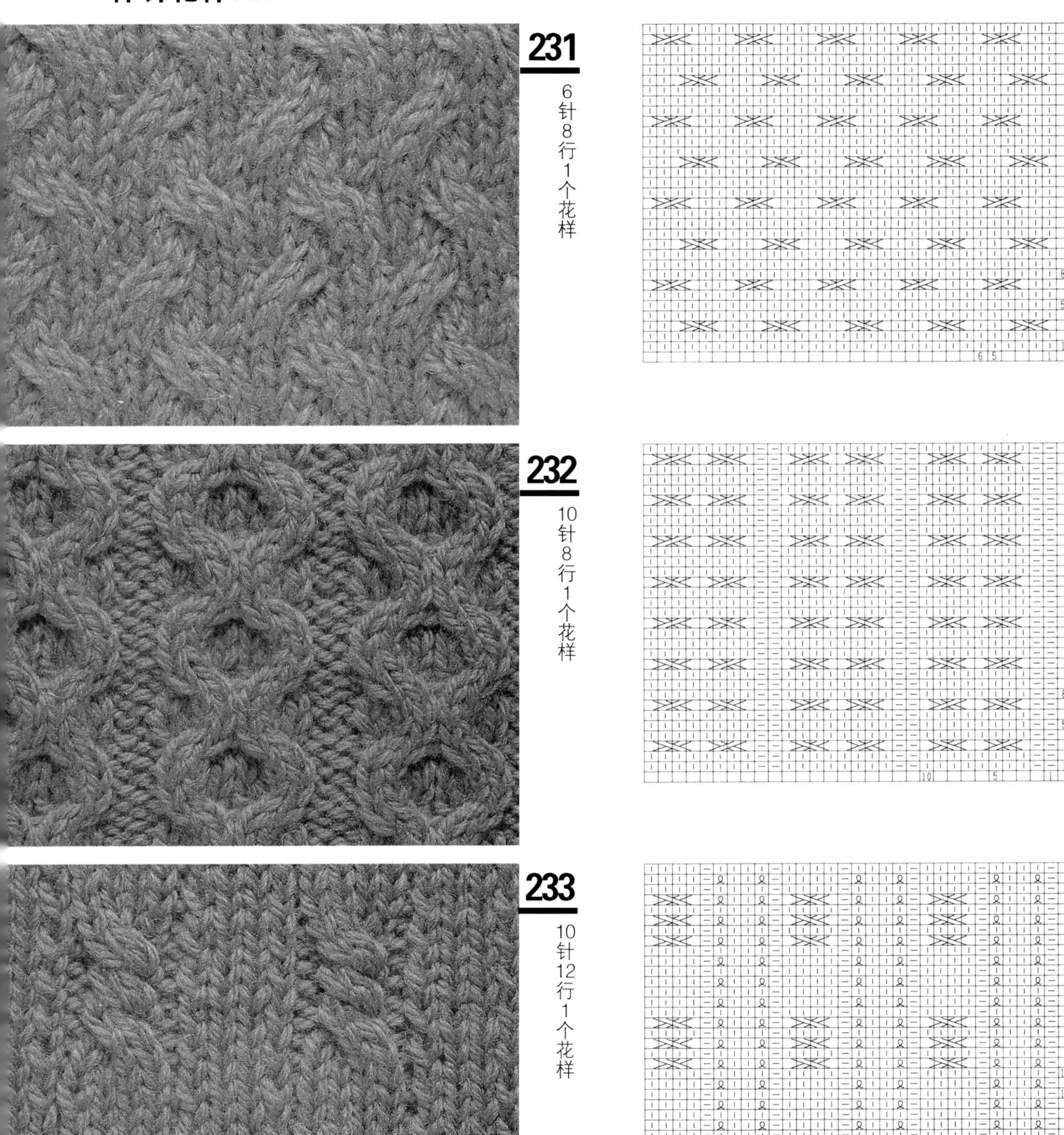

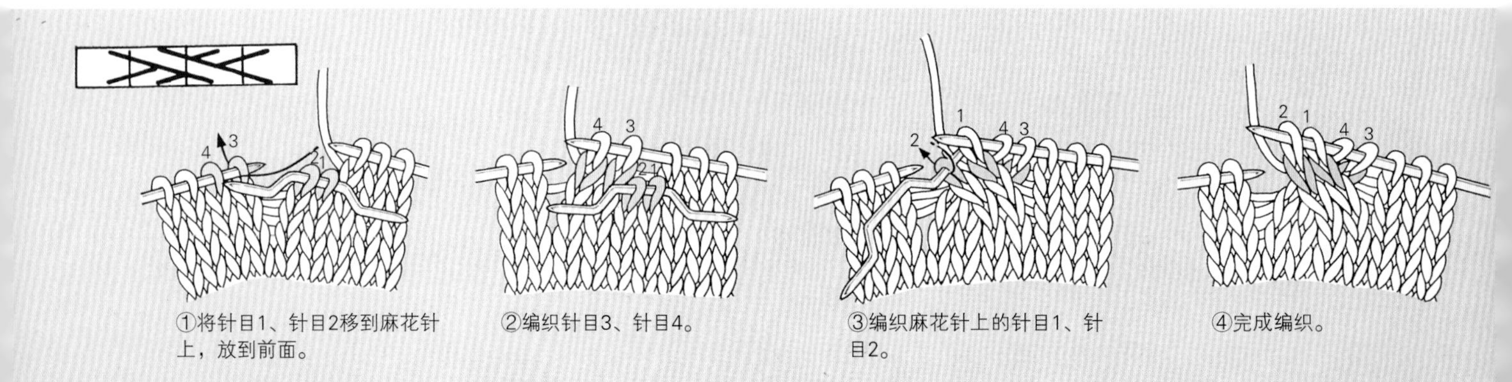

①将针目1、针目2移到麻花针上，放到前面。

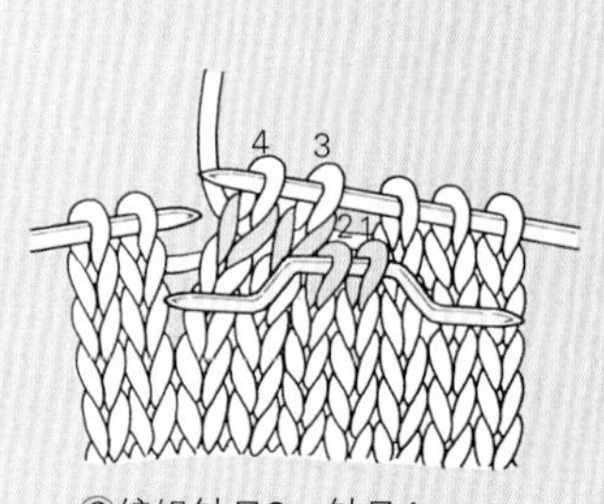

②编织针目3、针目4。

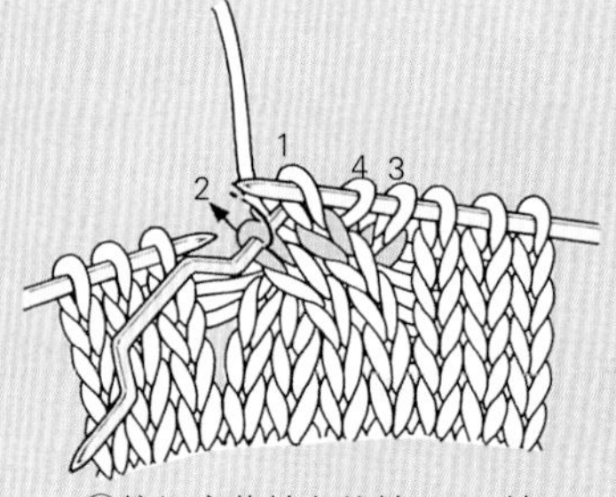

③编织麻花针上的针目1、针目2。

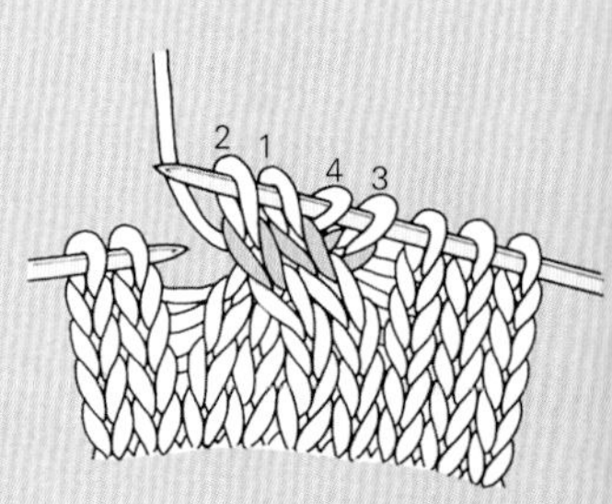

④完成编织。

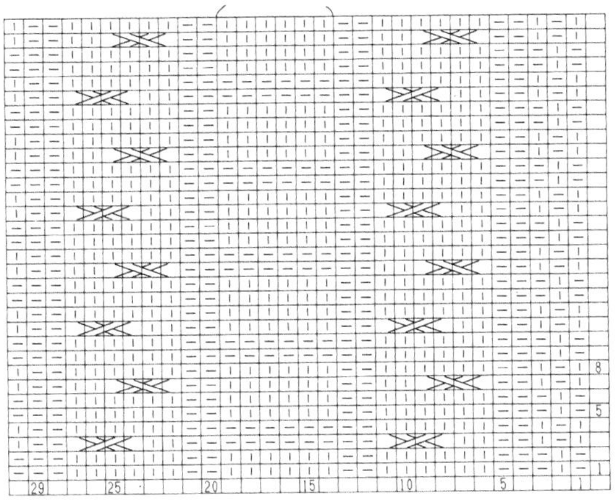

234

29针8行1个花样

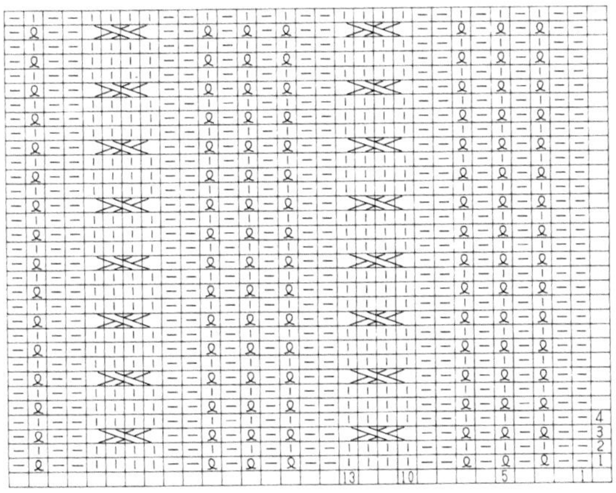

235

13针4行1个花样

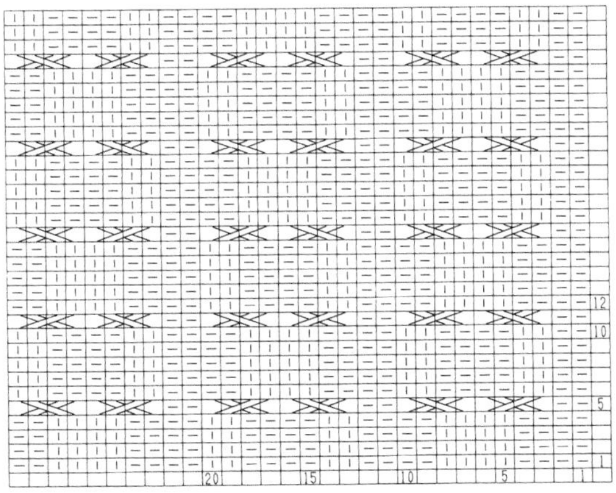

236

20针12行1个花样

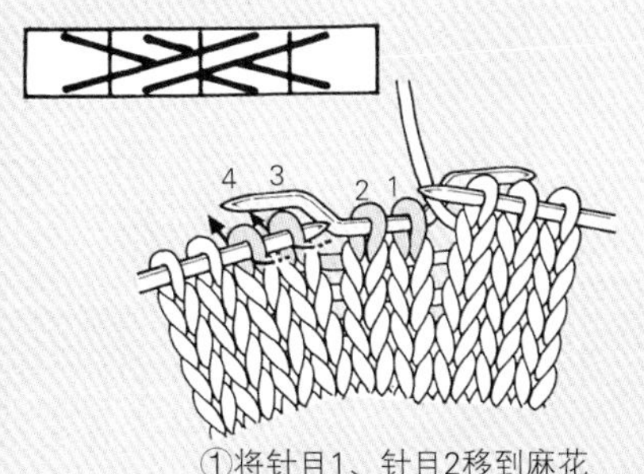

①将针目1、针目2移到麻花针上，放到织片后面。

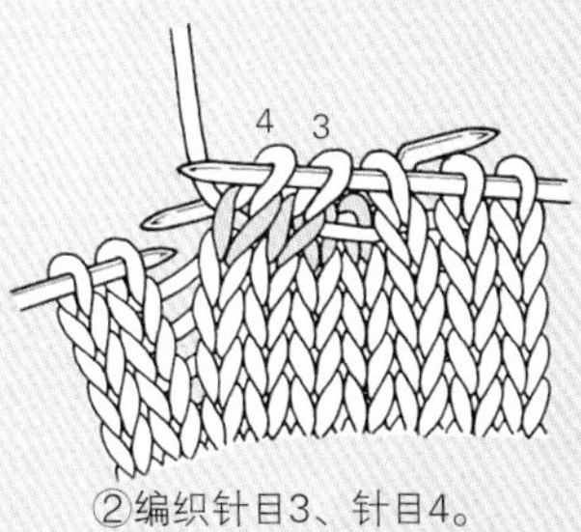

②编织针目3、针目4。

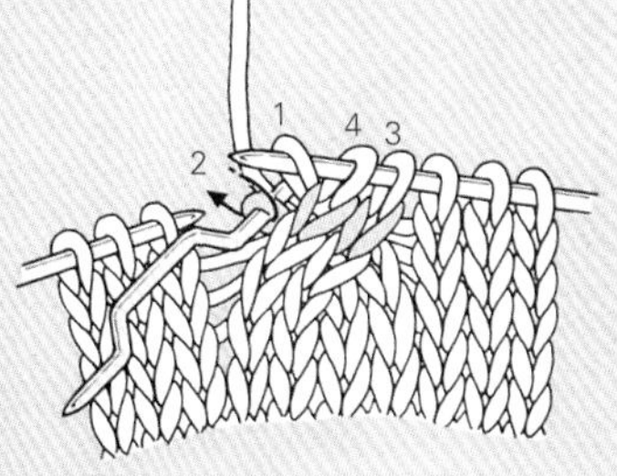

③编织麻花针上的针目1、针目2。

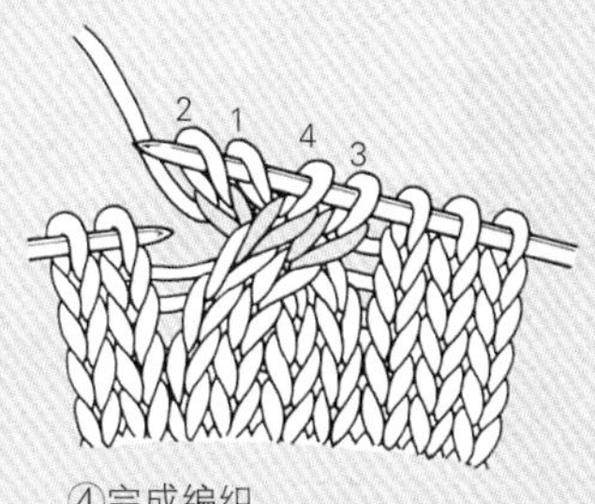

④完成编织。

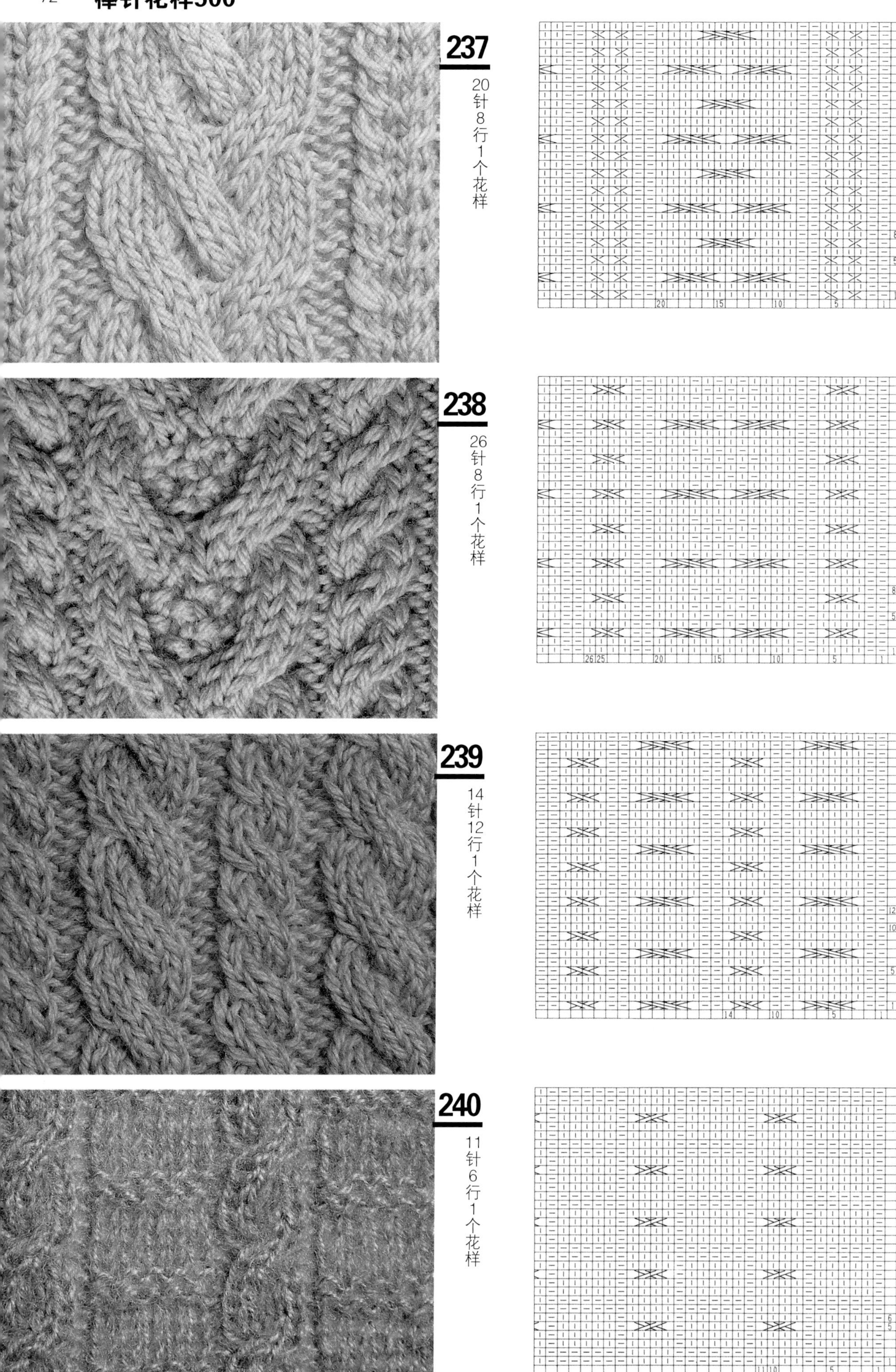
237
20针8行1个花样
238
26针8行1个花样
239
14针12行1个花样
240
11针6行1个花样

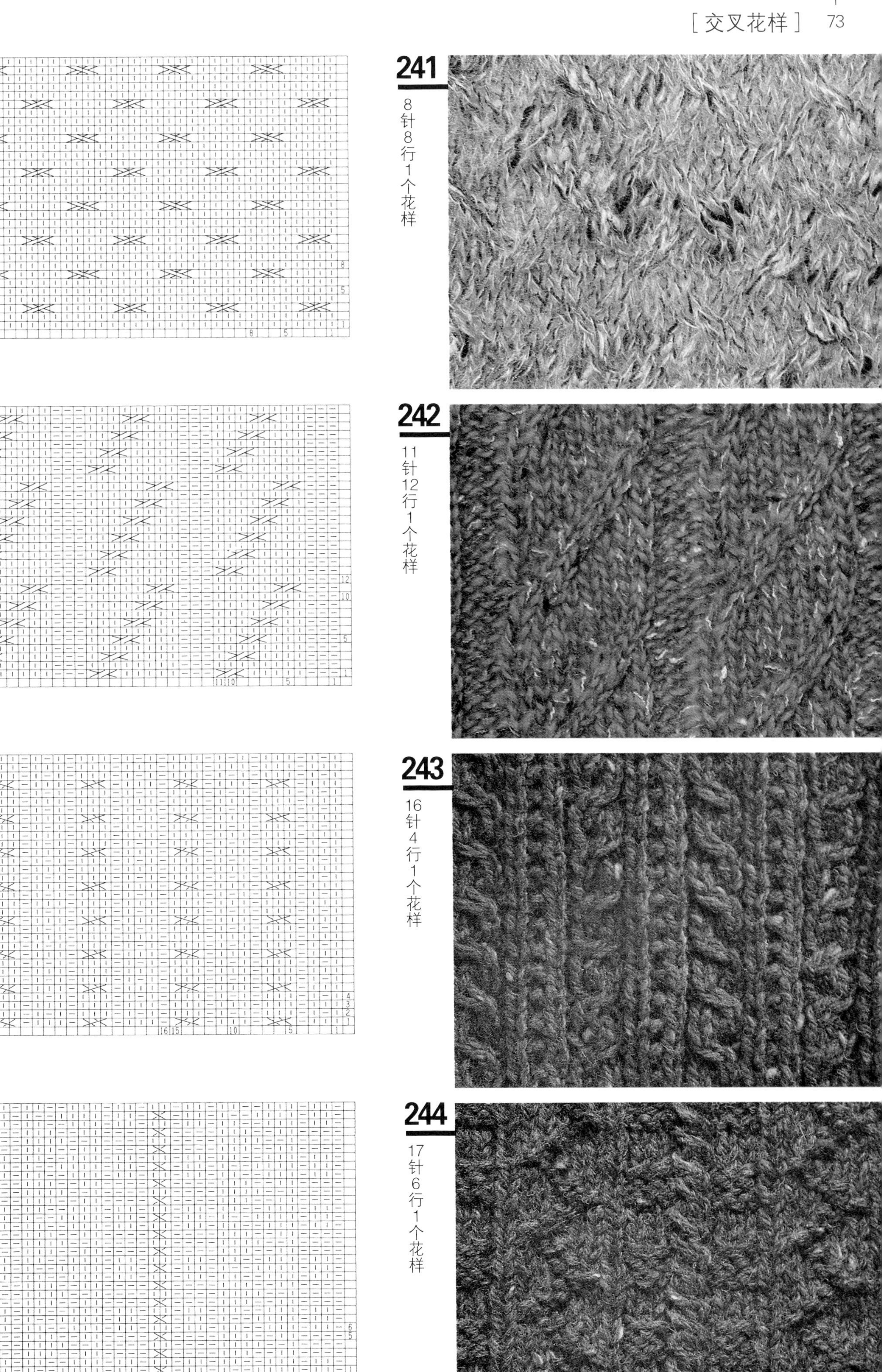
241
8针8行1个花样
242
11针12行1个花样
243
16针4行1个花样
244
17针6行1个花样

245

10针12行1个花样

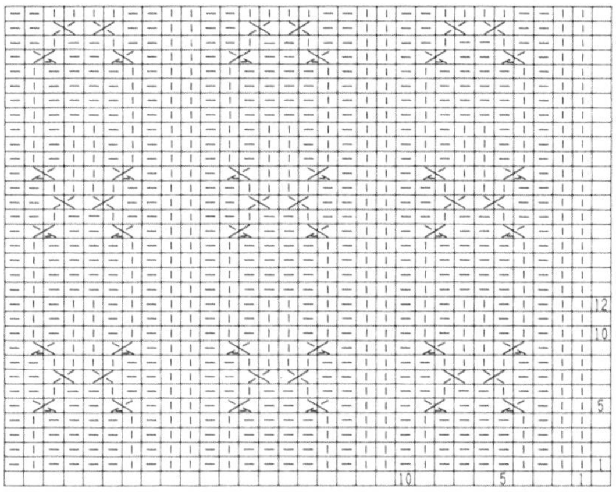

246

10针12行1个花样

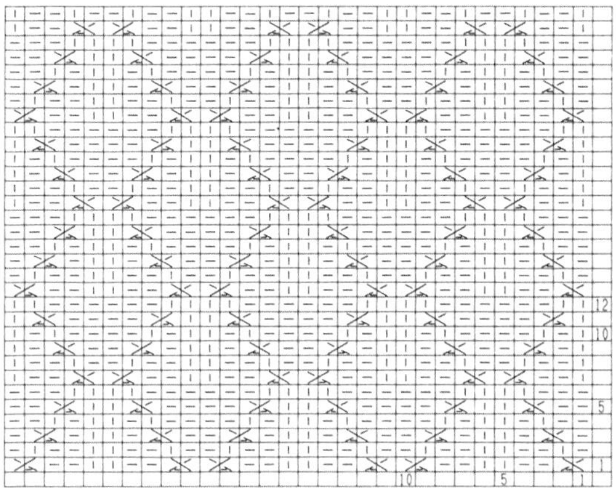

247

13针10行1个花样

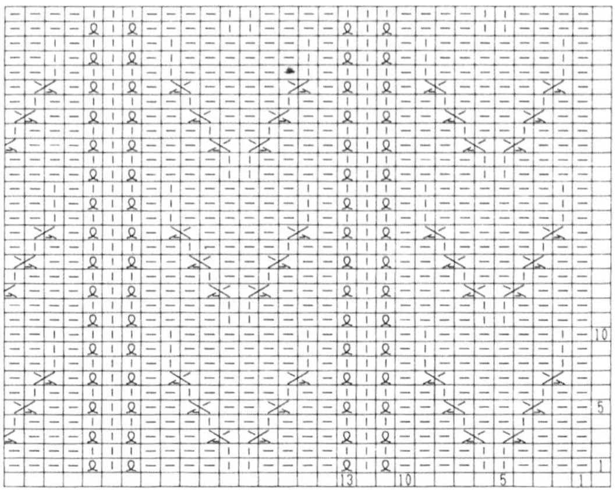

右上交叉（上针）

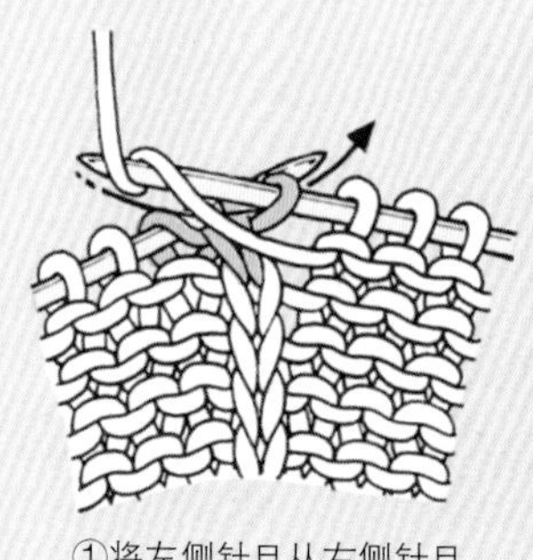

①将左侧针目从右侧针目的后面拉出。

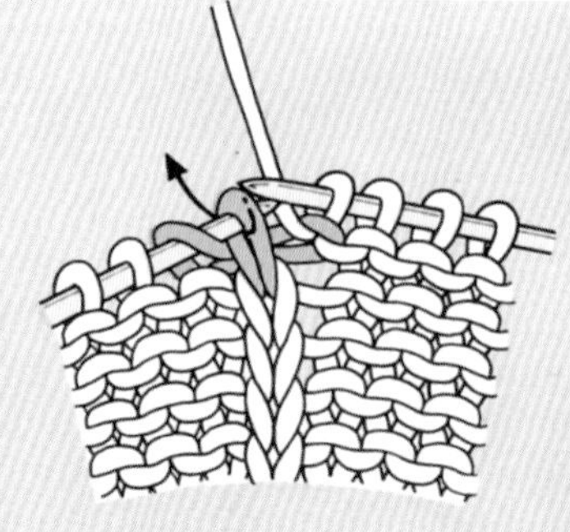

②编织上针。

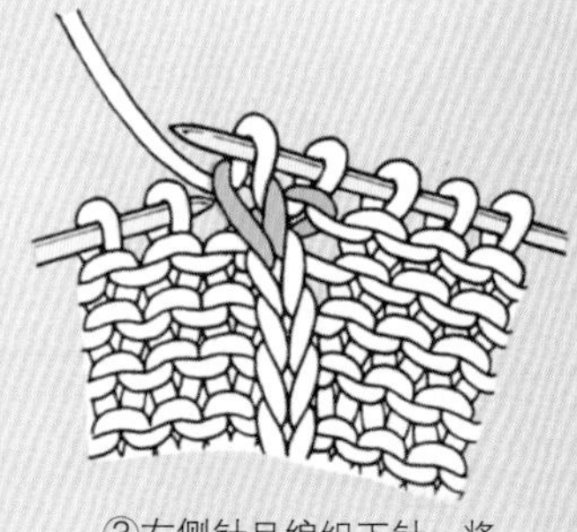

③右侧针目编织下针，将2针目从左针上取下。

248

10针20行1个花样

249

22针14行1个花样

250

18针20行1个花样

左上交叉（上针）

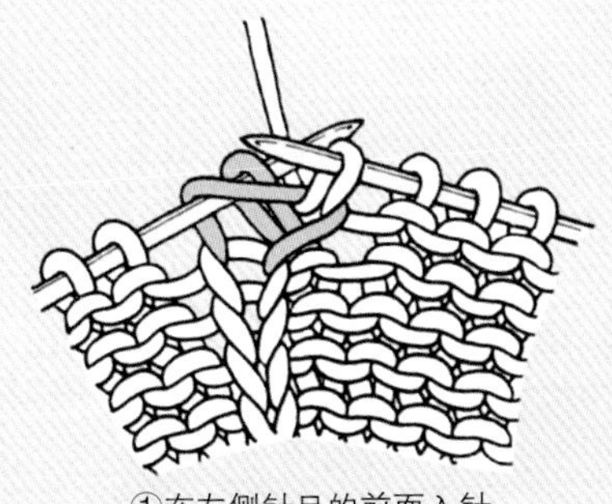

①在左侧针目的前面入针，编织下针。

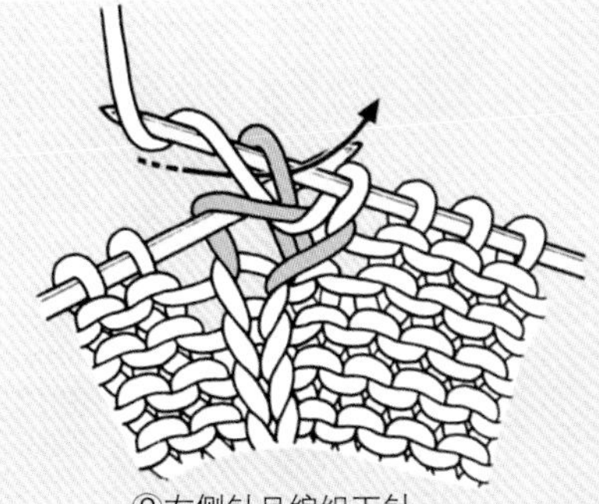

②右侧针目编织下针。

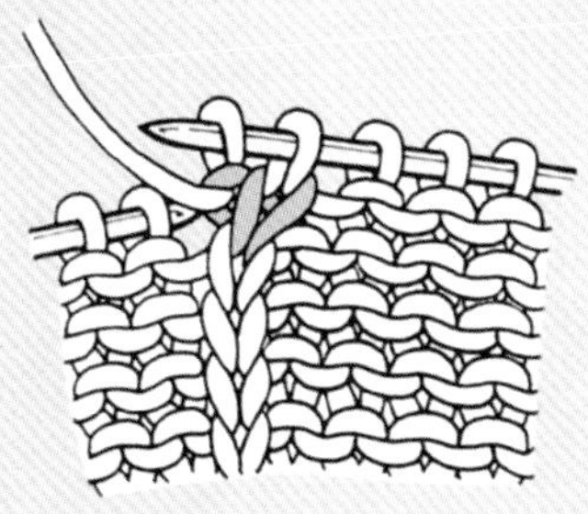

③将2针目从左针上取下。

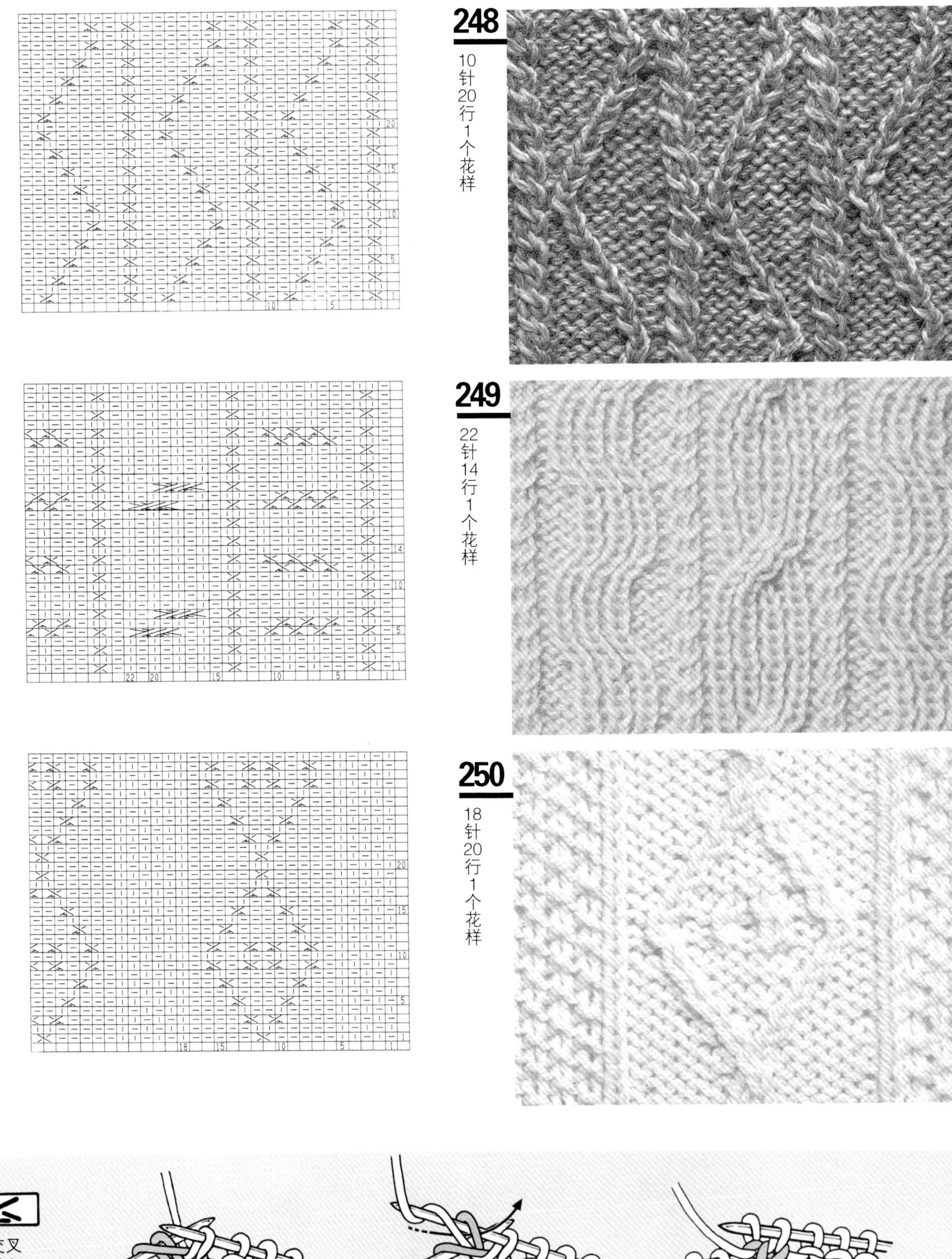

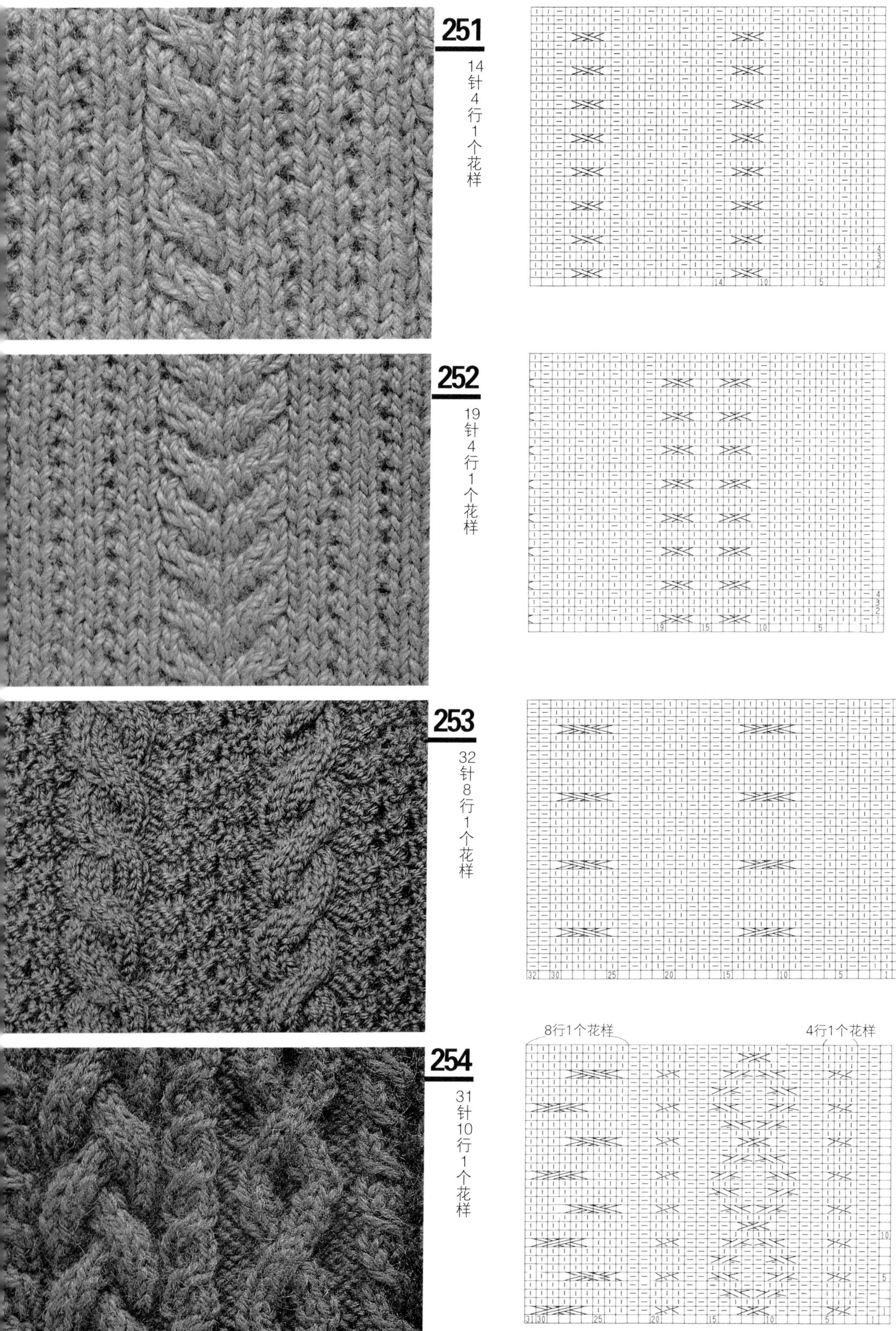
251
14针4行1个花样
252
19针4行1个花样
253
32针8行1个花样
254
31针10行1个花样
8行1个花样
4行1个花样

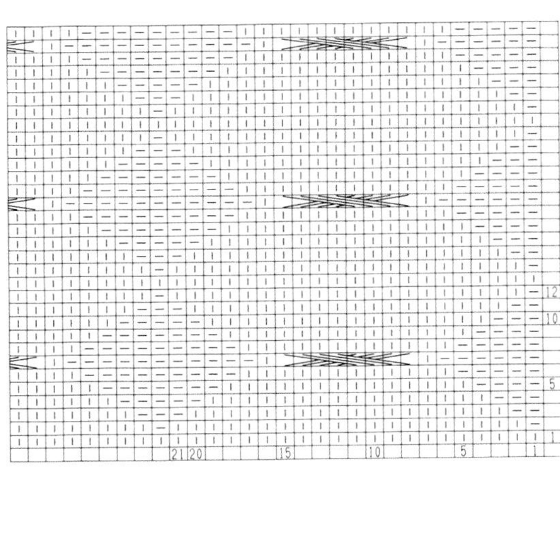

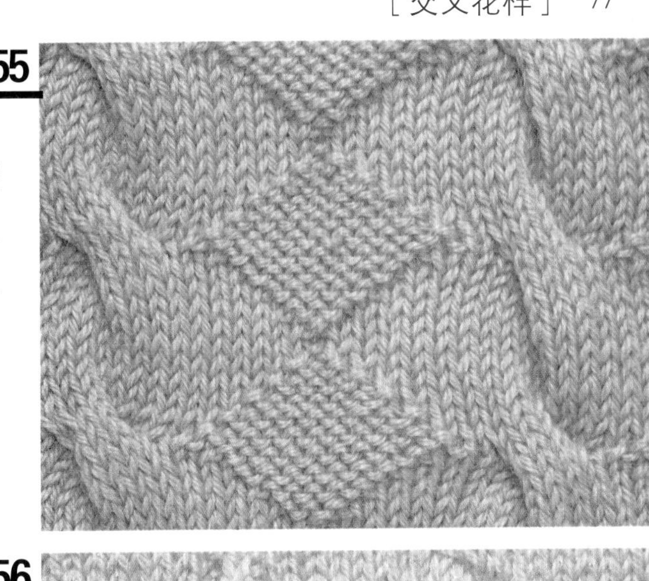

255

21针12行1个花样

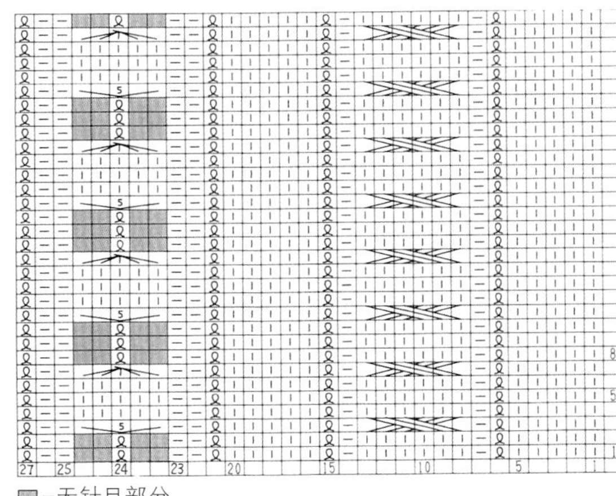

▨=无针目部分

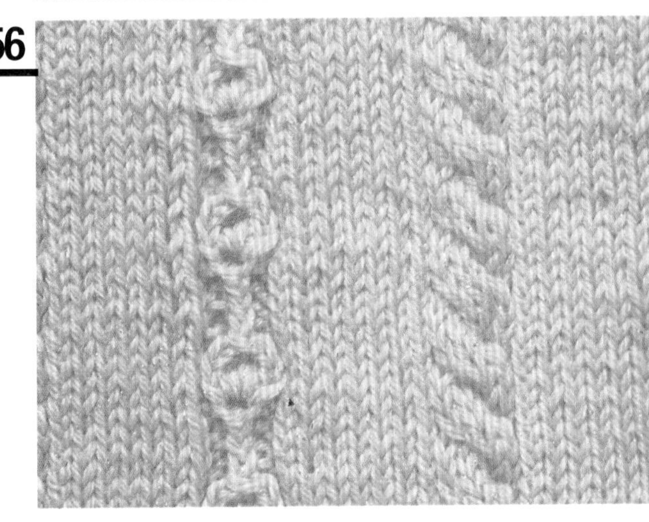

256

27针8行1个花样

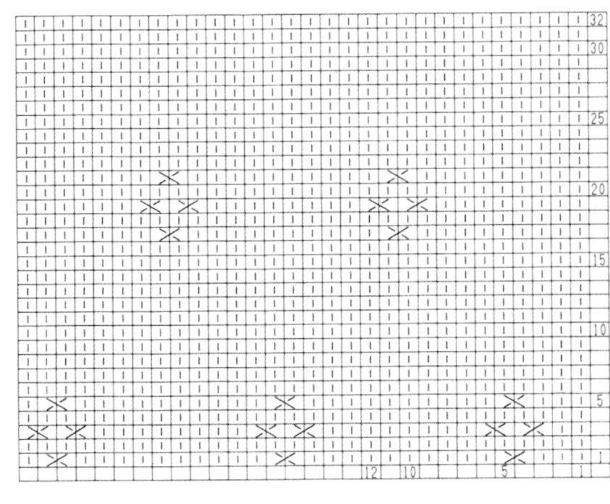

257

12针32行1个花样

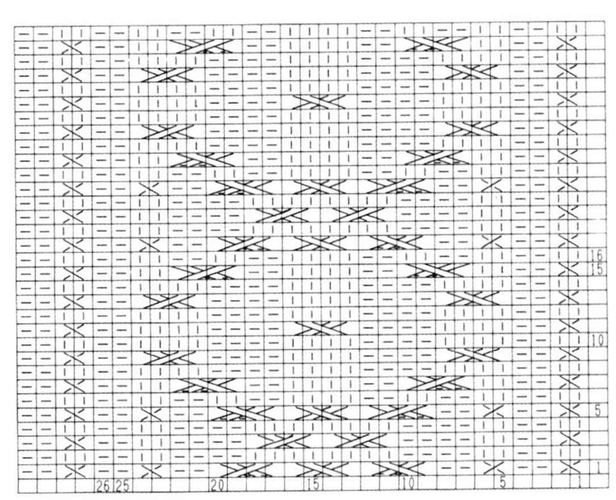

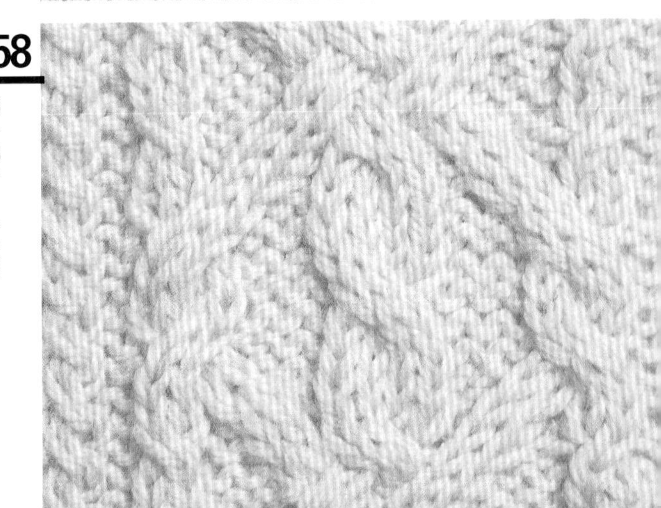

258

26针16行1个花样

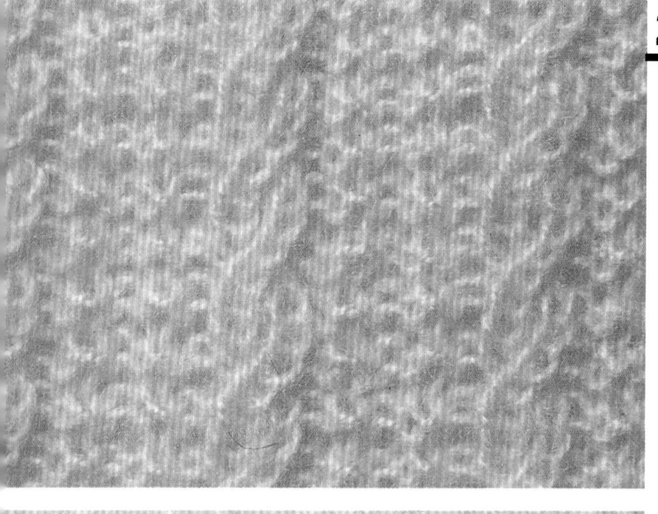

259

8针4行1个花样

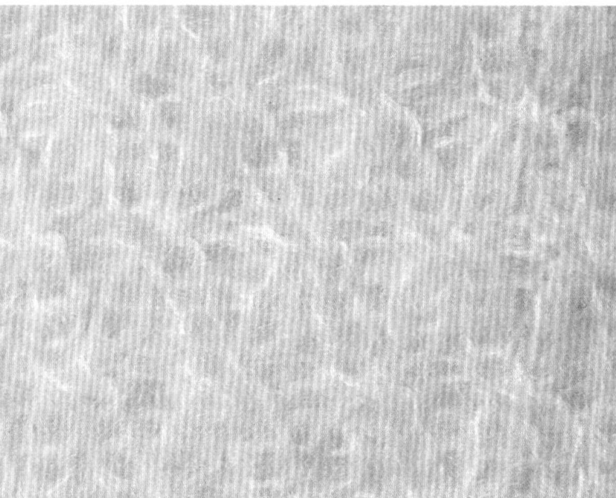

260

4针8行1个花样

261

8针12行1个花样

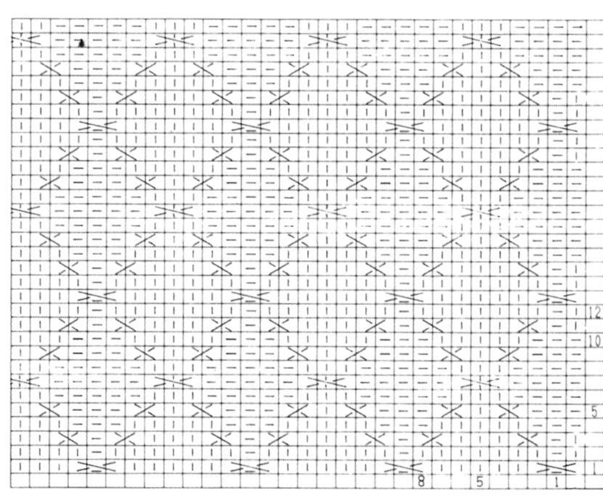

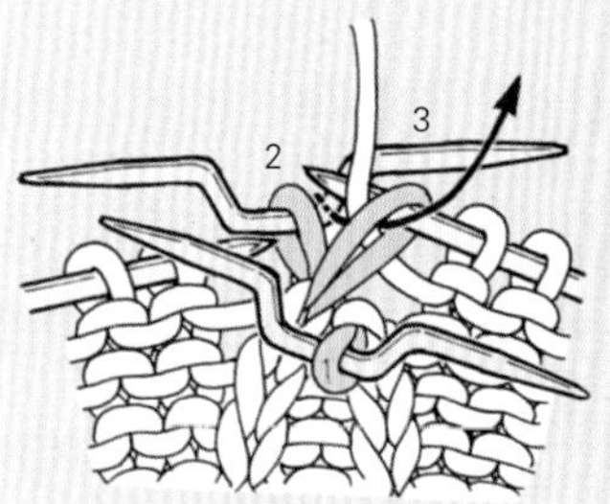

①将针目1和针目2移到麻花针上，分别放到前面和后面。

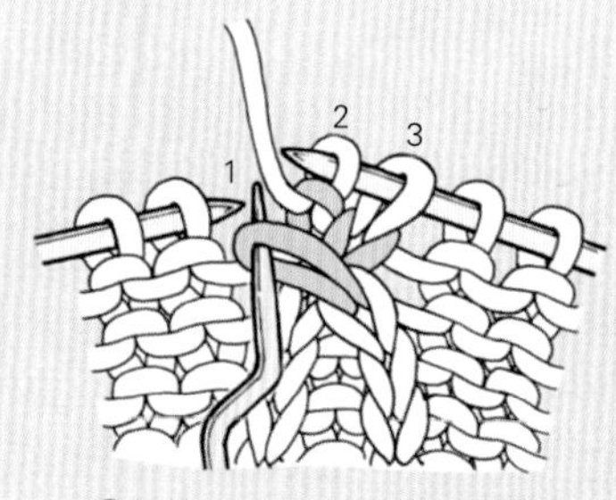

②依次编织针目3、针目2。

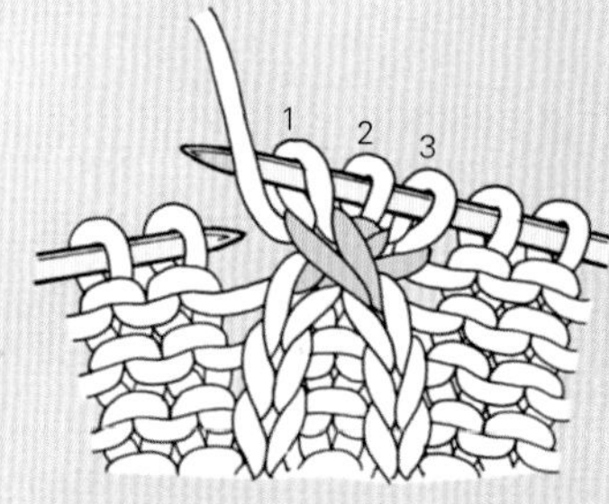

③编织针目1后完成。

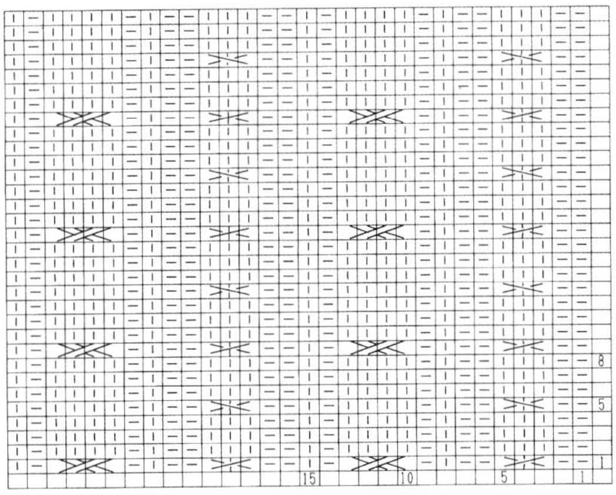

262

15针8行1个花样

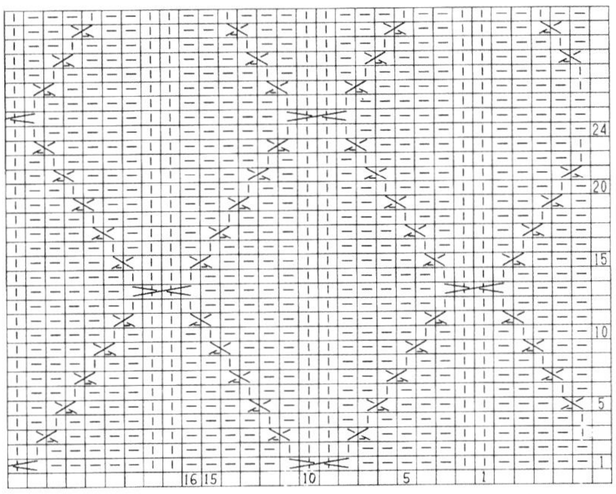

263

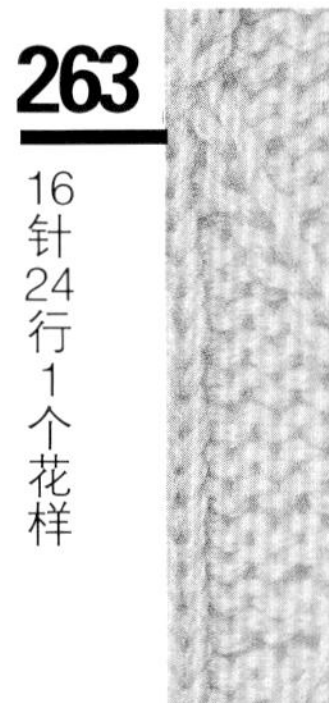

16针24行1个花样

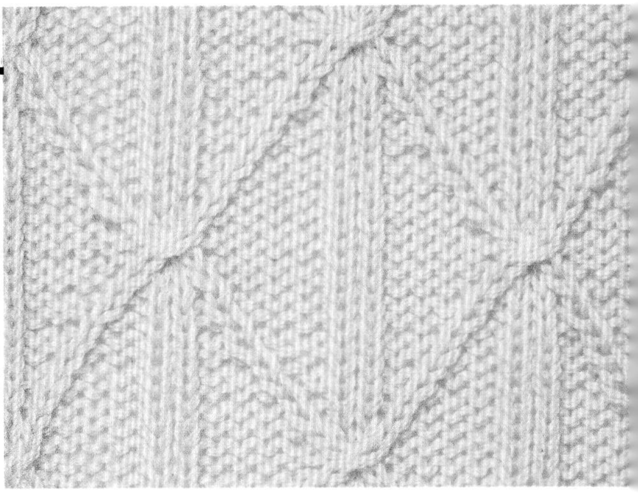

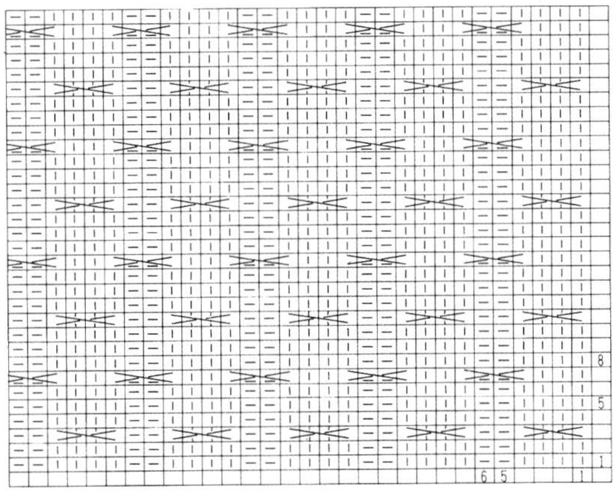

264

6针8行1个花样

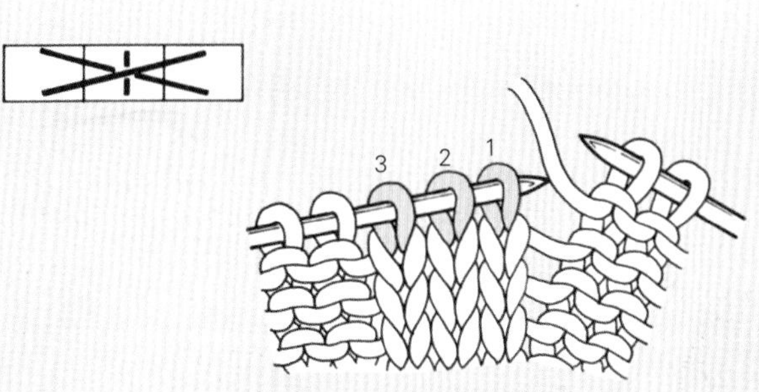

①将针目1和针目2移到麻花针上，放到外侧。

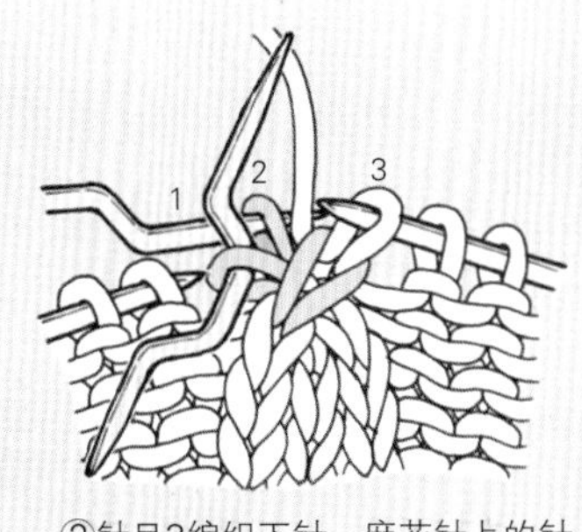

②针目3编织下针，麻花针上的针目2编织下针。

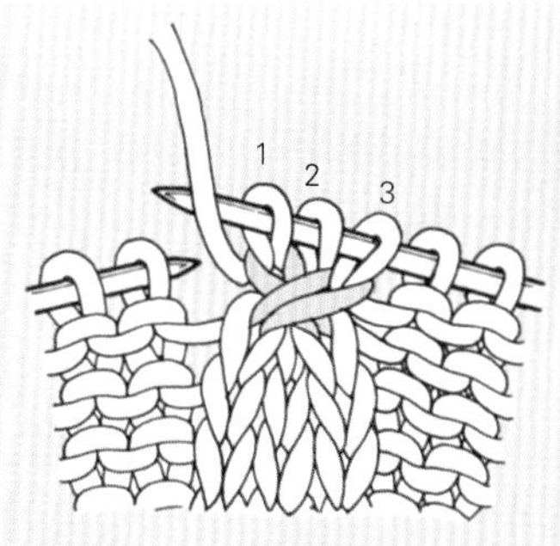

③编织针目1后完成。

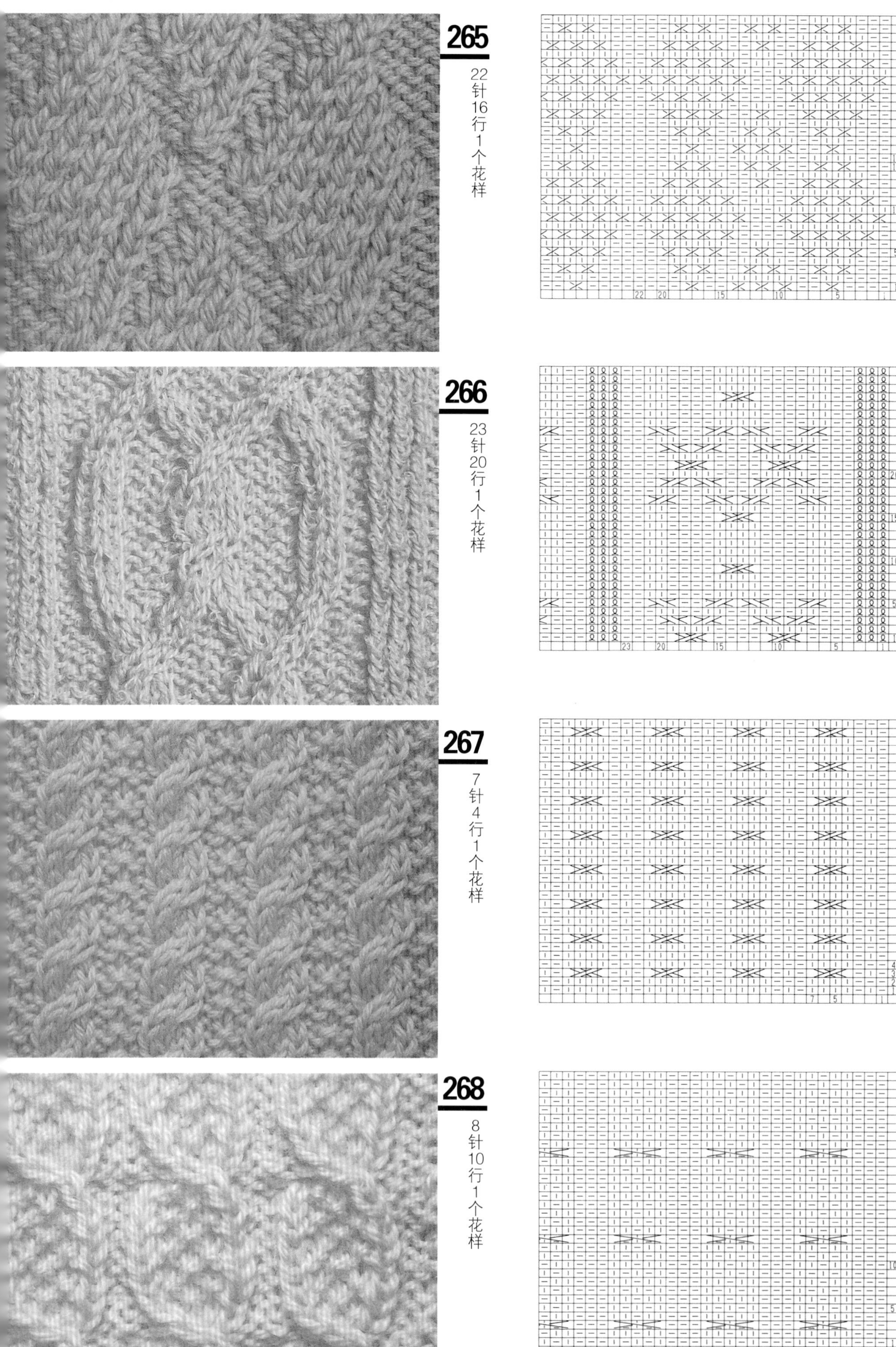
265
22针16行1个花样
266
23针20行1个花样
267
7针4行1个花样
268
8针10行1个花样

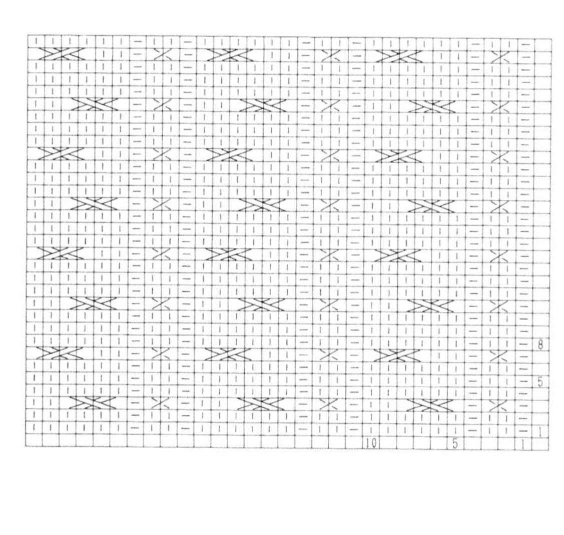

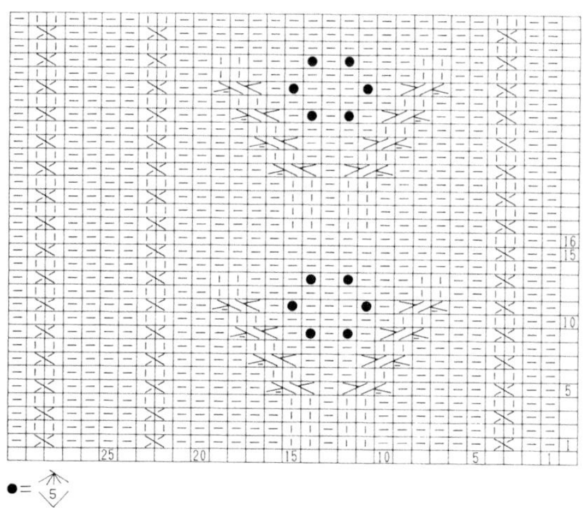

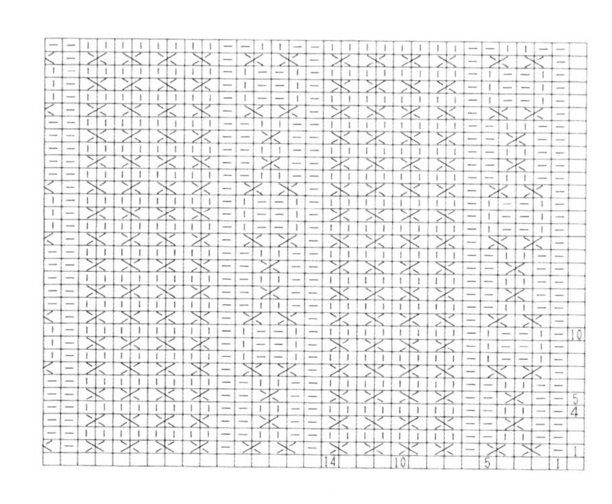

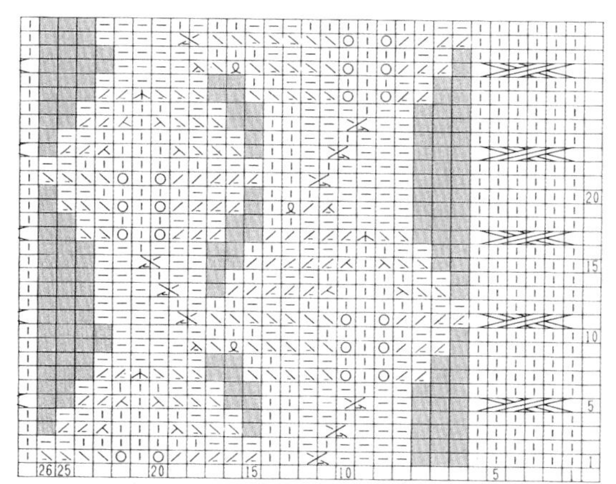

269

10针8行1个花样

270

25针16行1个花样

●= 5

271

14针10行1个花样

272

26针20行1个花样

▢=无针目部分

273

5针6行1个花样

274

4针4行1个花样

275

12针20行1个花样

穿过左针交叉

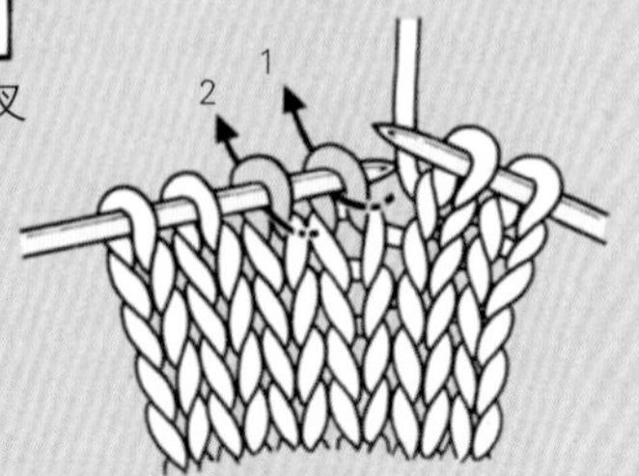

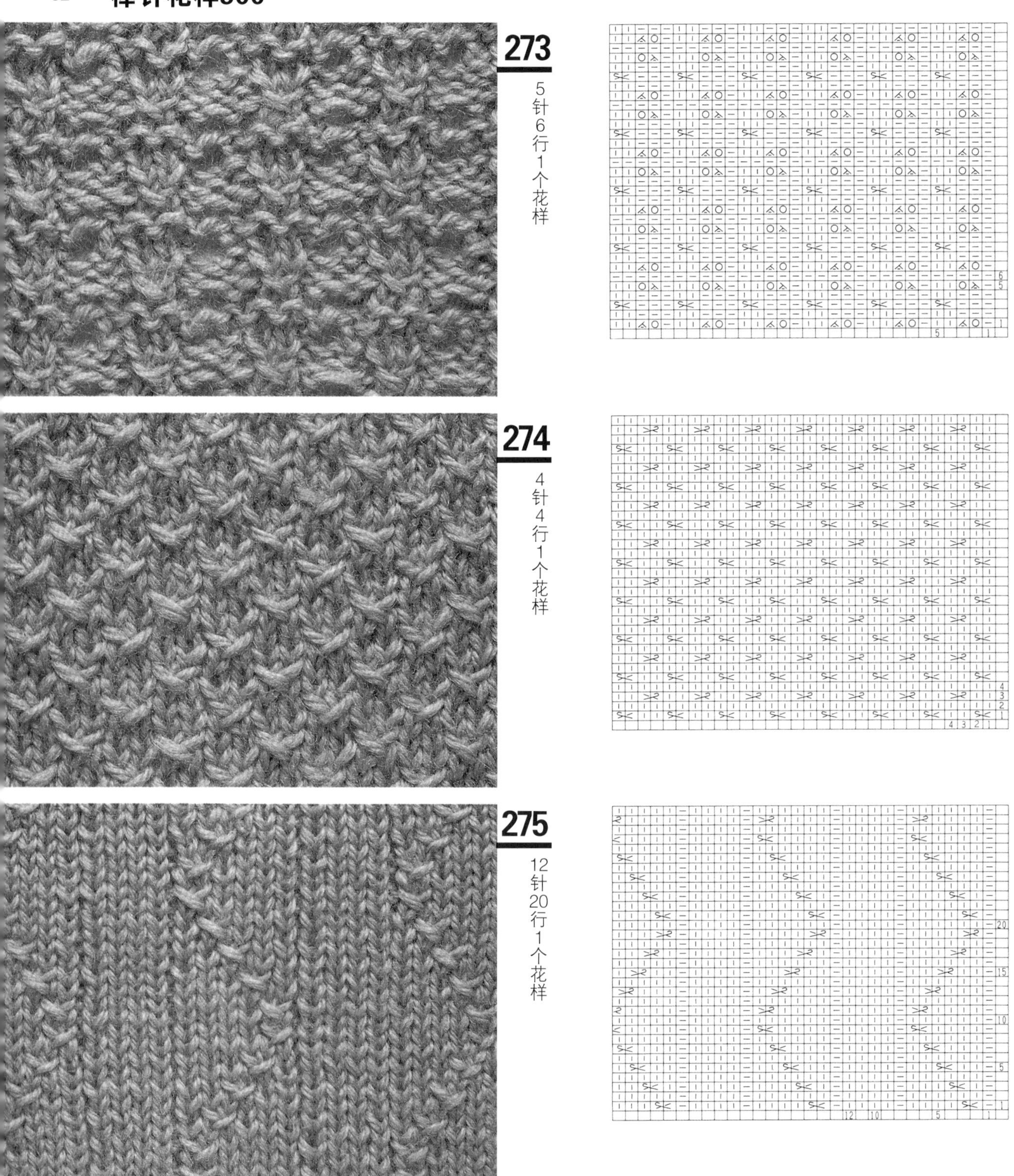

①针目1、针目2不编织，如箭头所示入针，移到右针上。

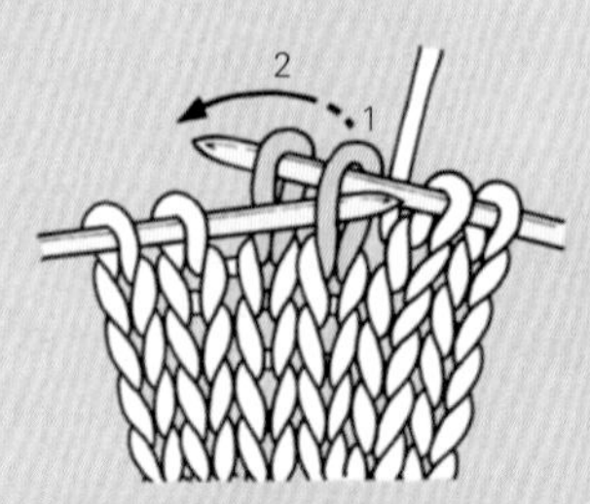

②将右侧针目（针目1）盖在左侧针目（针目2）上。

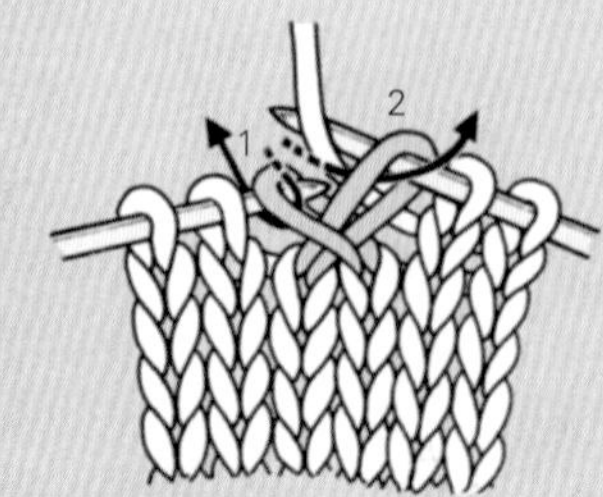

③编织针目2后接着编织针目1。

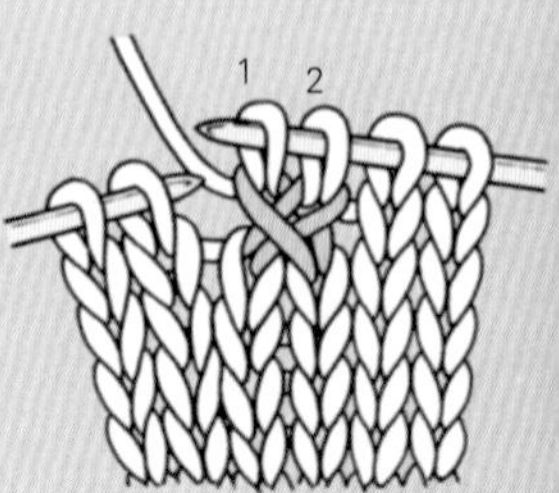

④完成穿过左针交叉。

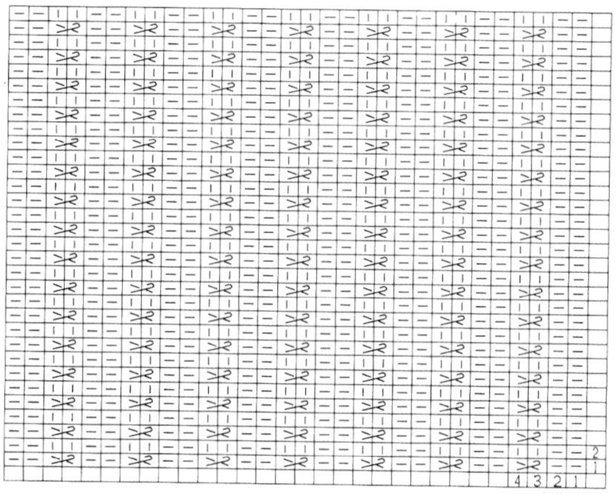

276

4针2行1个花样

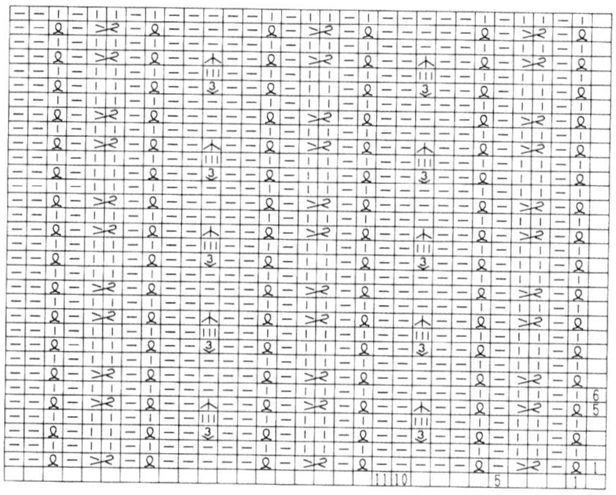

277

11针6行1个花样

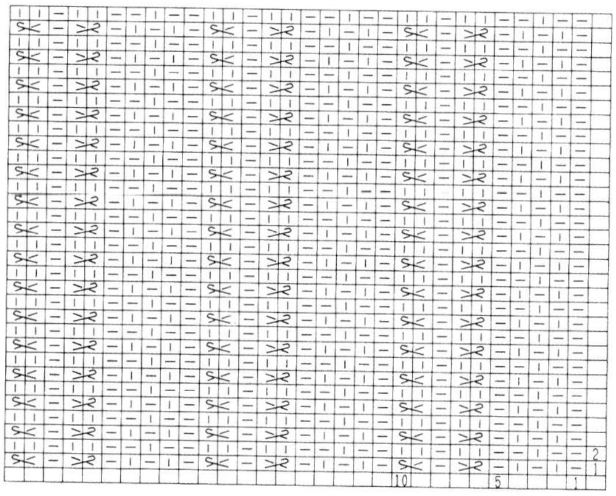

278

10针2行1个花样

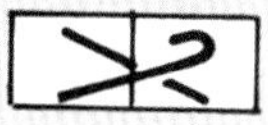

穿过右针交叉

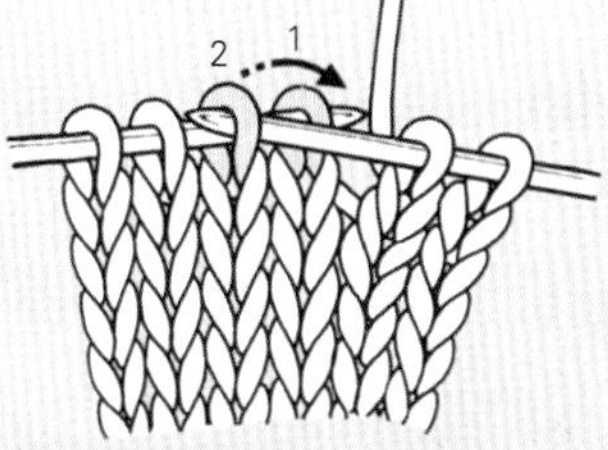

①将左侧针目（针目2）盖到右侧针目（针目1）上。

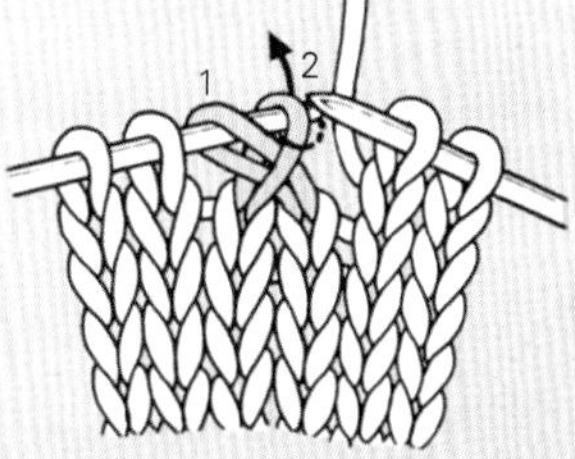

②编织盖上的针目2。

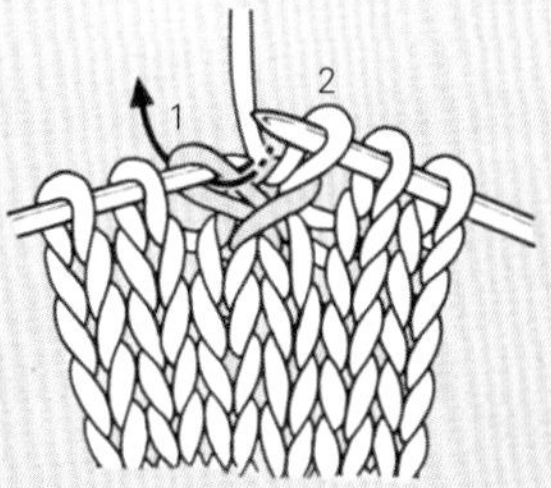

③接着编织针目1。

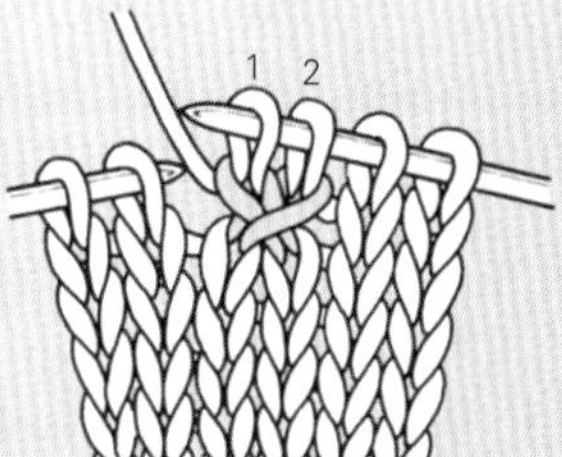

④完成穿过右针交叉。

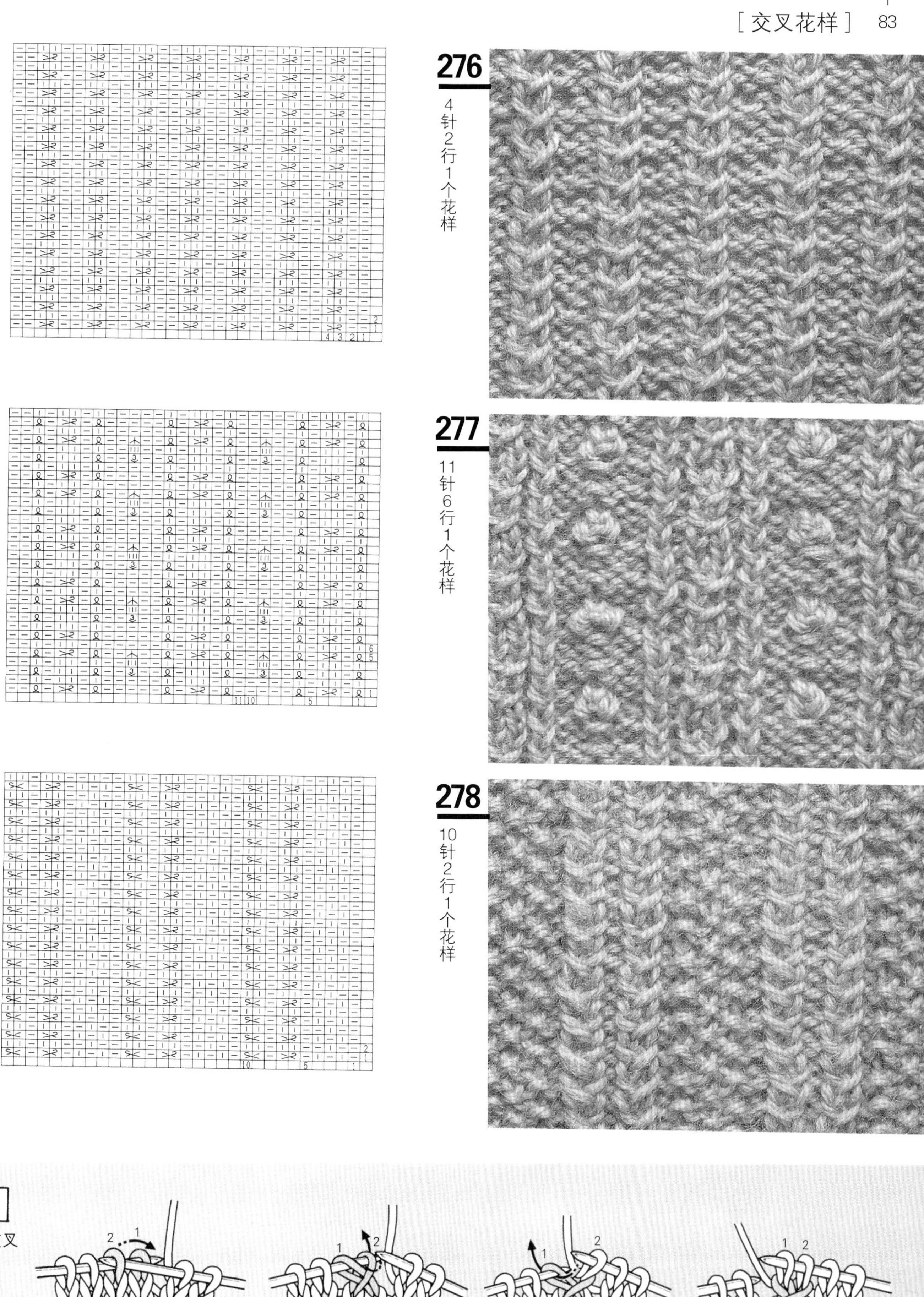

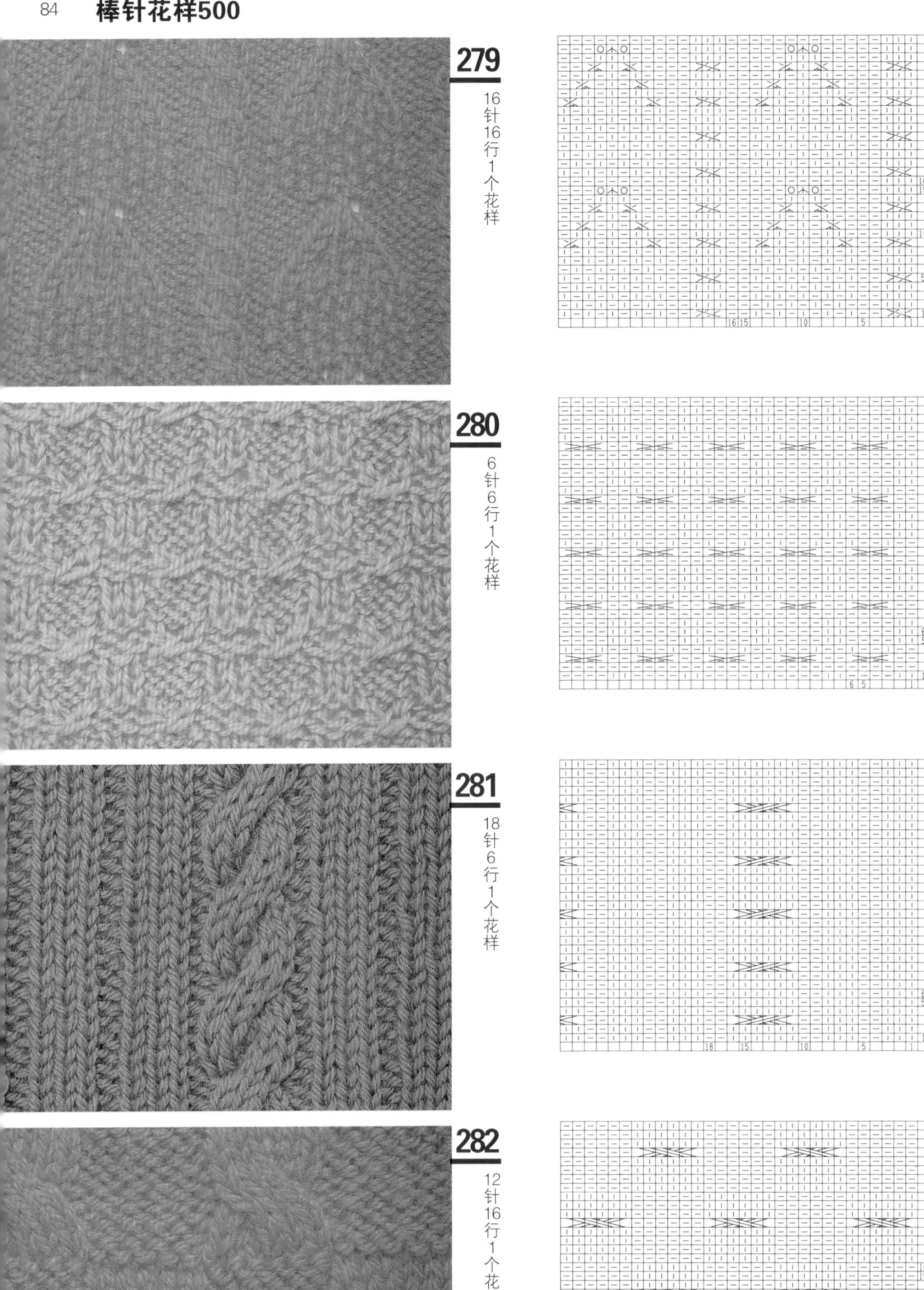

279

16针16行1个花样

280

6针6行1个花样

281

18针6行1个花样

282

12针16行1个花样

283

9针18行1个花样

284

26针20行1个花样

285

13针24行1个花样

286

15针14行1个花样

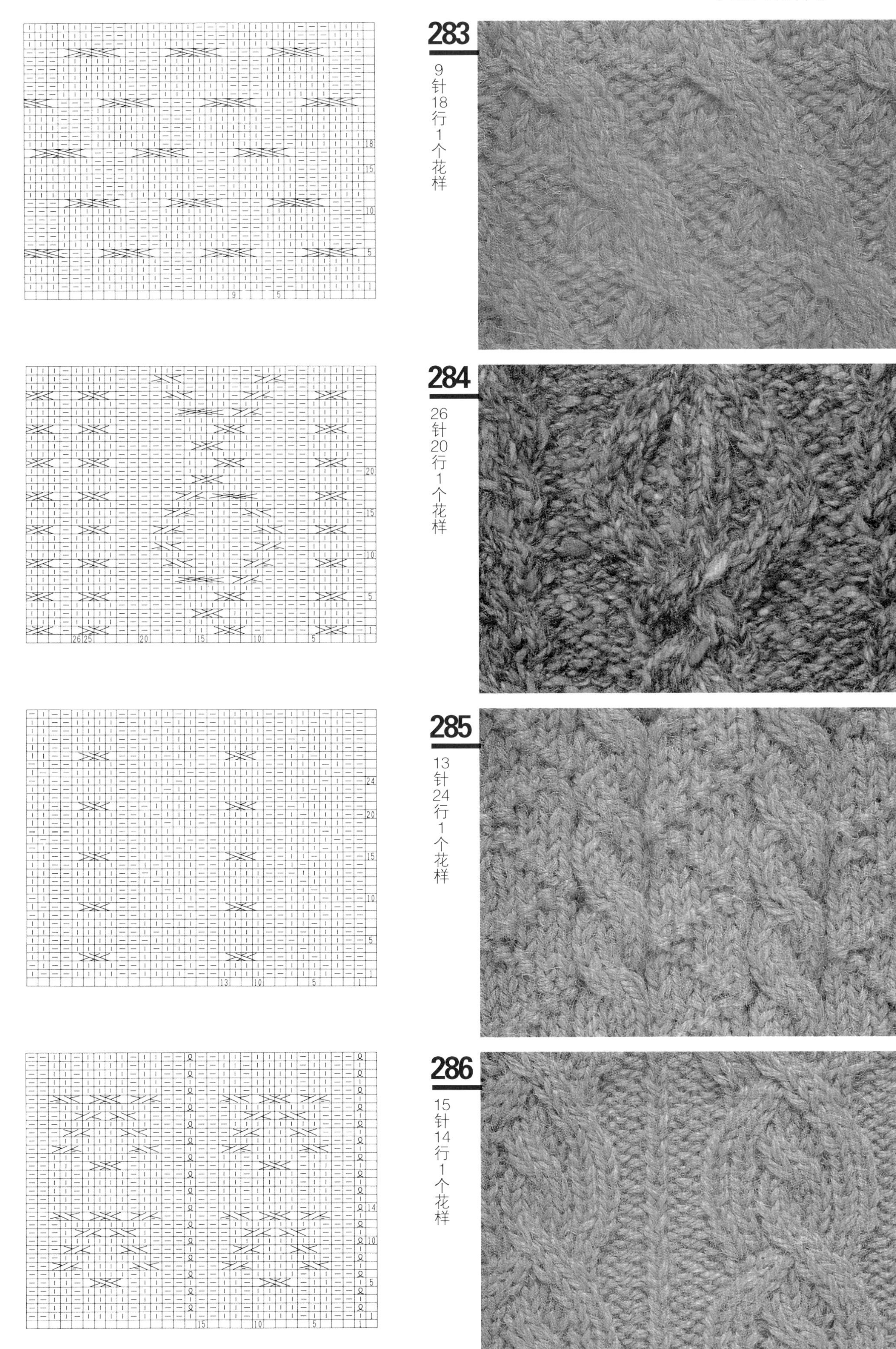

287

8针12行1个花样

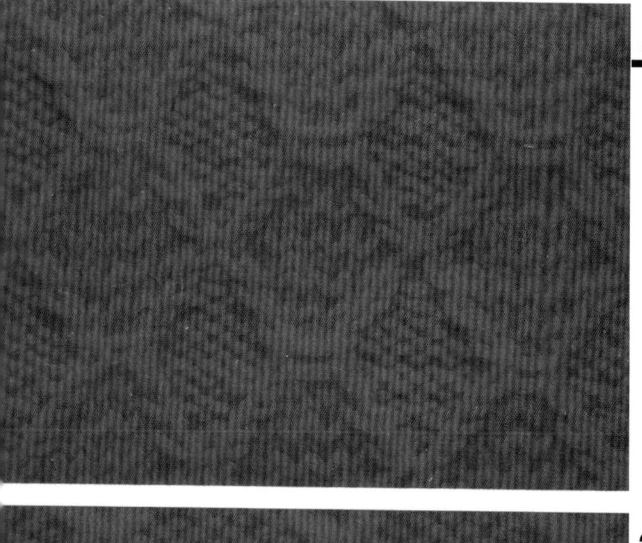

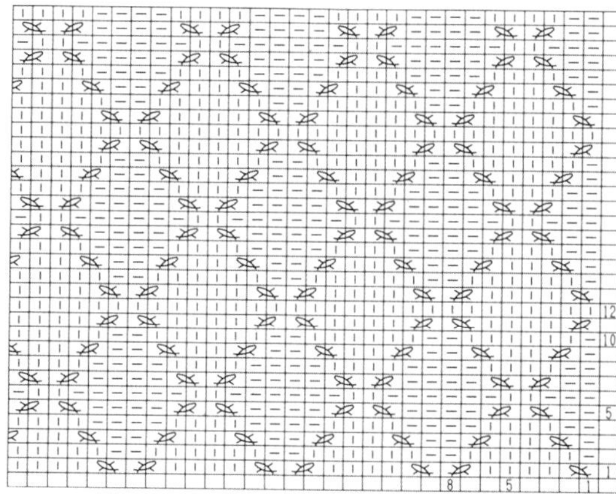

288

8针16行1个花样

289

10针20行1个花样

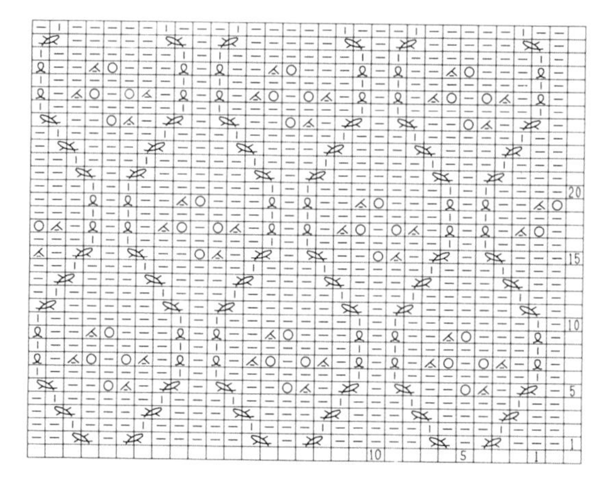

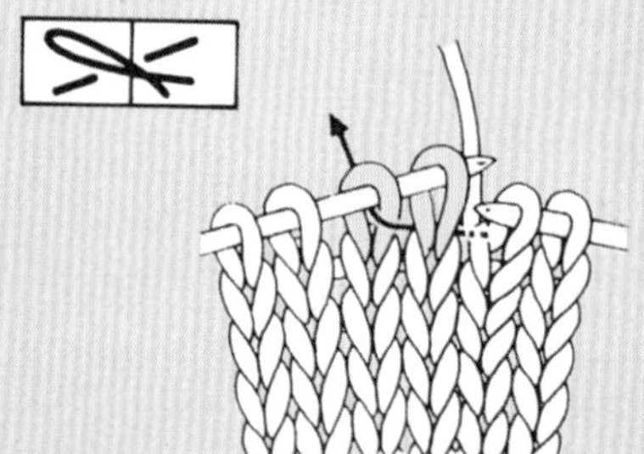

①如箭头所示从右侧针目的外侧将针插入左侧针目中。

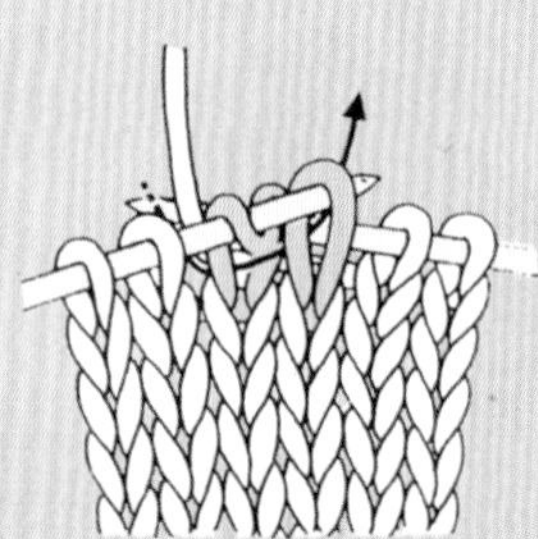

②编织下针。

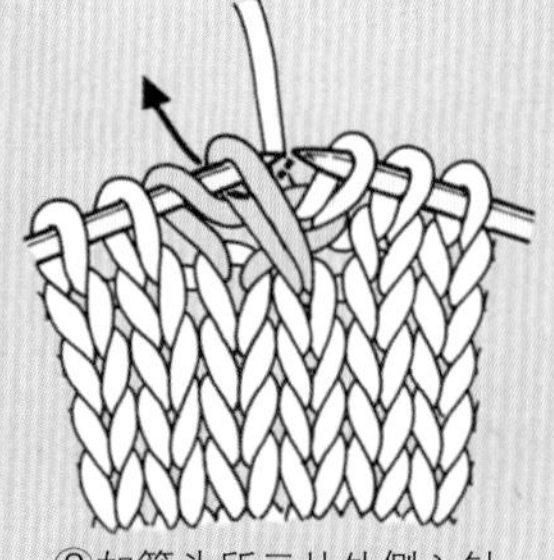

③如箭头所示从外侧入针，编织扭针。

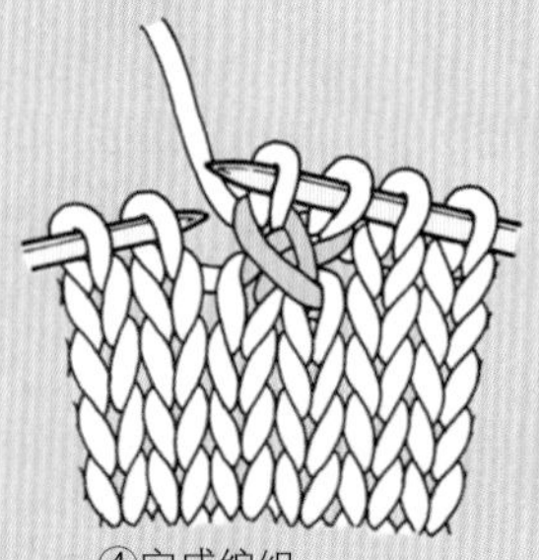

④完成编织。

290

11针6行1个花样

291

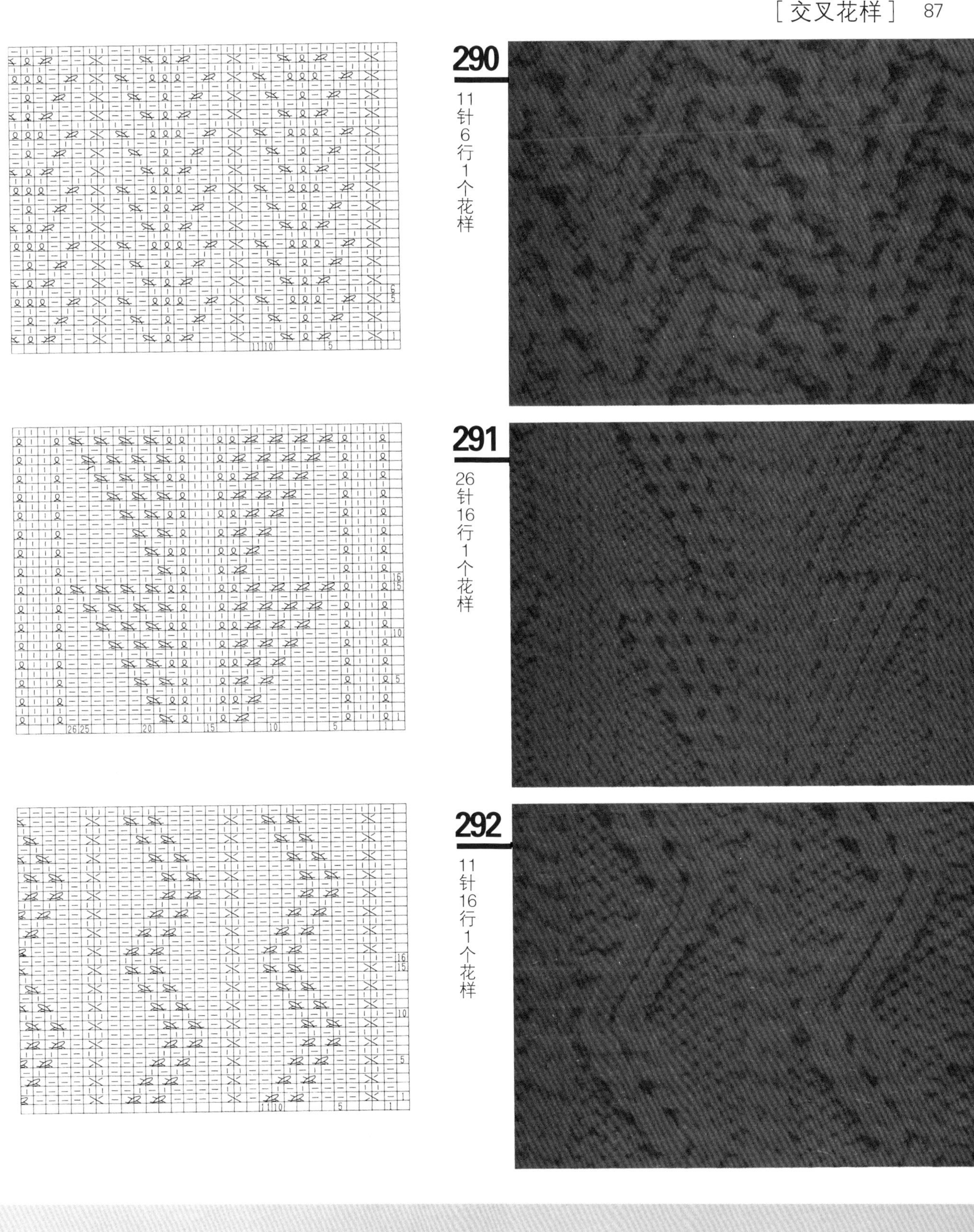

26针16行1个花样

292

11针16行1个花样

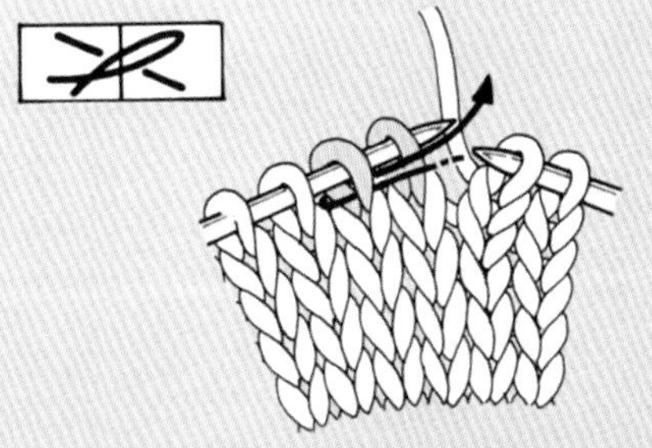
①如箭头所示将针插入左侧针目中。

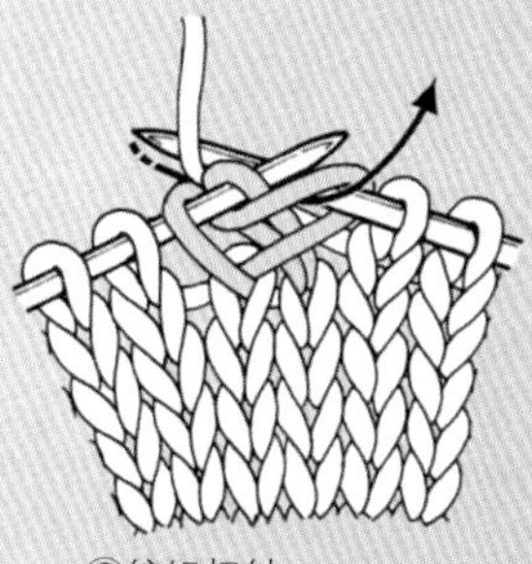
②编织扭针。

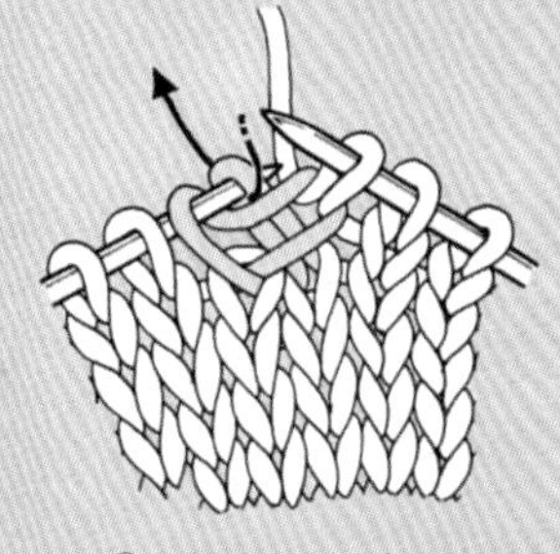
③如箭头所示右侧针目从内侧入针，编织下针。

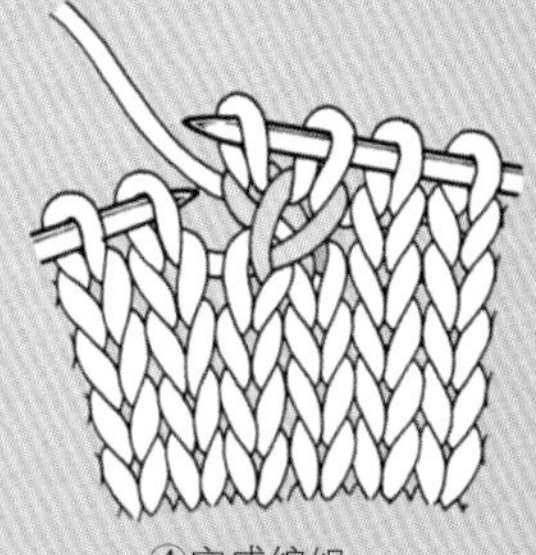
④完成编织。

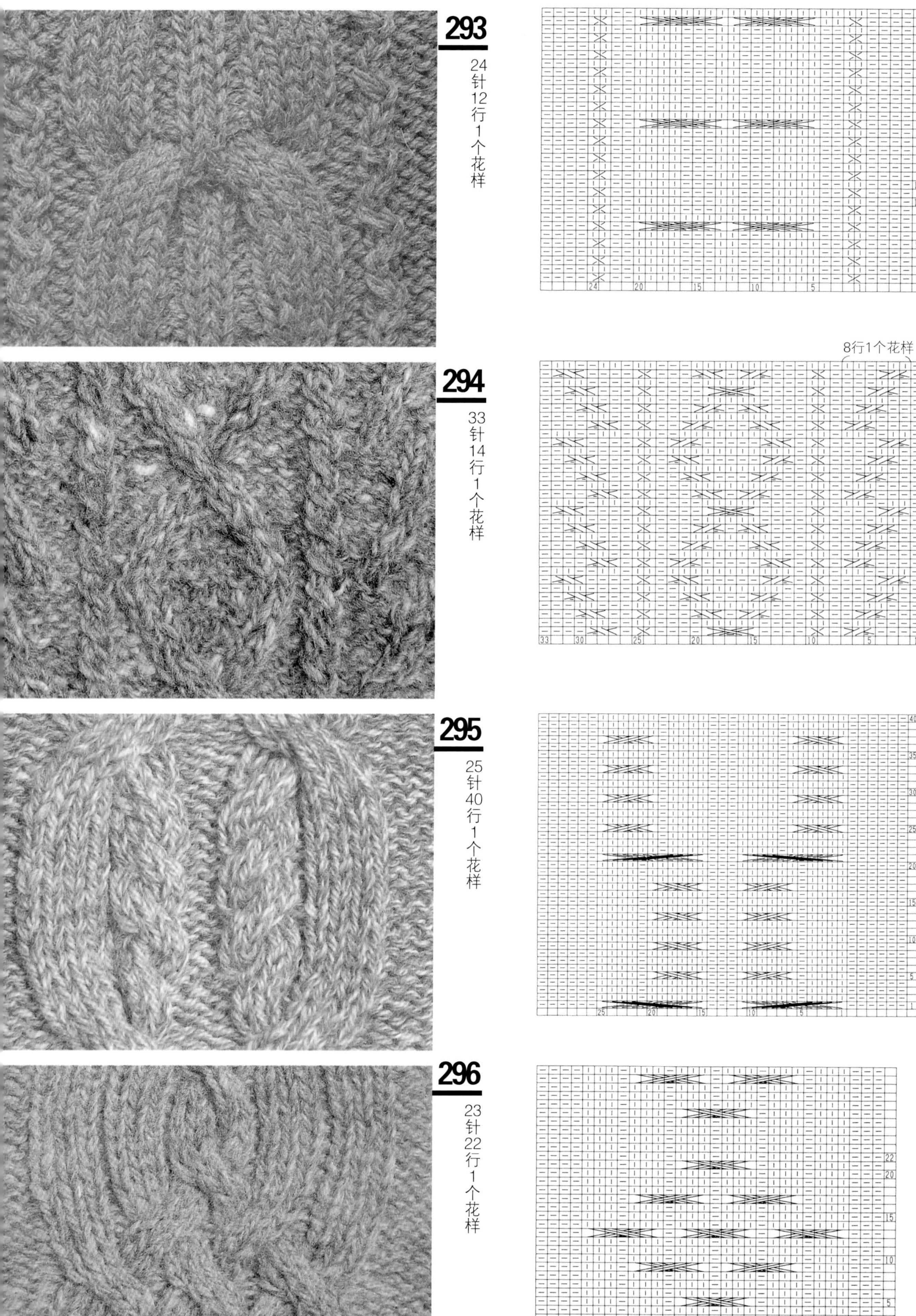
293
24针12行1个花样
294
33针14行1个花样
8行1个花样
295
25针40行1个花样
296
23针22行1个花样

297

8针12行1个花样

298

15针30行1个花样

299

20针20行1个花样

300

21针24行1个花样

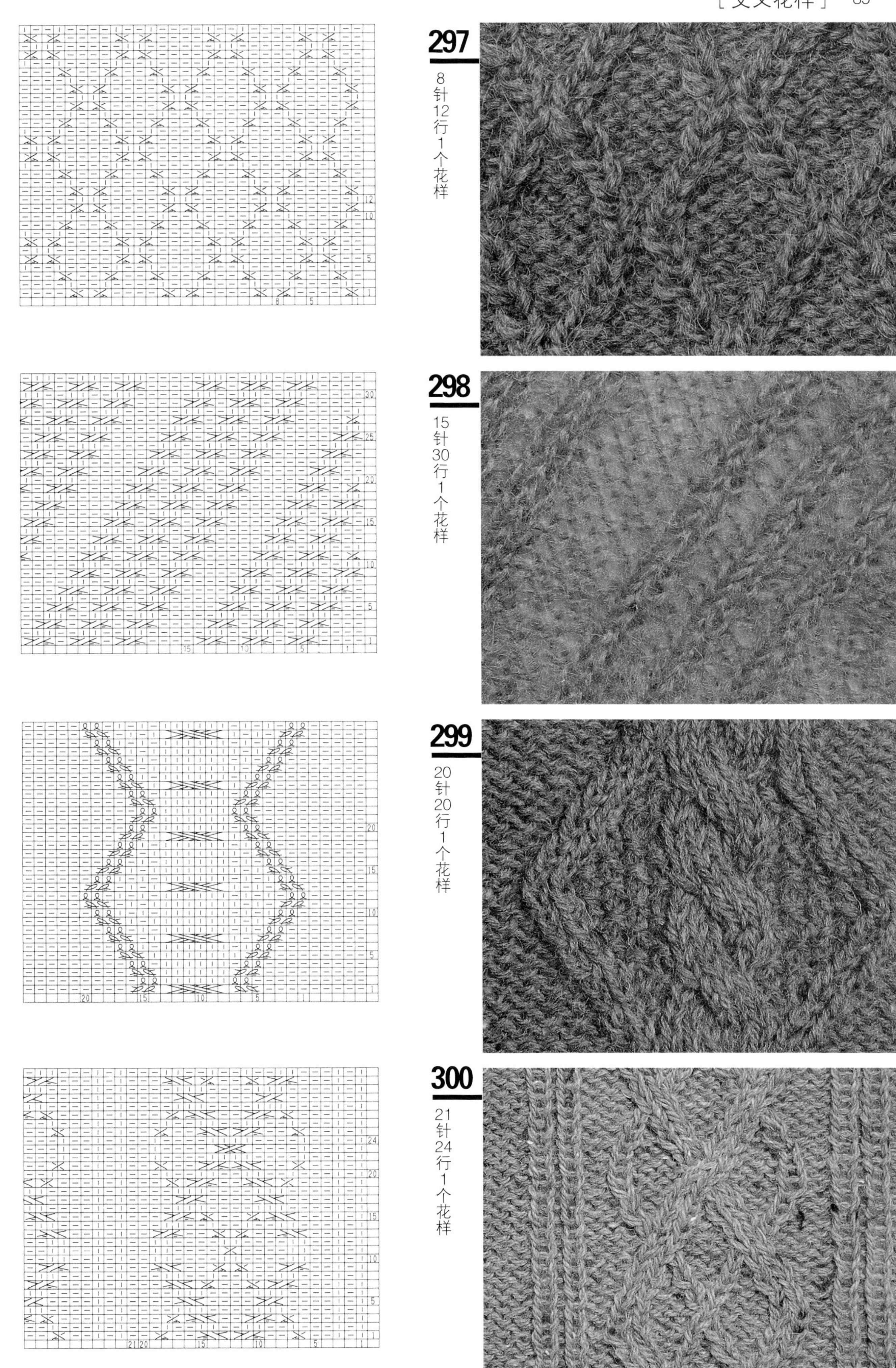

301

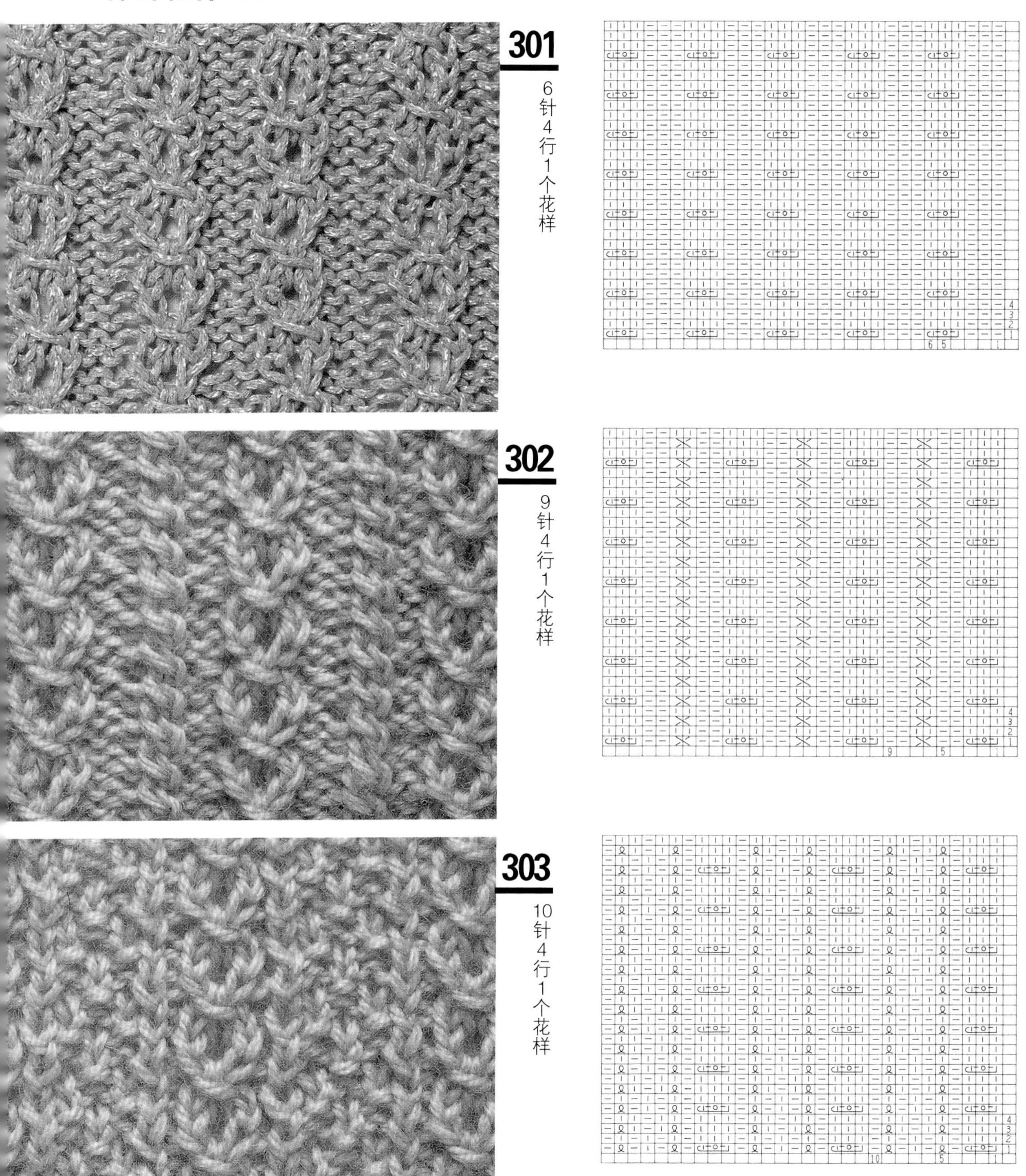

6针4行1个花样

302

9针4行1个花样

303

10针4行1个花样

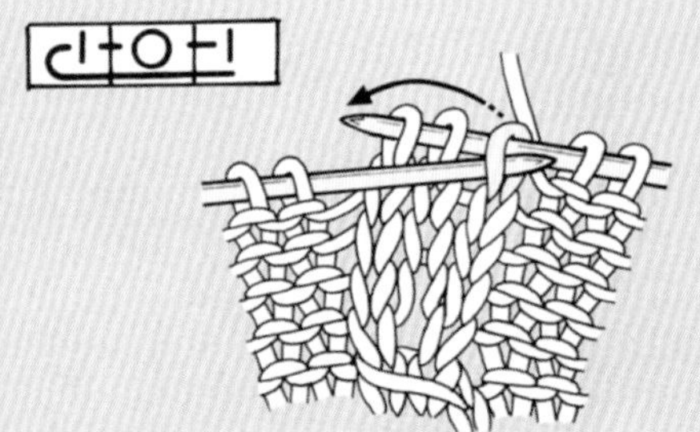

①3针不编织移到右针上，将右侧针目盖到左侧2针上。

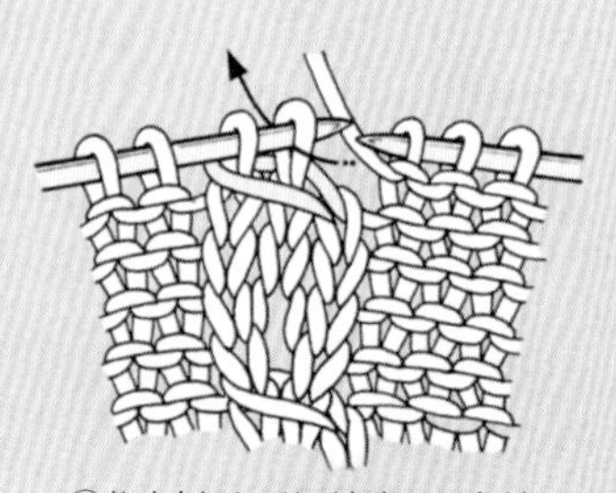

②将右侧剩下的2针移回到左针上，右侧针目编织下针。

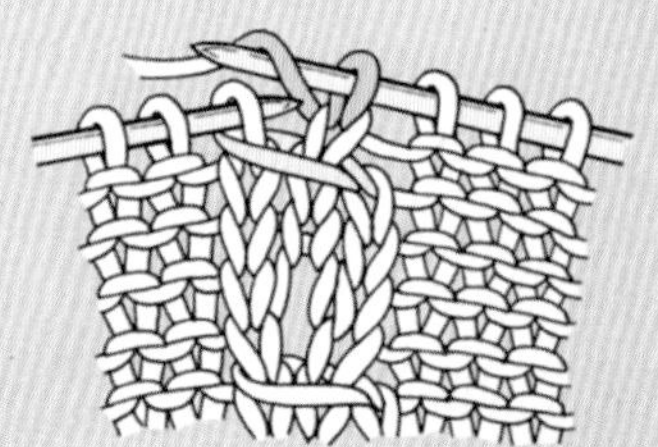

③编织挂针。

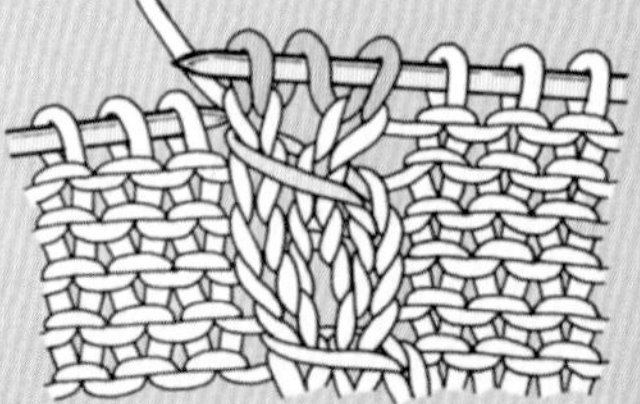

④下一针也编织下针。

304

6针12行1个花样

305

12针4行1个花样

306

12针4行1个花样

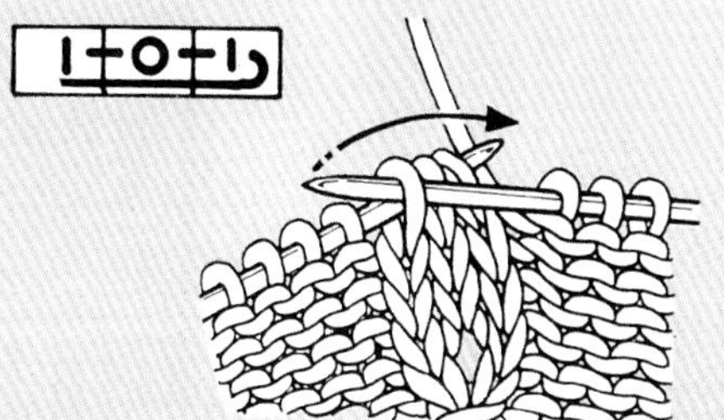

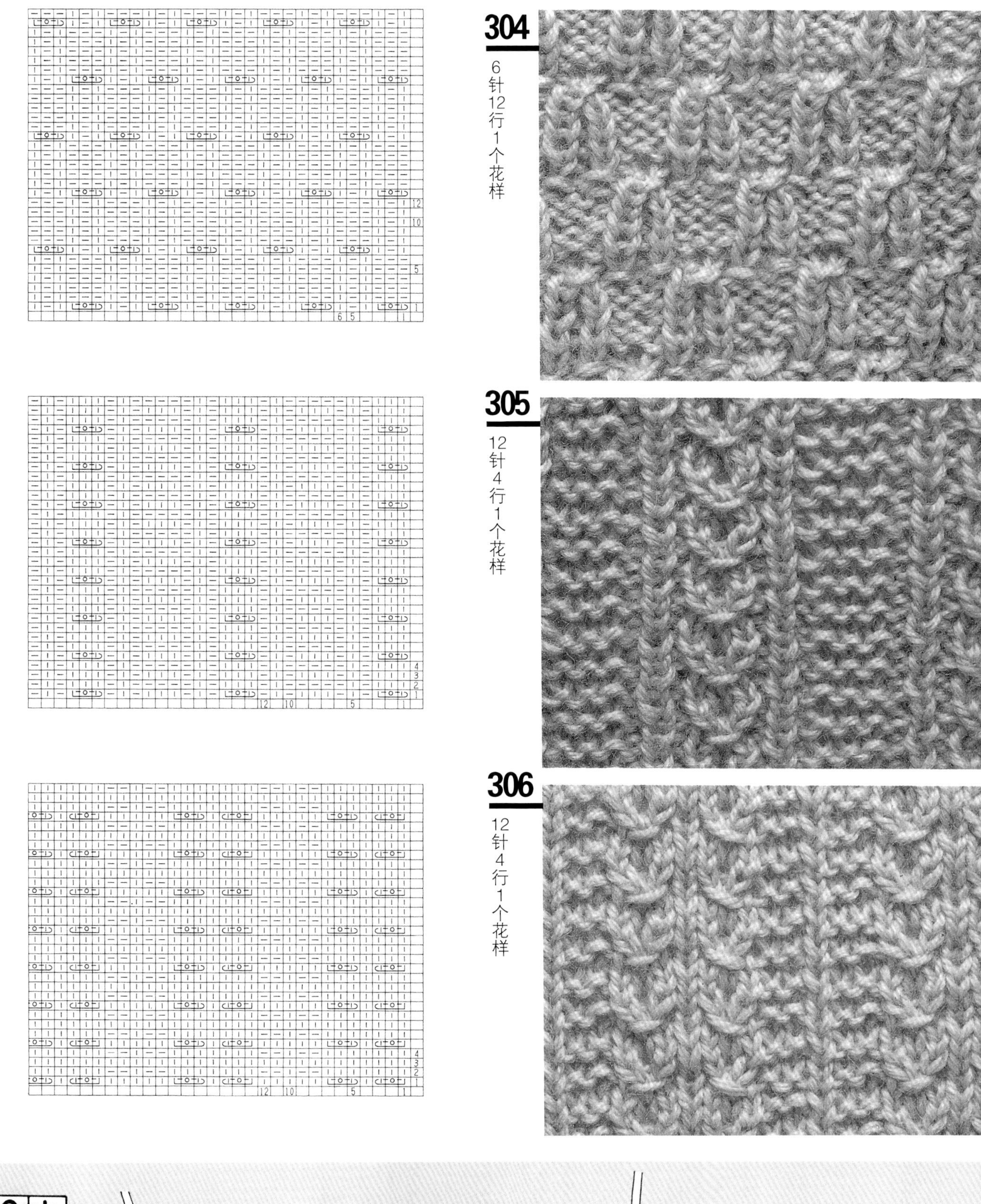

①将左针上的第3针盖到右侧2针上。

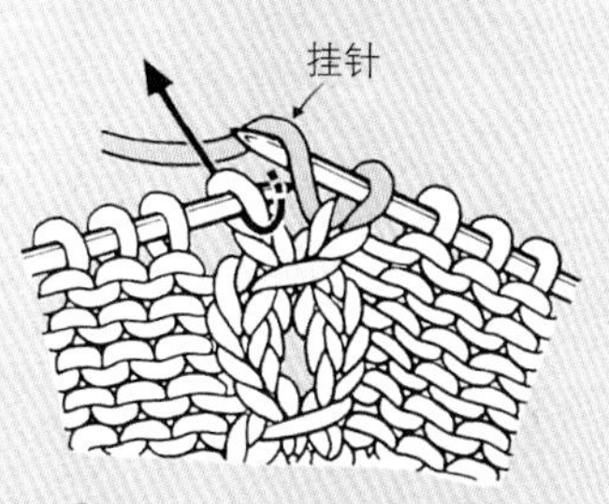

②右侧针目编织下针。编织挂针。

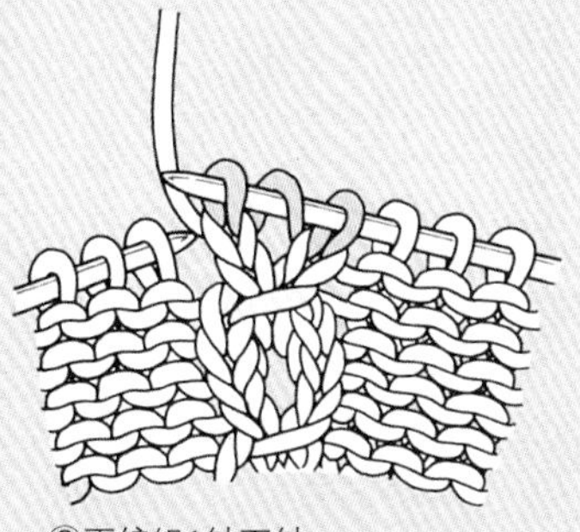

③再编织1针下针。

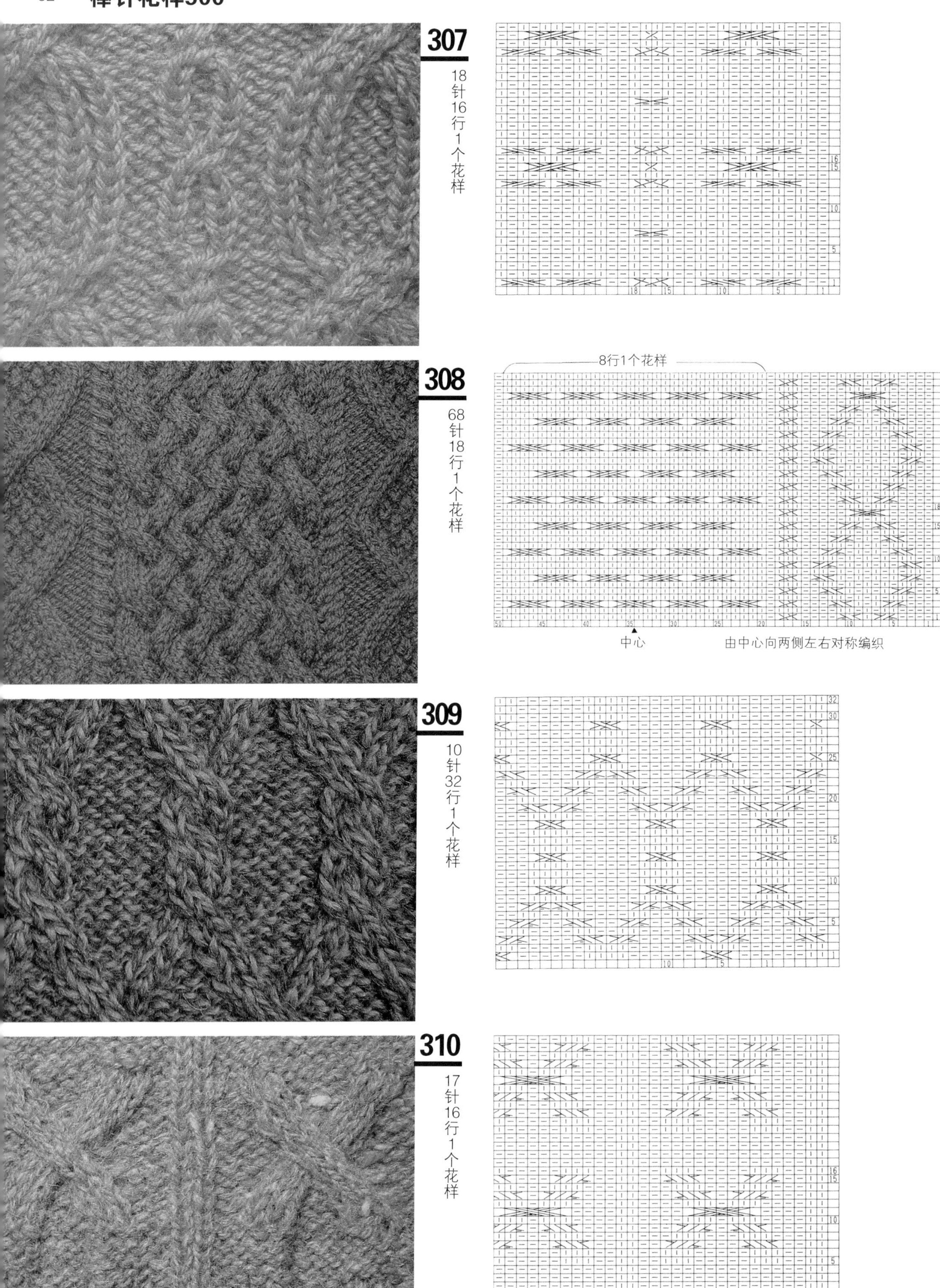
307
18针16行1个花样
308
68针18行1个花样
8行1个花样
中心
由中心向两侧左右对称编织
309
10针32行1个花样
310
17针16行1个花样

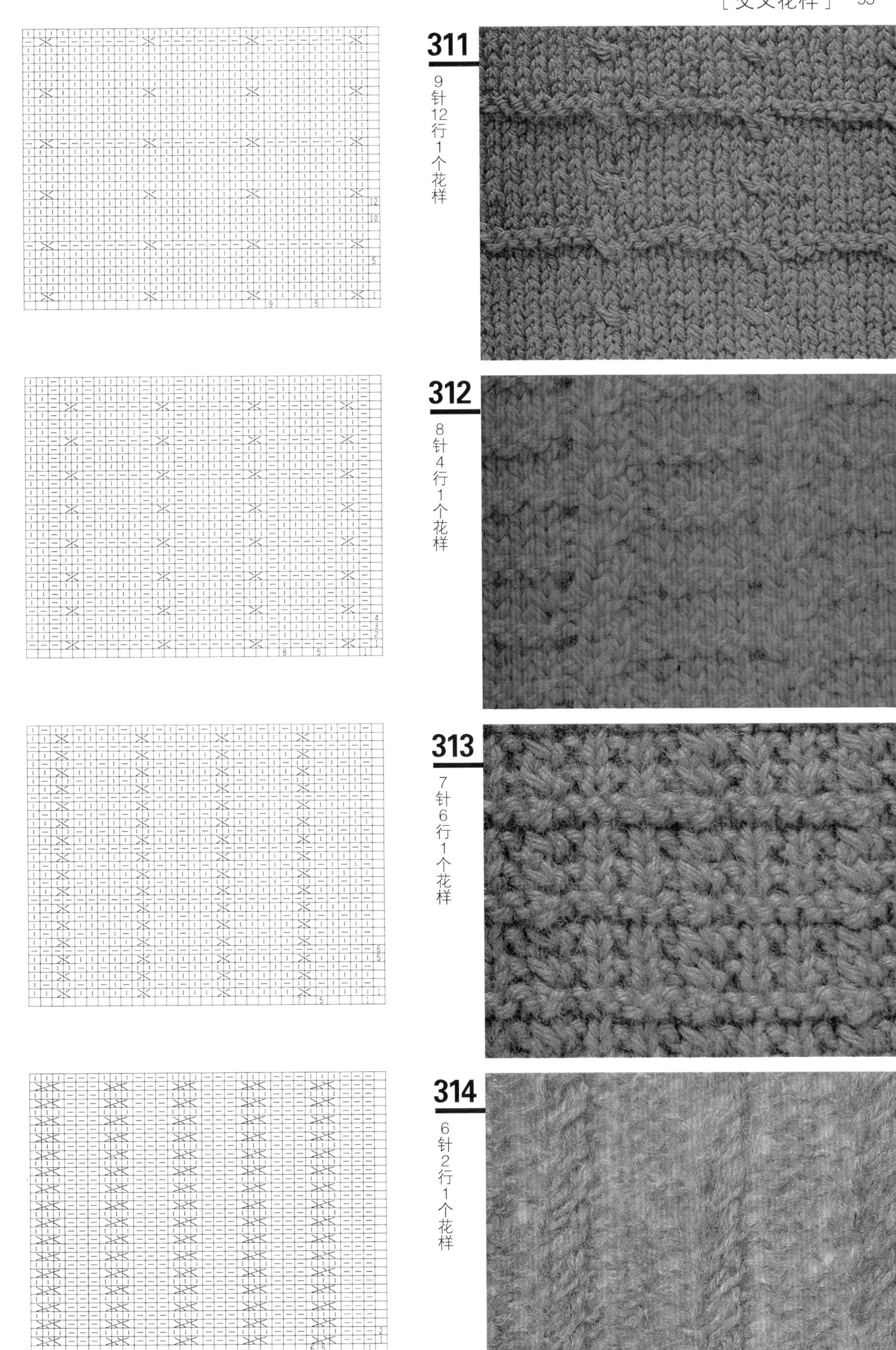

311

9针12行1个花样

312

8针4行1个花样

313

7针6行1个花样

314

6针2行1个花样

315

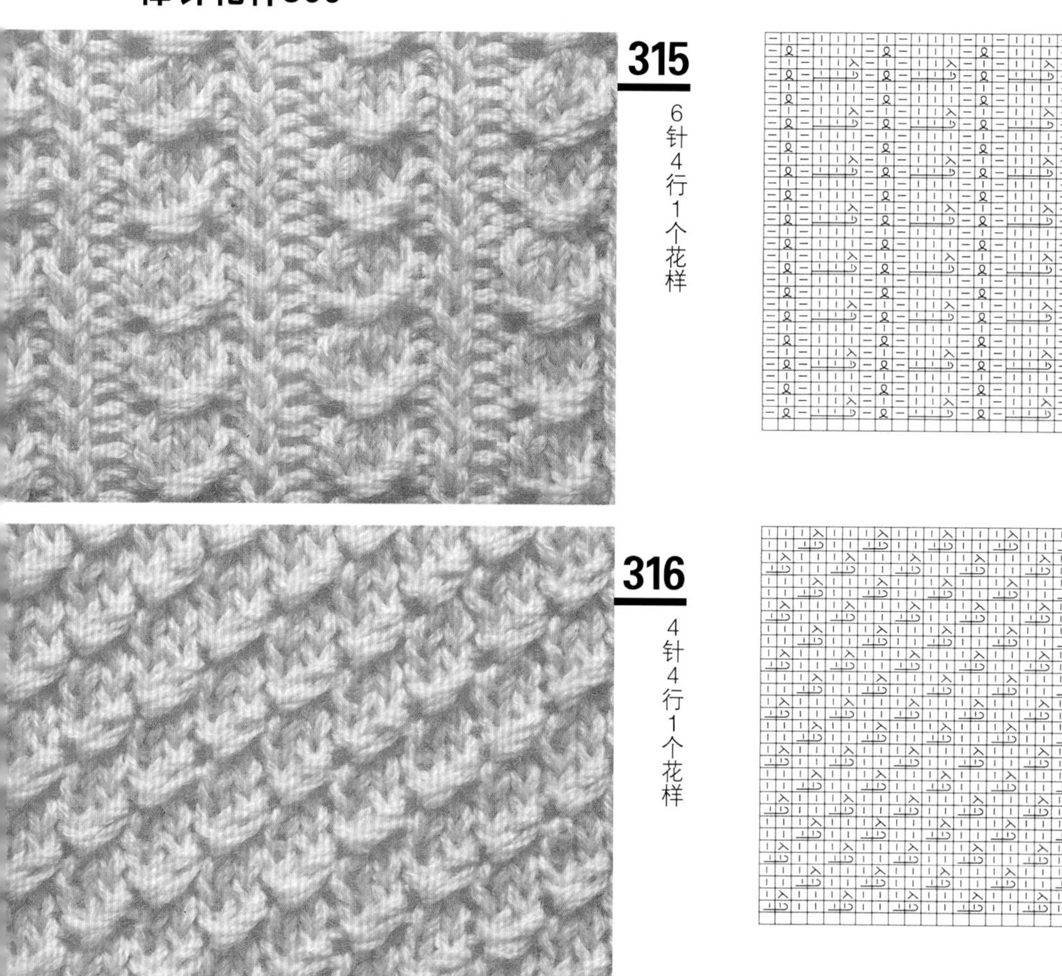

6针4行1个花样

316

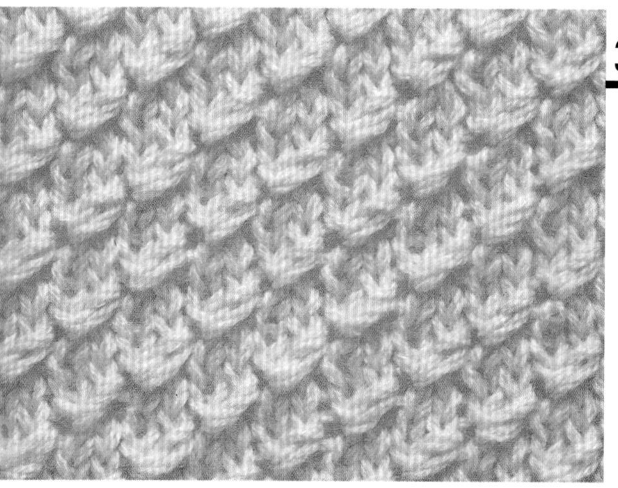

4针4行1个花样

317

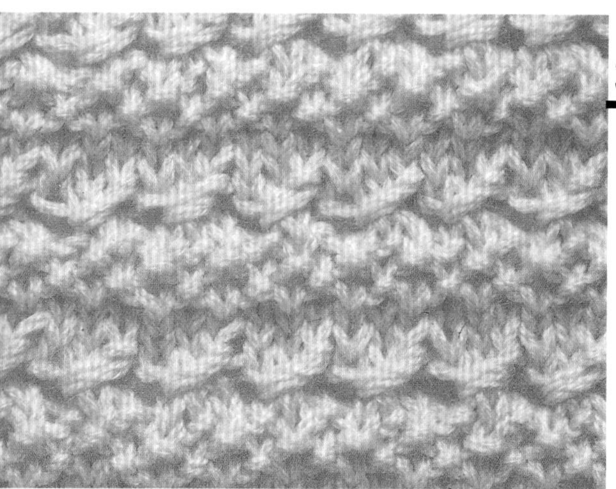

6针8行1个花样

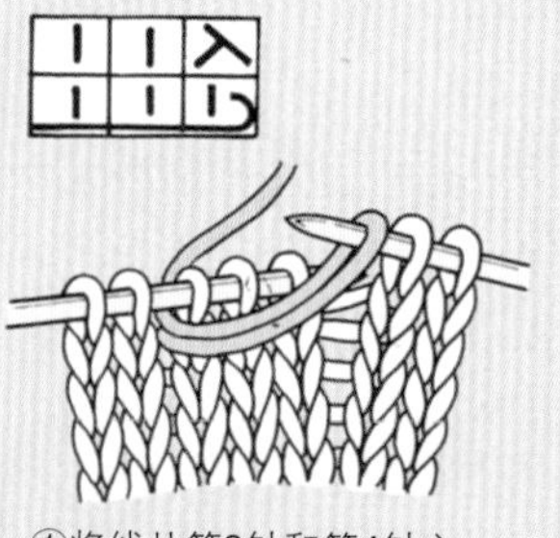

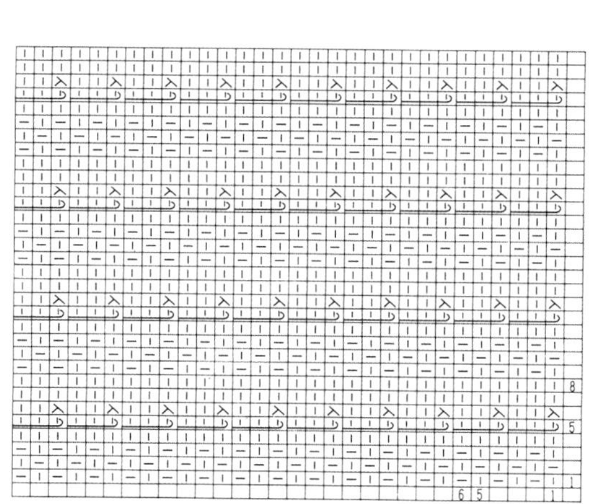

①将线从第3针和第4针之间拉出。

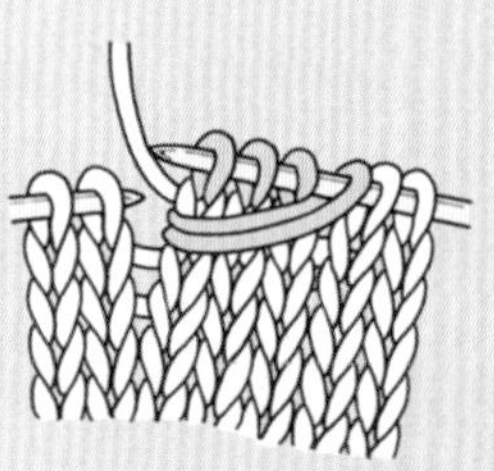

②左针上的前3针正常编织。

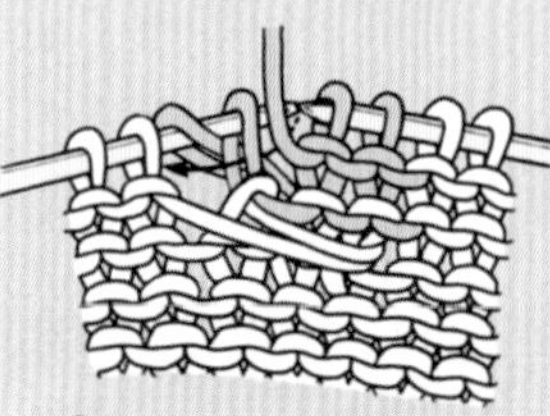

③在下一行将针插入拉出的线和与其相邻的针目之间。

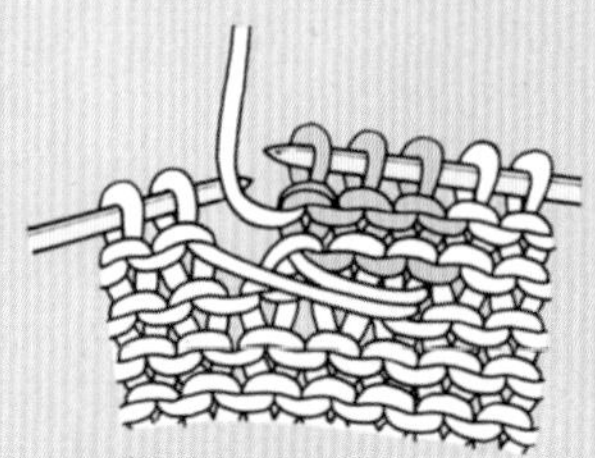

④一起编织。

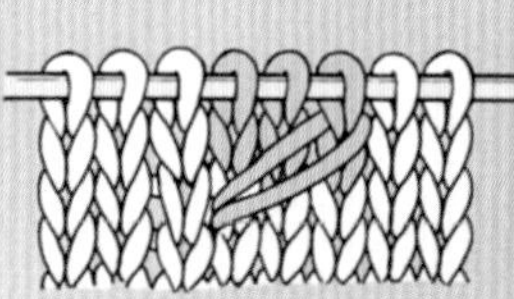

⑤上针行编织完成后，从正面看到的样子。

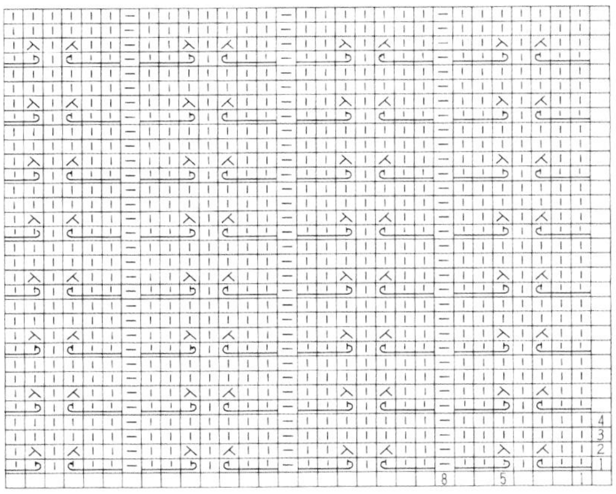

318

8针4行1个花样

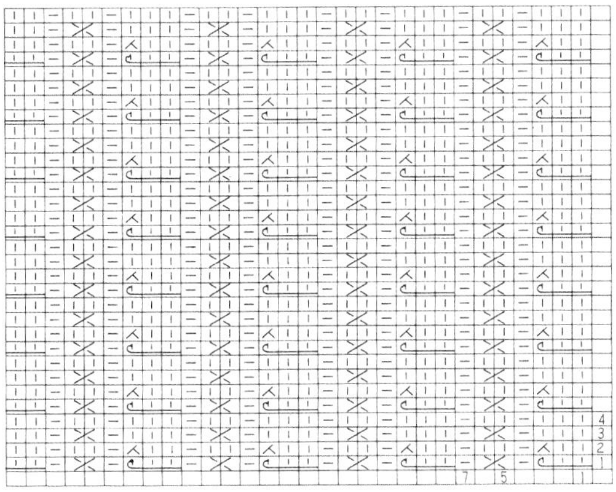

319

7针4行1个花样

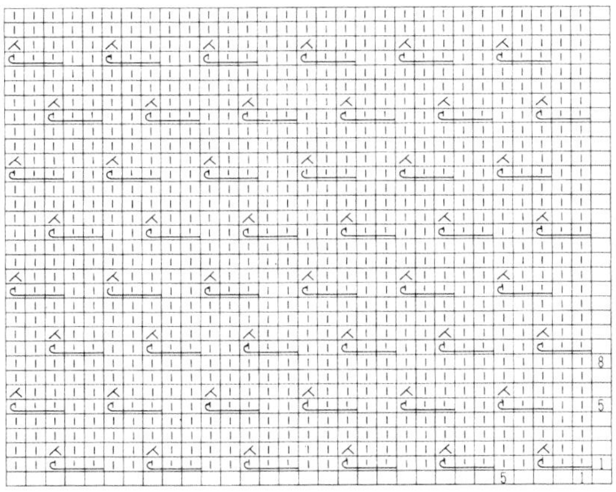

320

5针8行1个花样

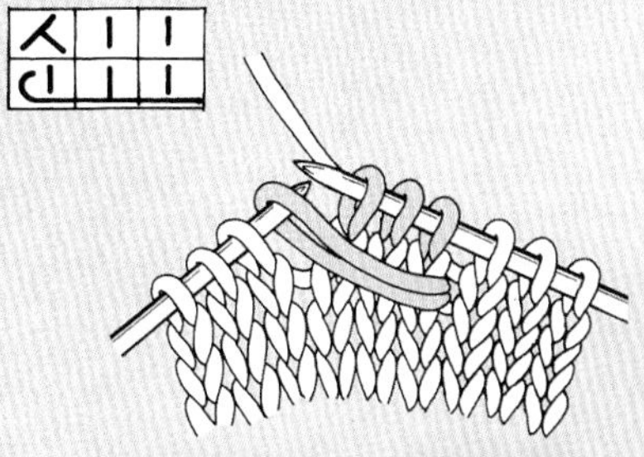

①首先编织3针，从第3针和第4针间的1行下面用左针将线拉出，挂到右针上。

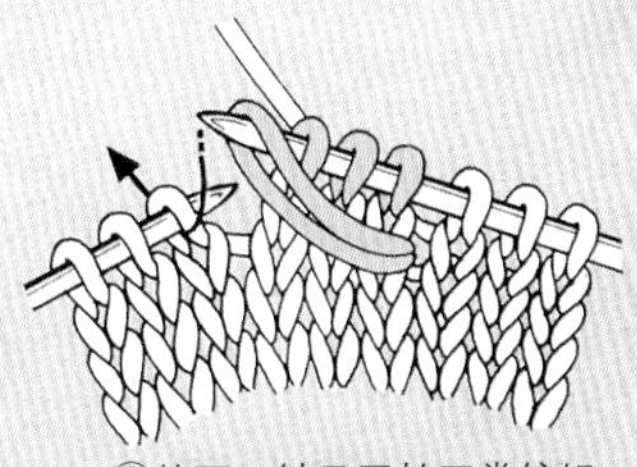

②从下一针目开始正常编织。

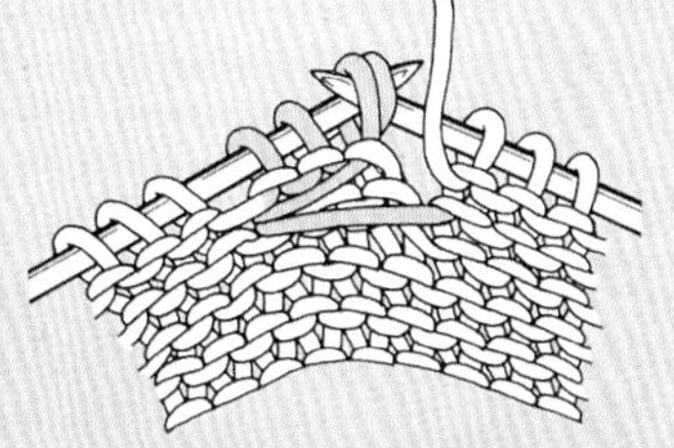

③在编织下一行时，将在前一行拉出的线和左侧相邻针目一起织2针并1针。

④上针行编织完成后，从正面看到的样子。

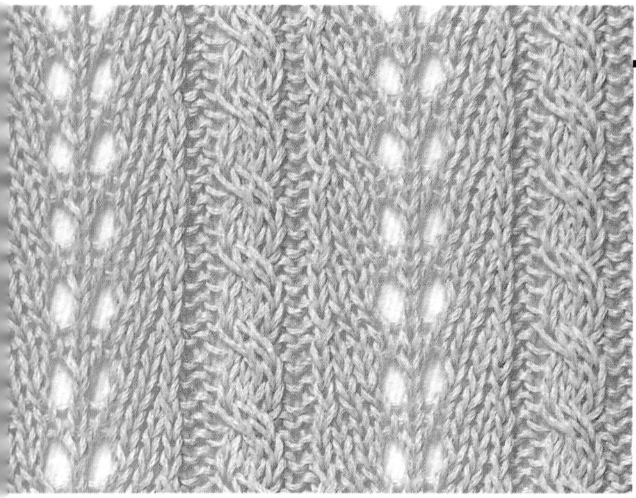

321

17针4行1个花样

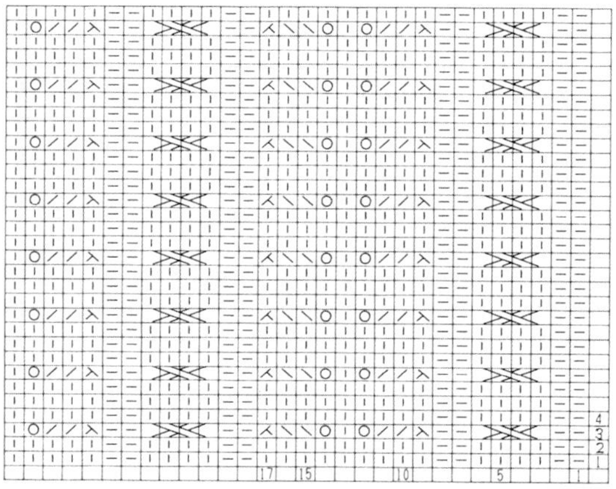

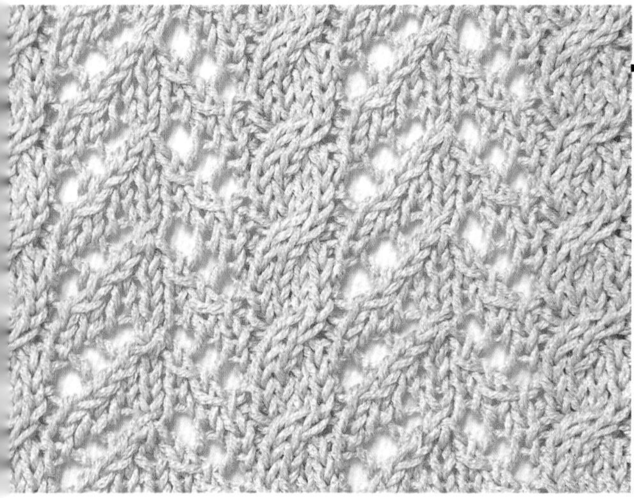

322

13针6行1个花样

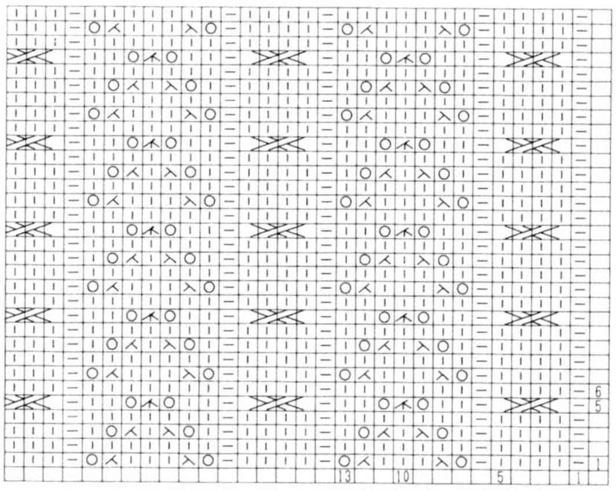

323

55针12行1个花样

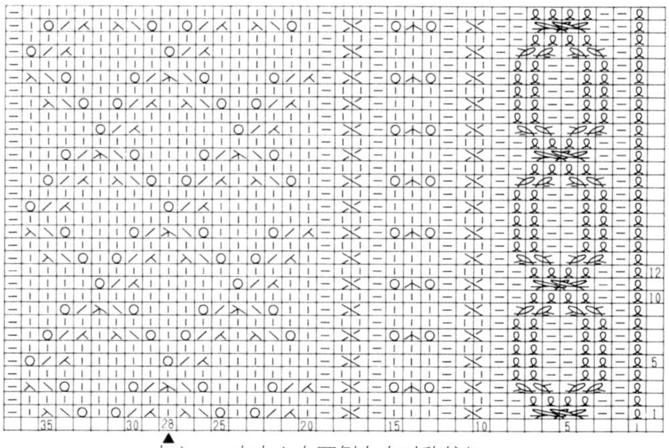

中心 由中心向两侧左右对称编织

324

25针4行1个花样

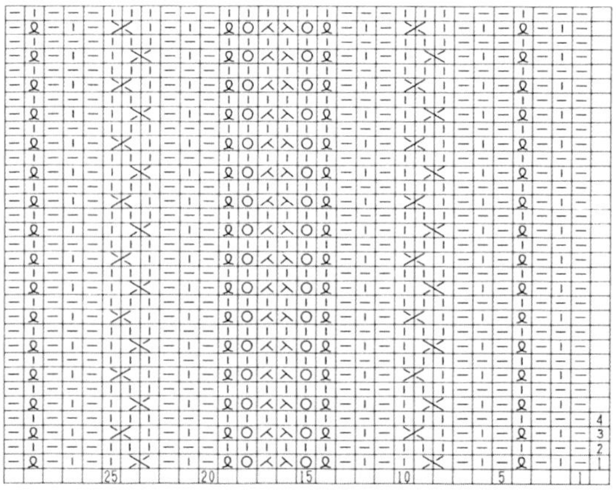

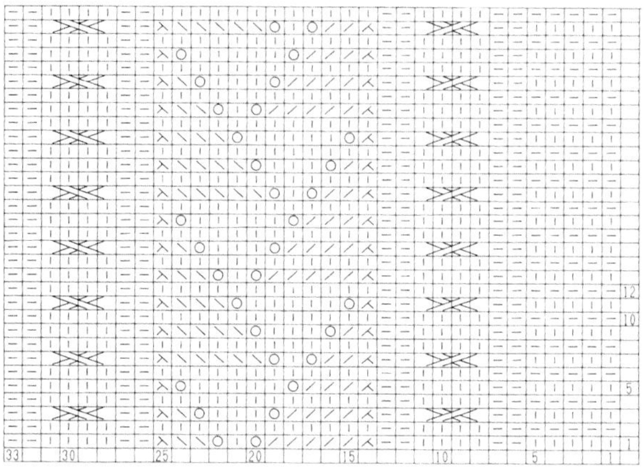

325

33针12行1个花样

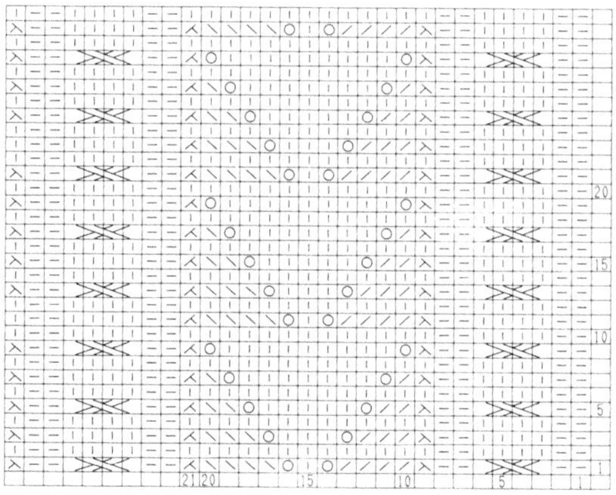

326

21针20行1个花样

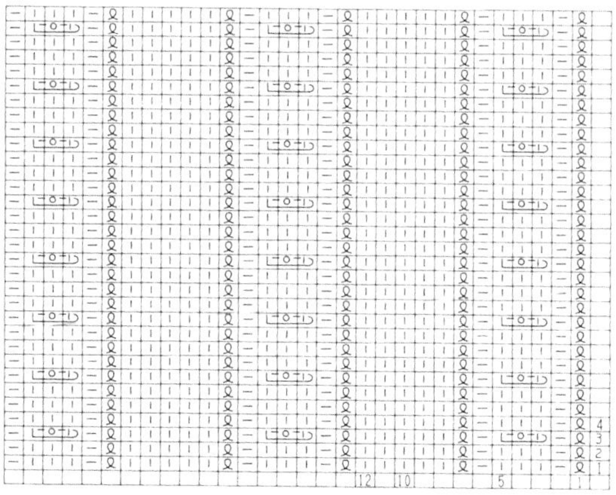

327

12针4行1个花样

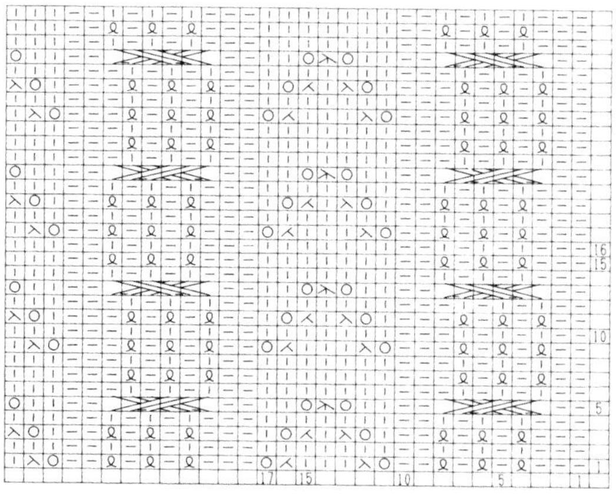

328

17针16行1个花样

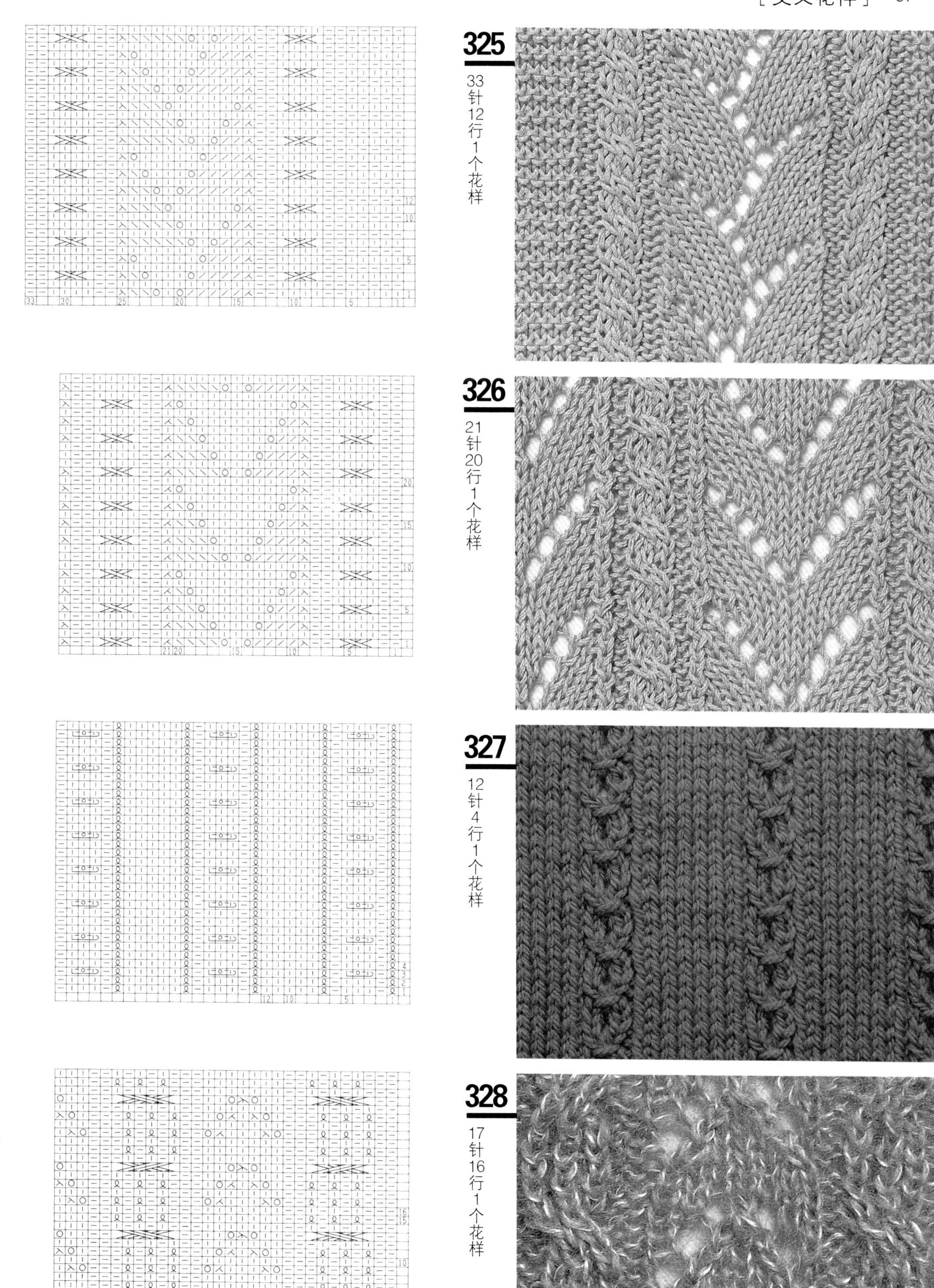

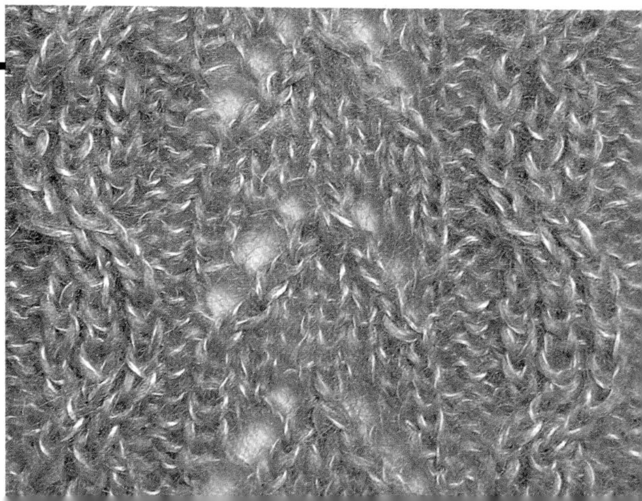

329

19针4行1个花样

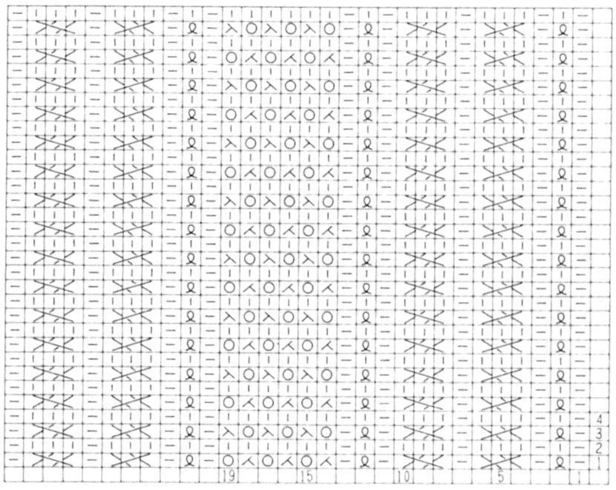

330

12针20行1个花样

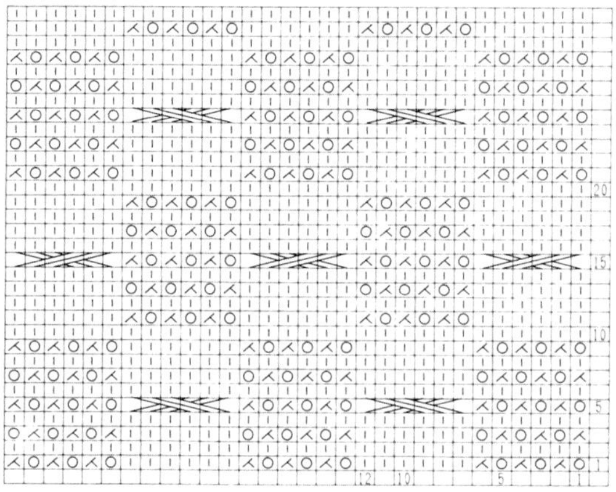

331

10针8行1个花样

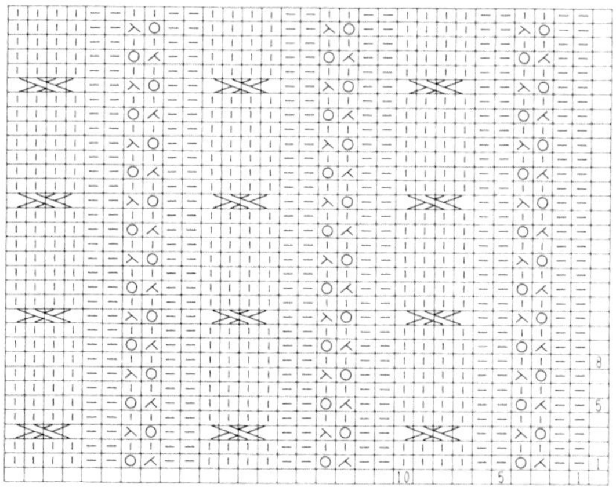

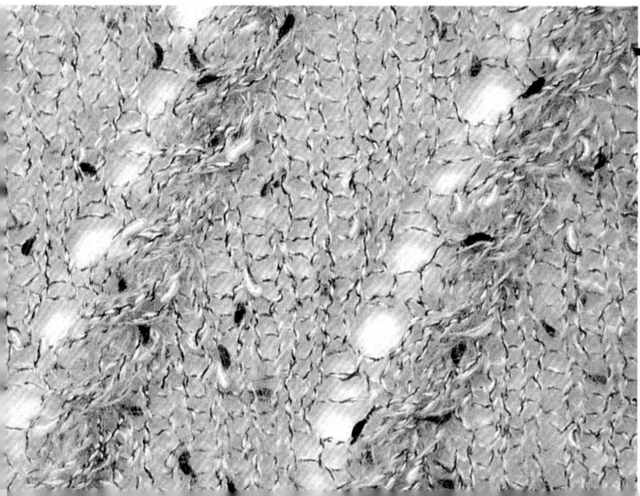

332

10针4行1个花样

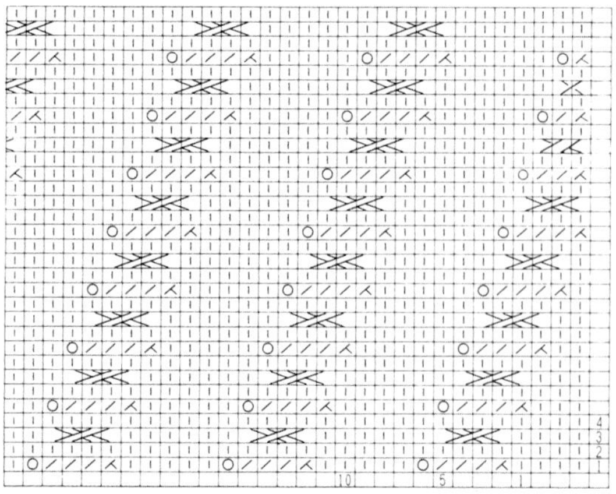

333

23针8行1个花样

334

14针12行1个花样

335

13针14行1个花样

336

17针12行1个花样

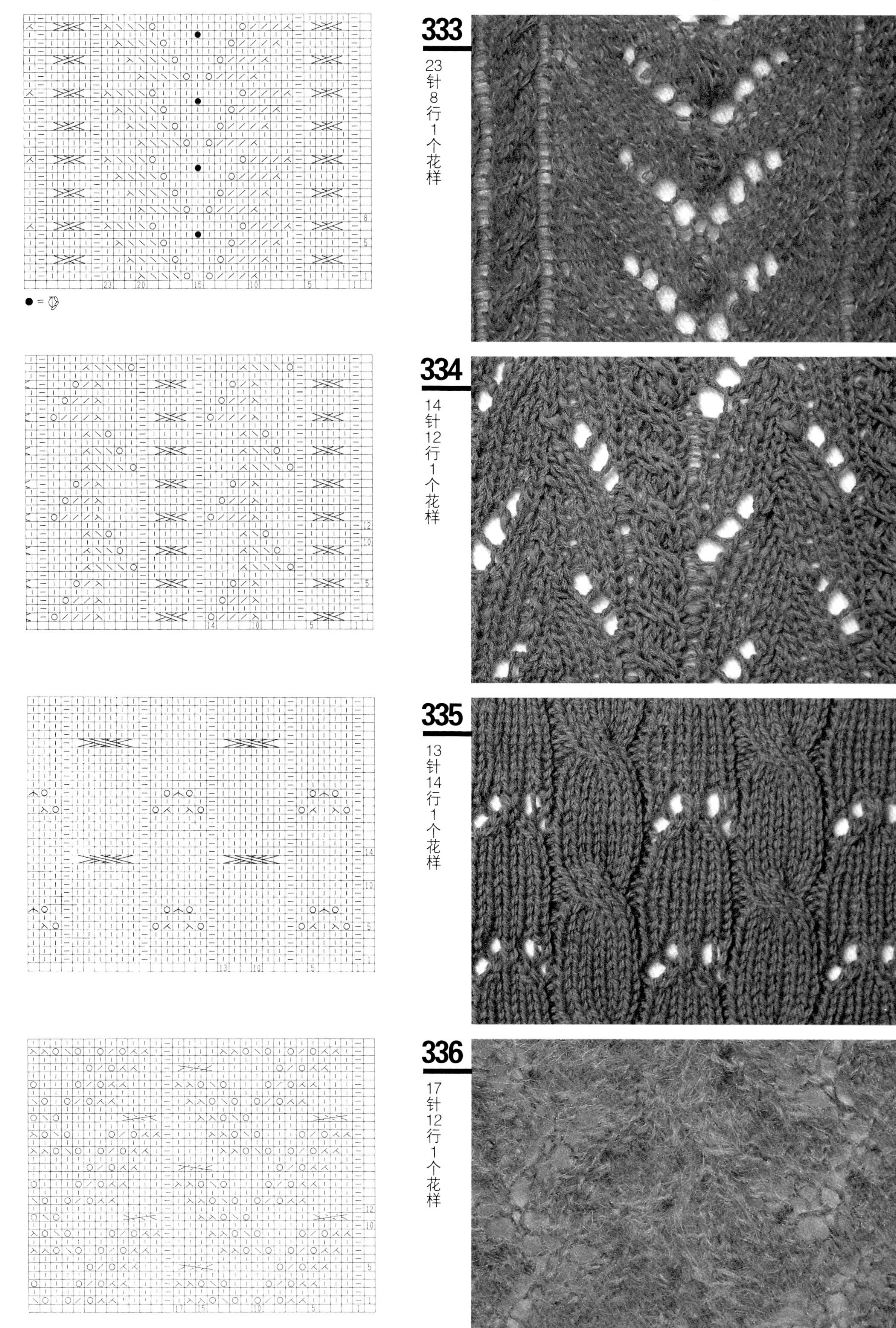

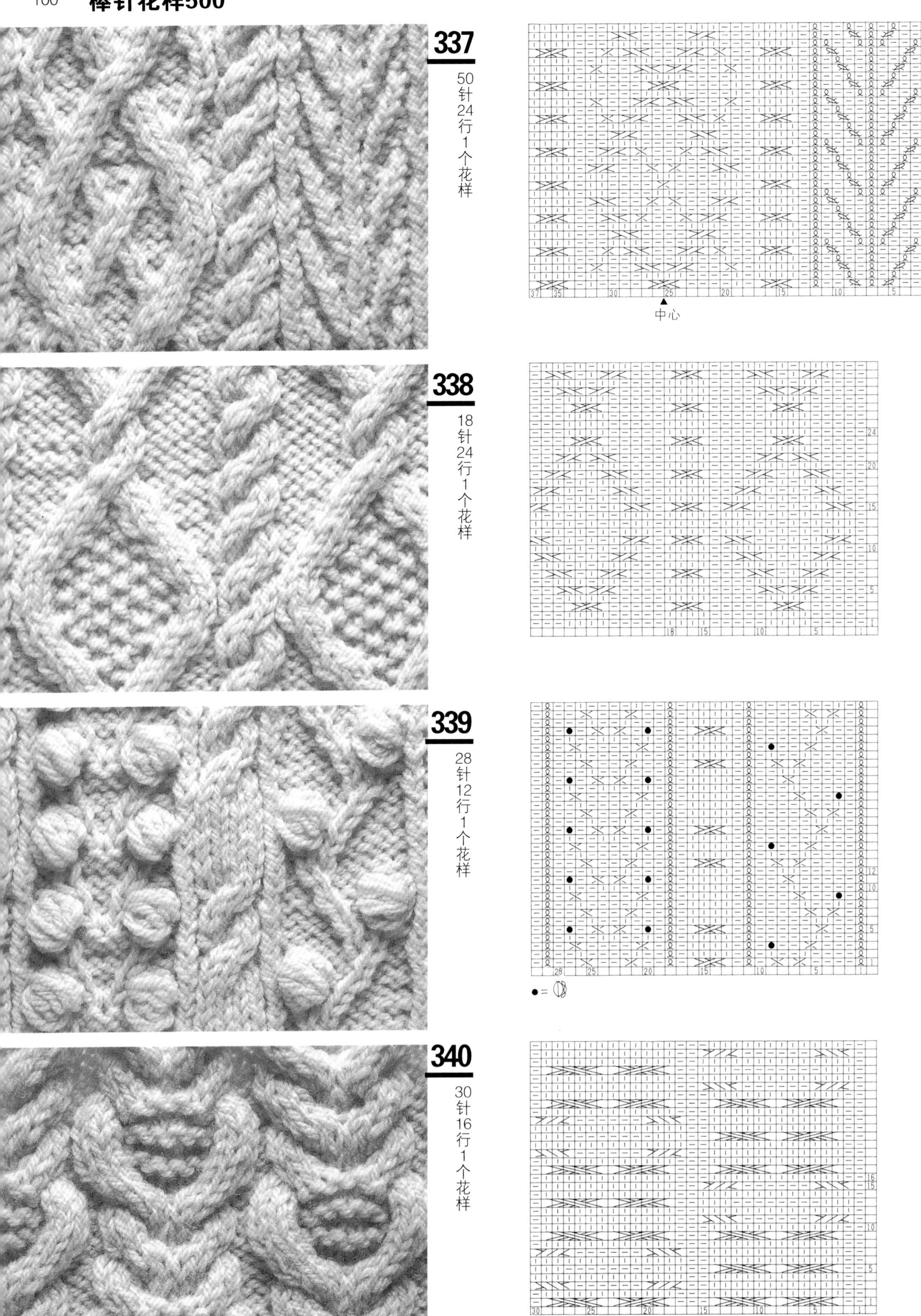
337
50针24行1个花样
中心
338
18针24行1个花样
339
28针12行1个花样
340
30针16行1个花样

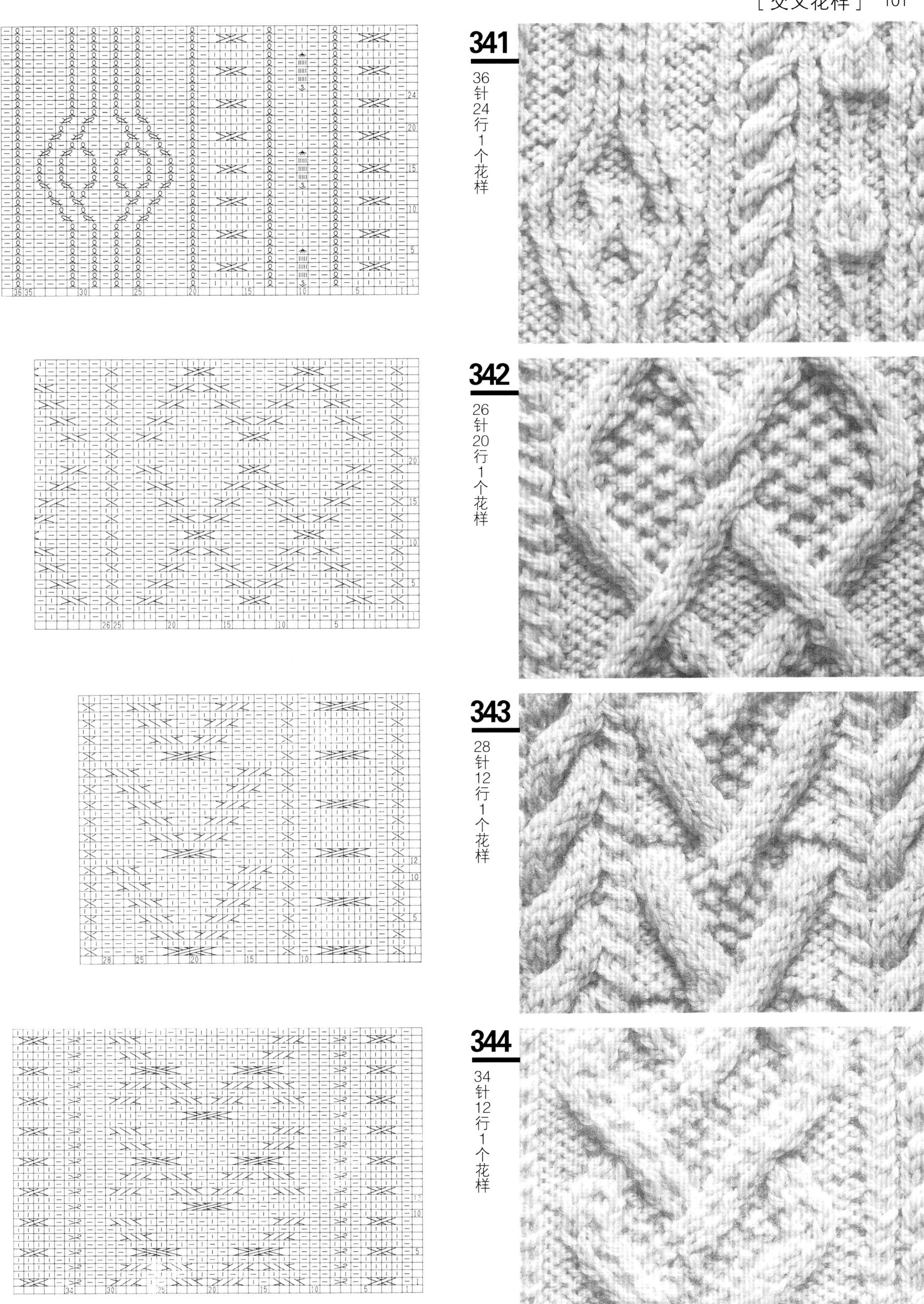

341
36针24行1个花样

342
26针20行1个花样

343
28针12行1个花样

344
34针12行1个花样

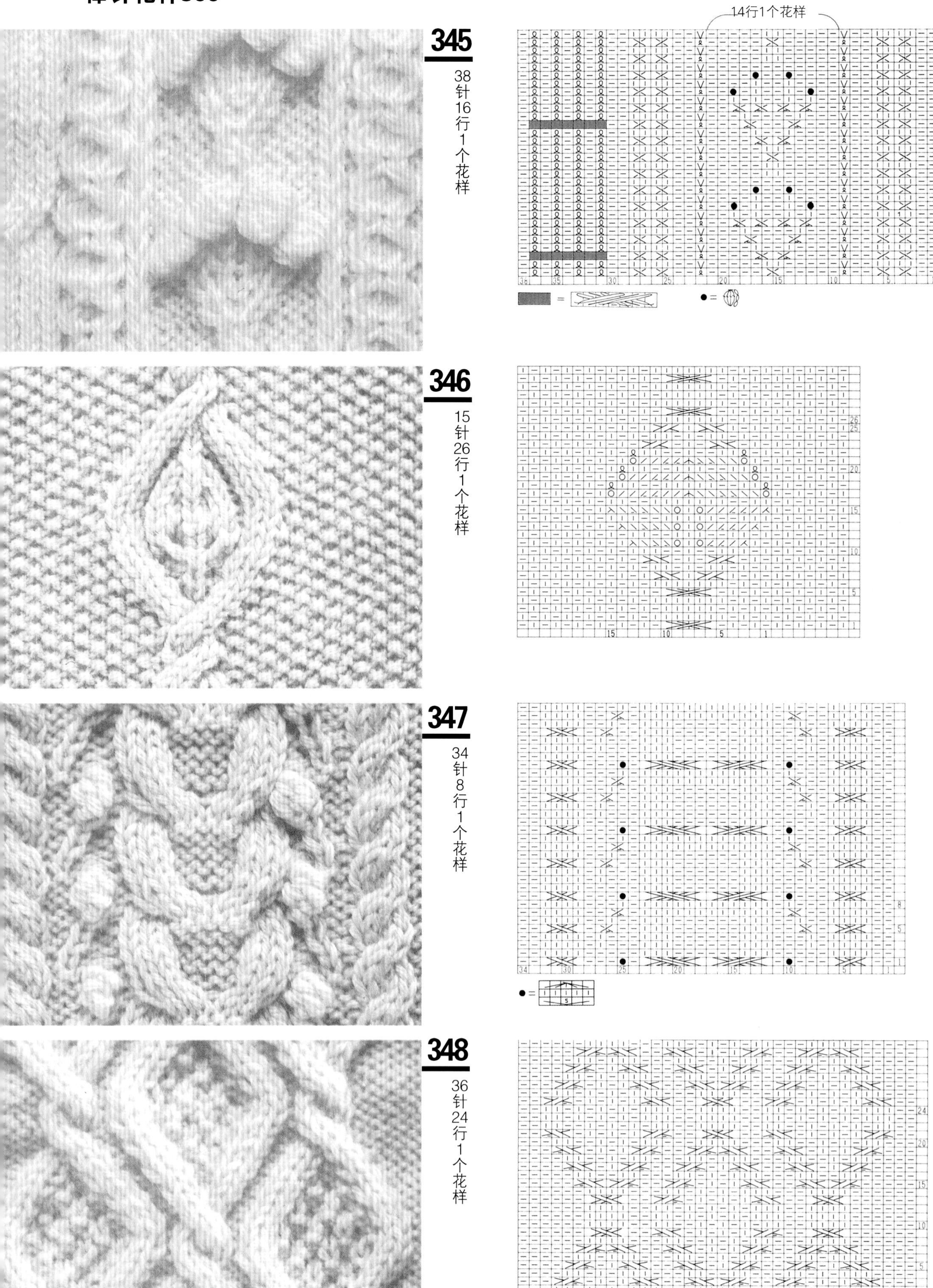
345
38针16行1个花样
14行1个花样
346
15针26行1个花样
347
34针8行1个花样
348
36针24行1个花样

中心
左右对称编织
=无针目部分

349

57针32行1个花样

中心

350

37针20行1个花样

351

22针24行1个花样

352

14针30行1个花样

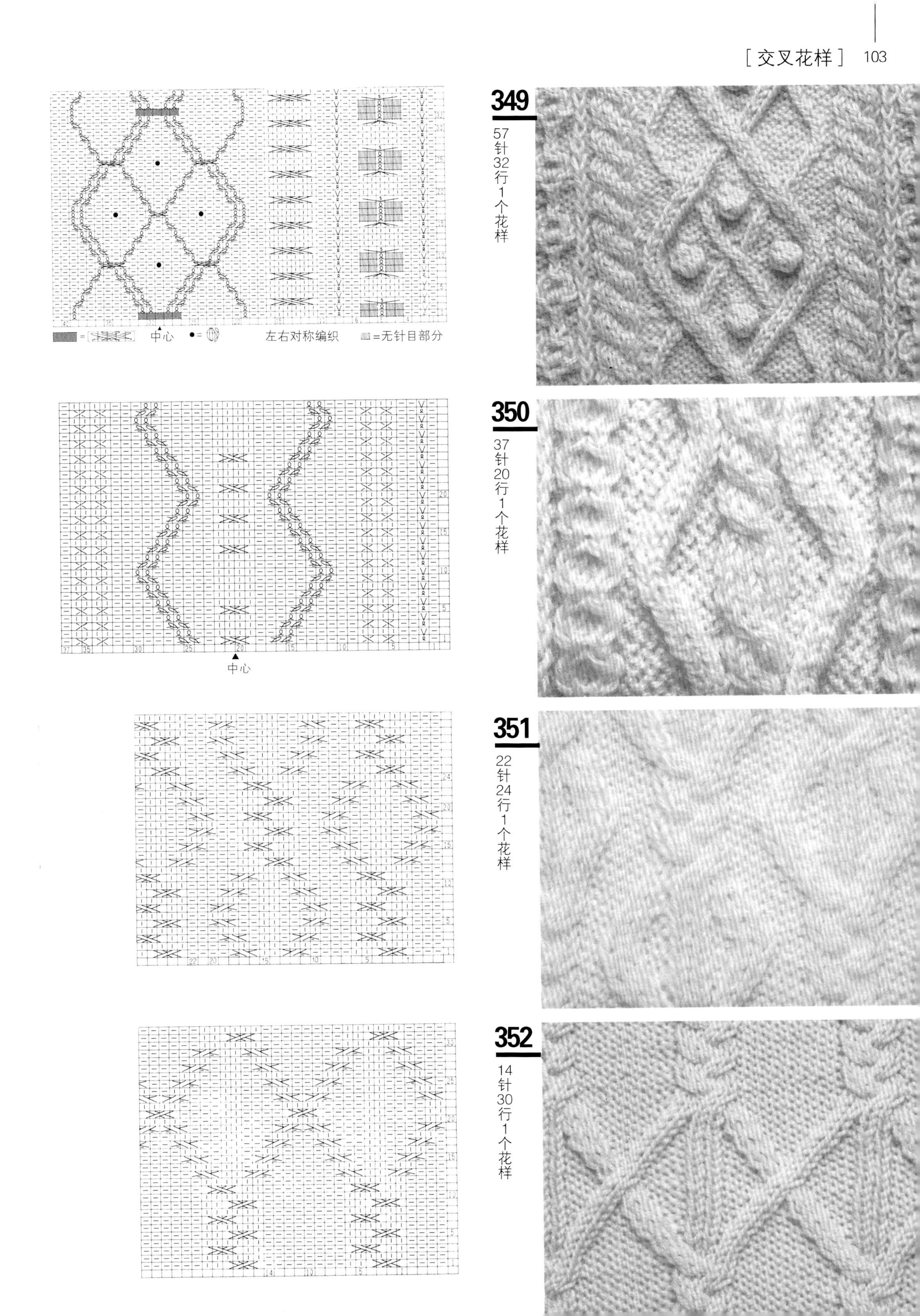

353

52针14行1个花样

10行1个花样 4行1个花样

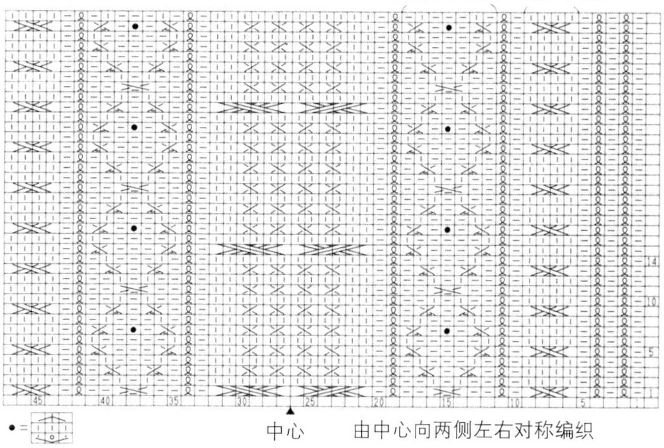

中心 由中心向两侧左右对称编织

354

62针10行1个花样

8行1个花样

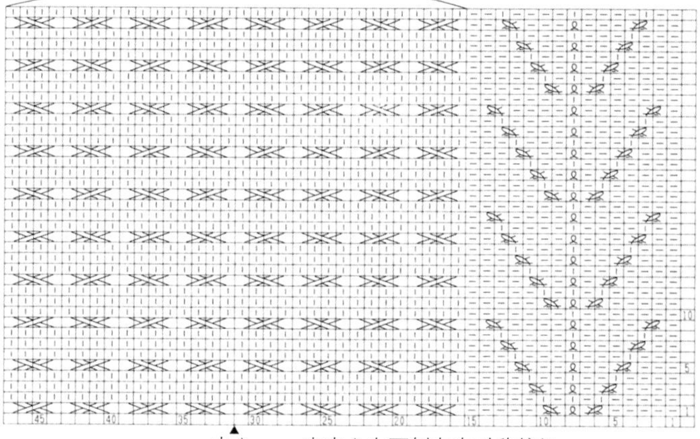

中心 由中心向两侧左右对称编织

355

19针6行1个花样

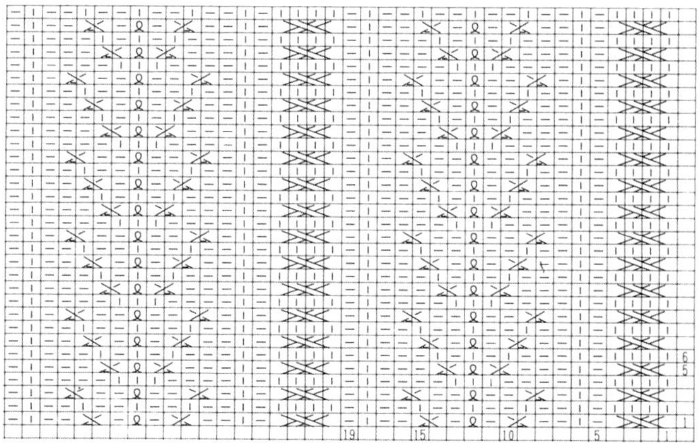

356

56针28行1个花样

6行1个花样

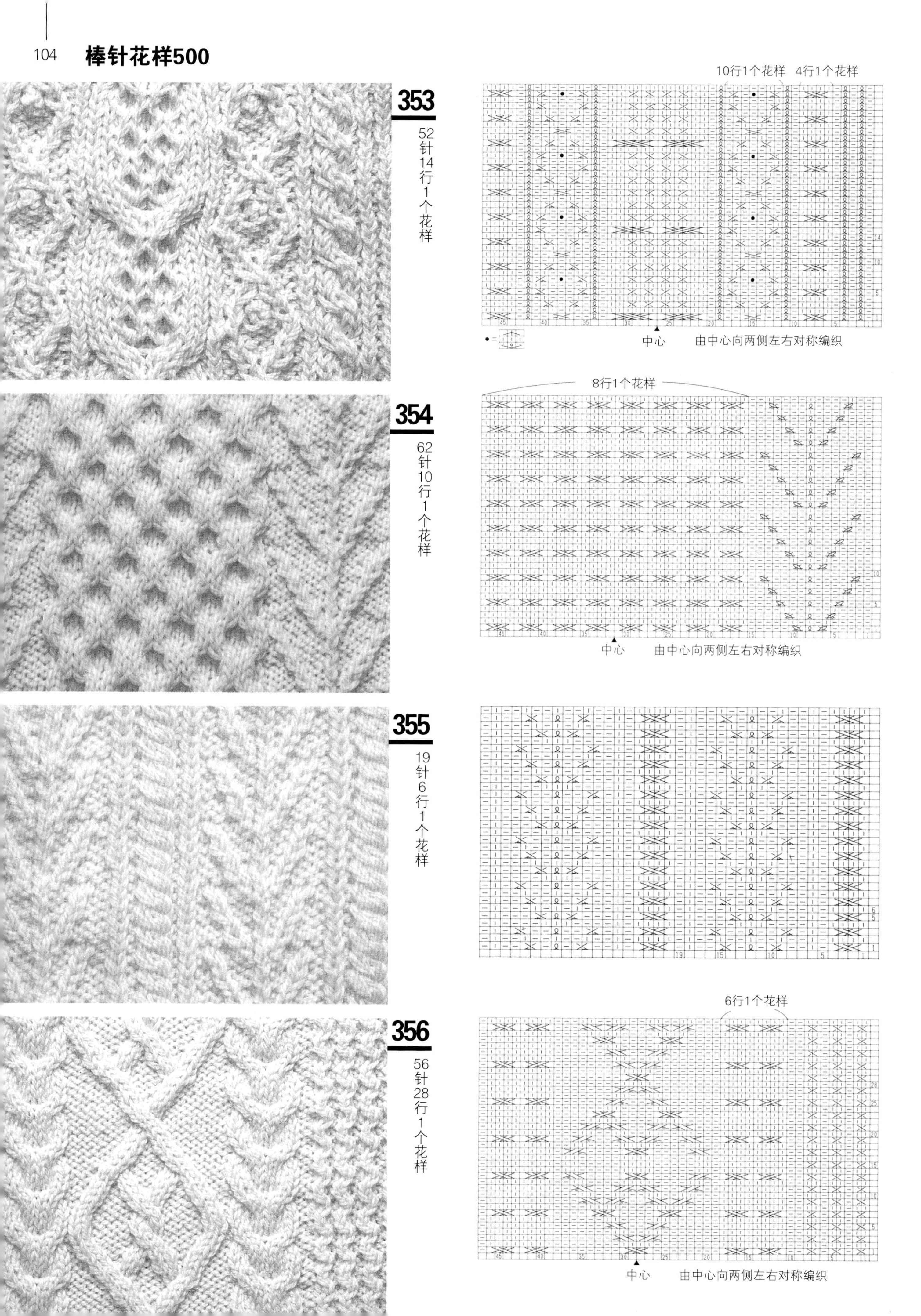

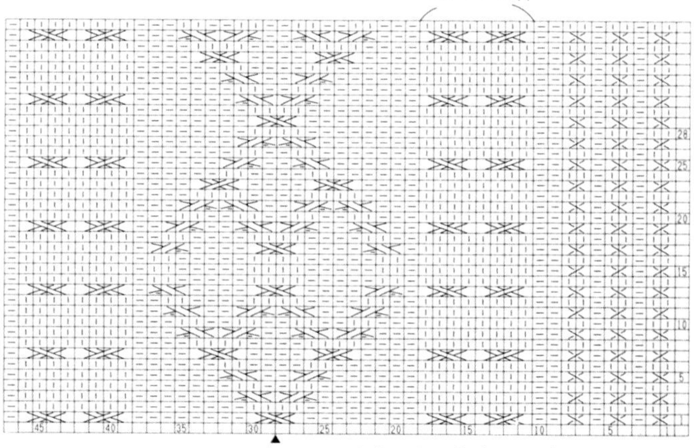

中心 由中心向两侧左右对称编织

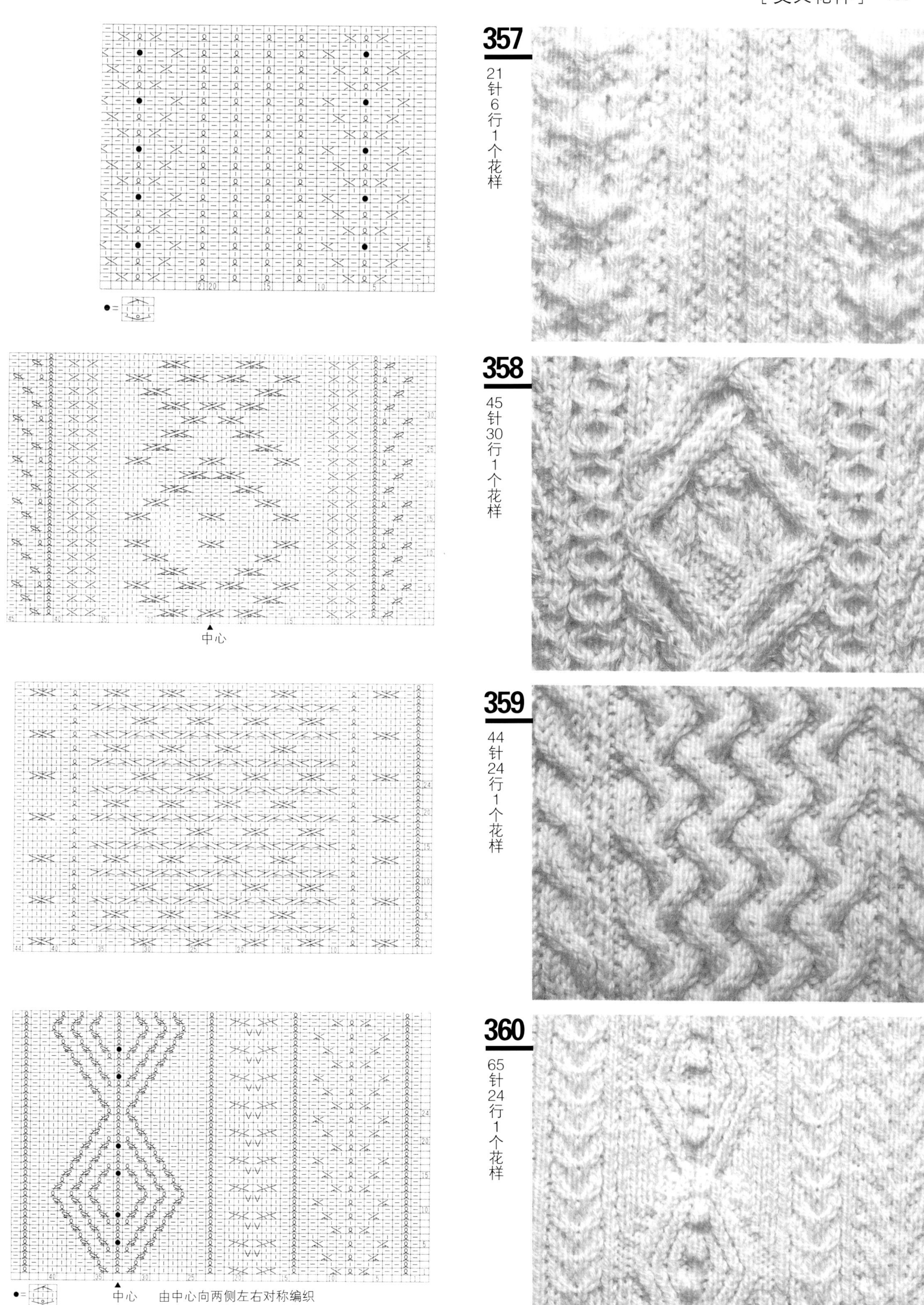

357
21针6行1个花样

358
45针30行1个花样

359
44针24行1个花样

360
65针24行1个花样

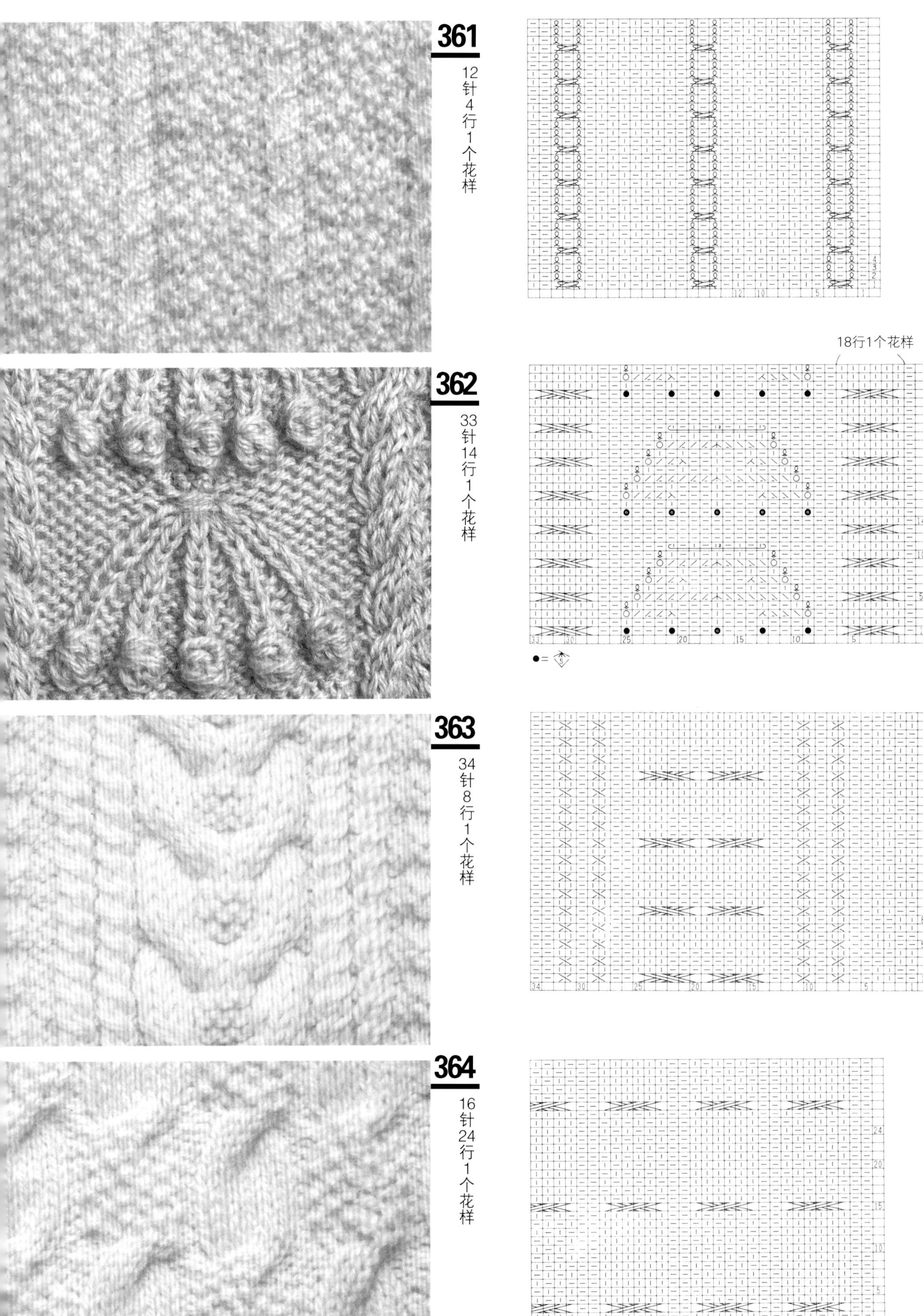
361
12针4行1个花样
362
33针14行1个花样
18行1个花样
363
34针8行1个花样
364
16针24行1个花样

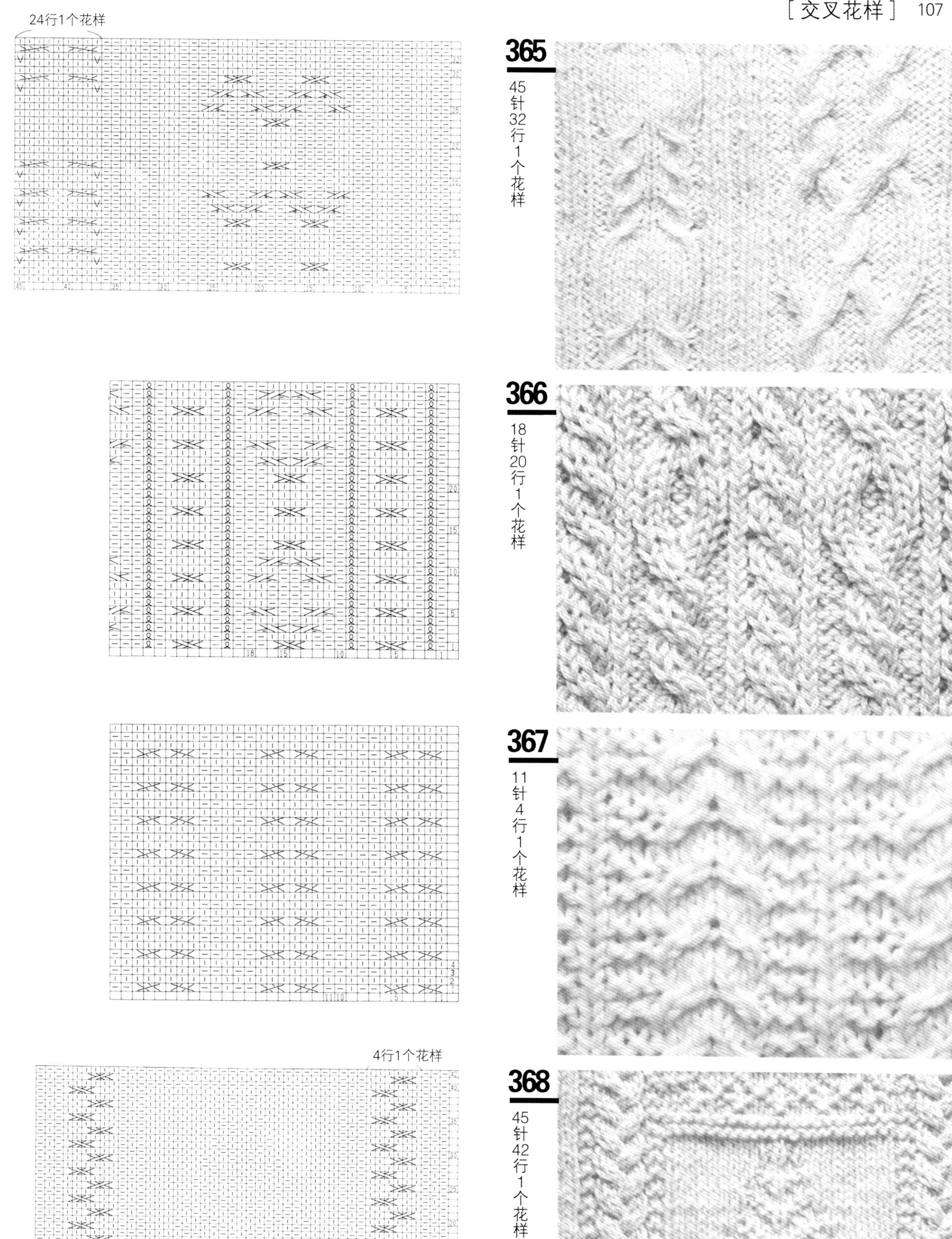

365
45针32行1个花样

366
18针20行1个花样

367
11针4行1个花样

368
45针42行1个花样

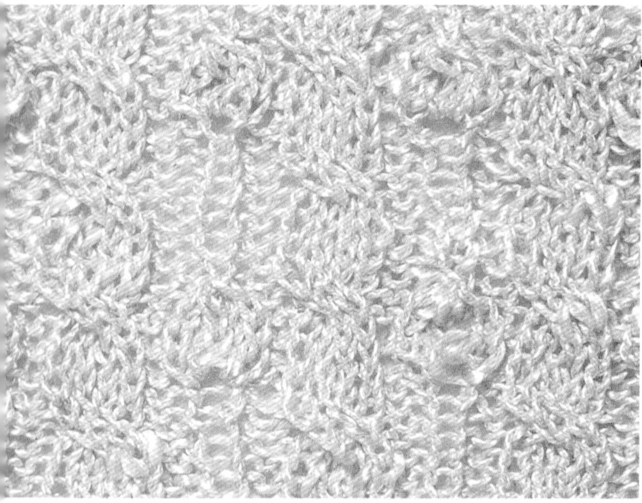

369

9针12行1个花样

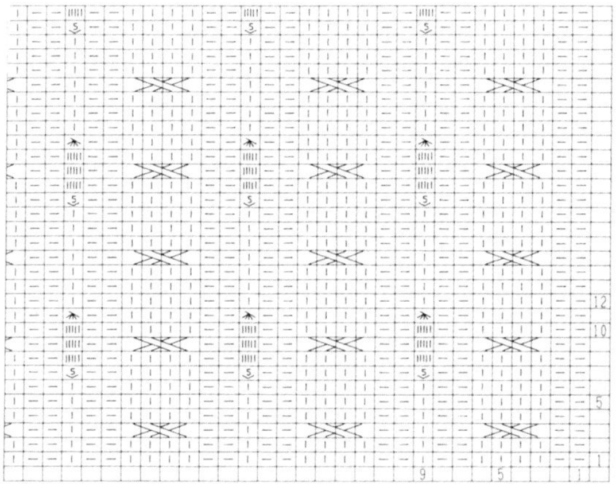

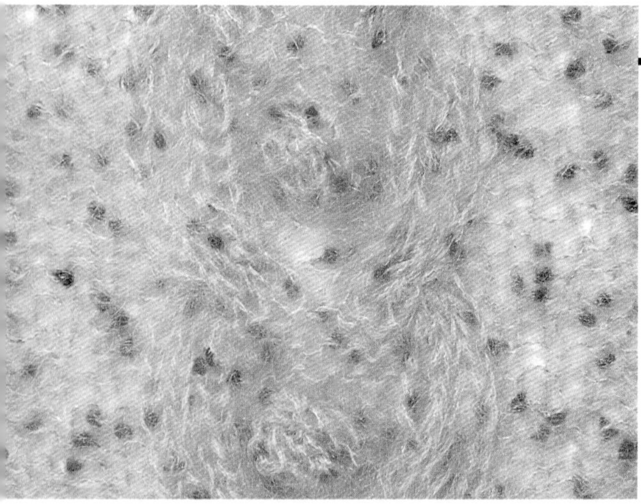

370

15针10行1个花样

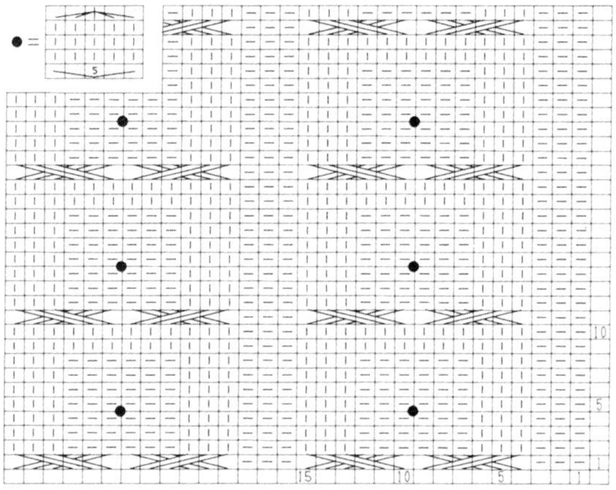

371

4针8行1个花样

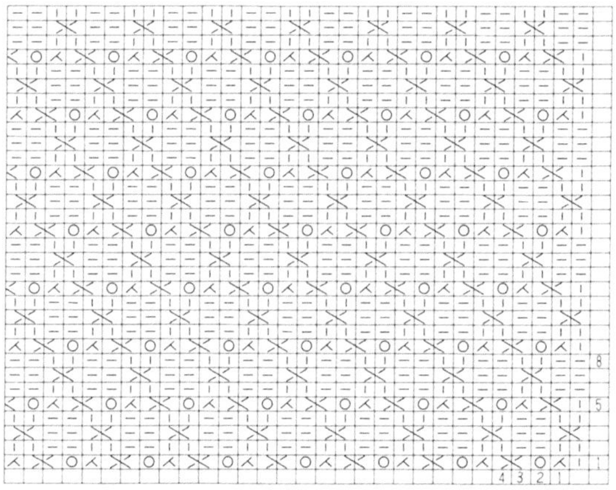

372

19针12行1个花样

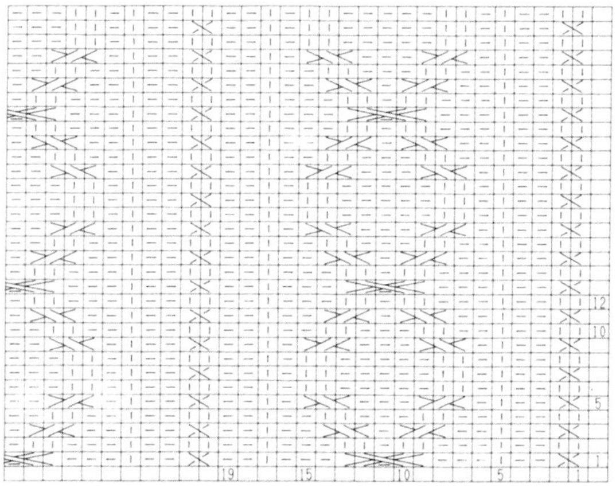

373

17针12行1个花样

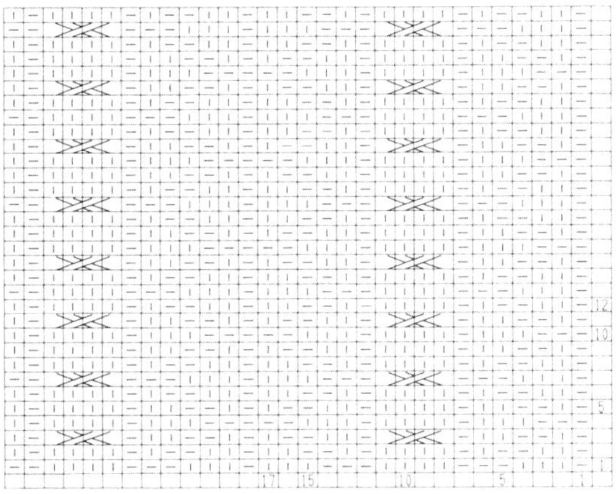

4行1个花样

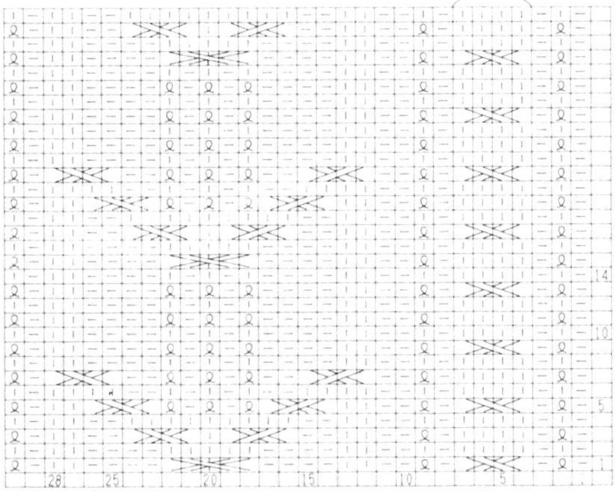

374

28针14行1个花样

375

18针12行1个花样

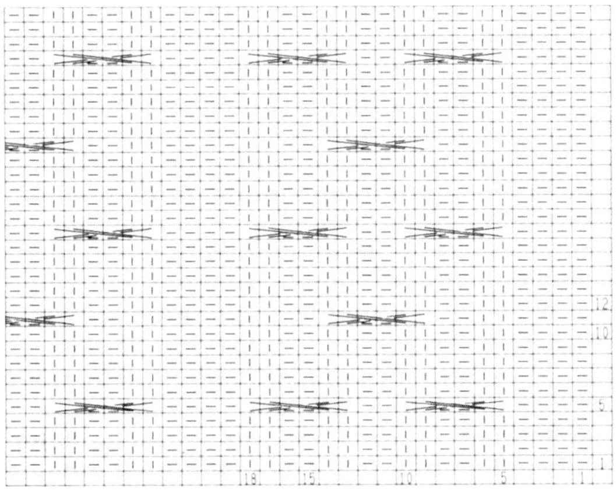

376

12针16行1个花样

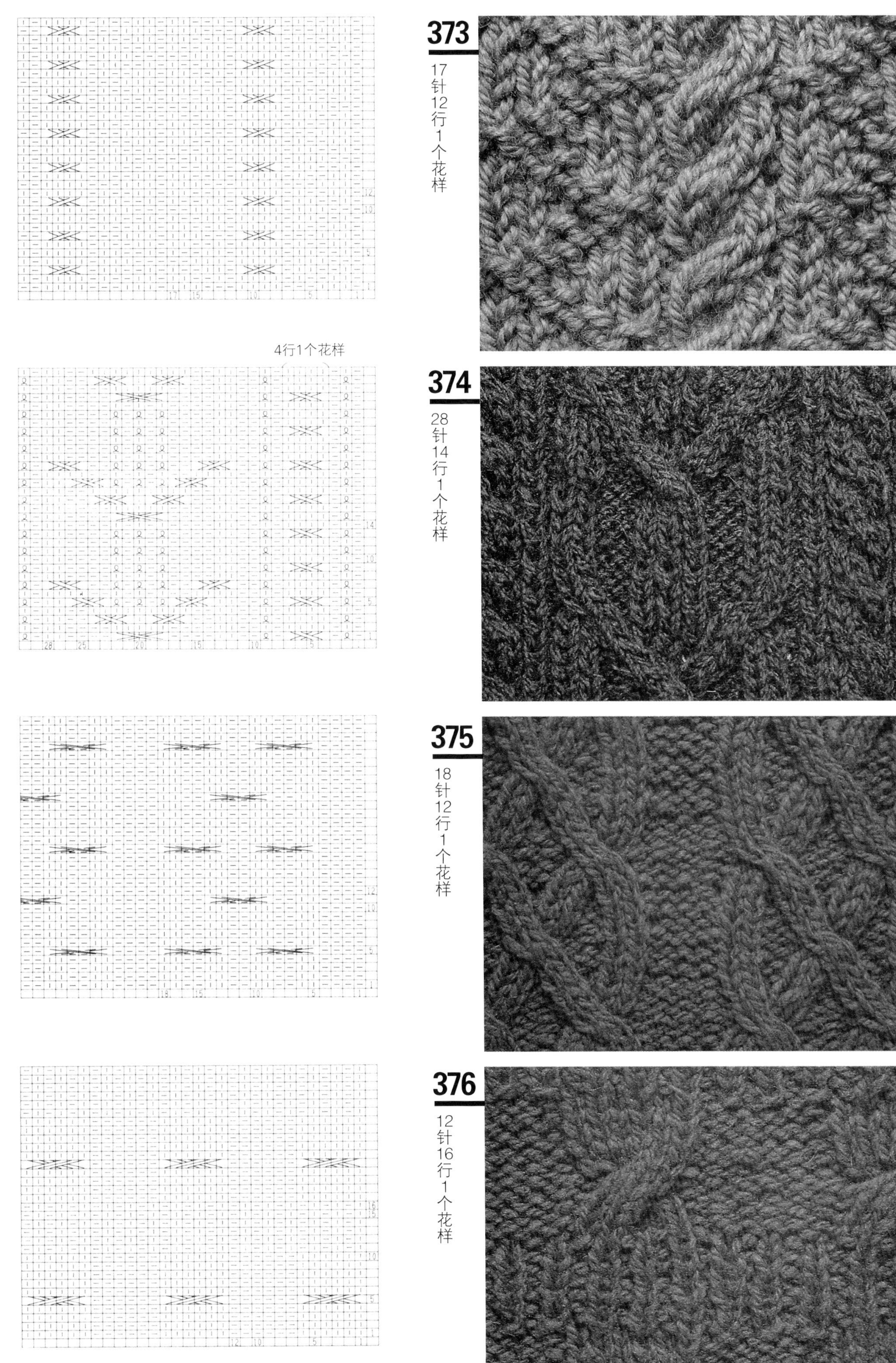

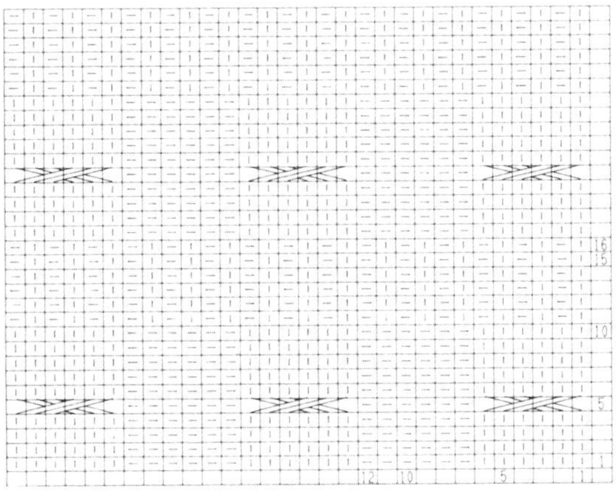

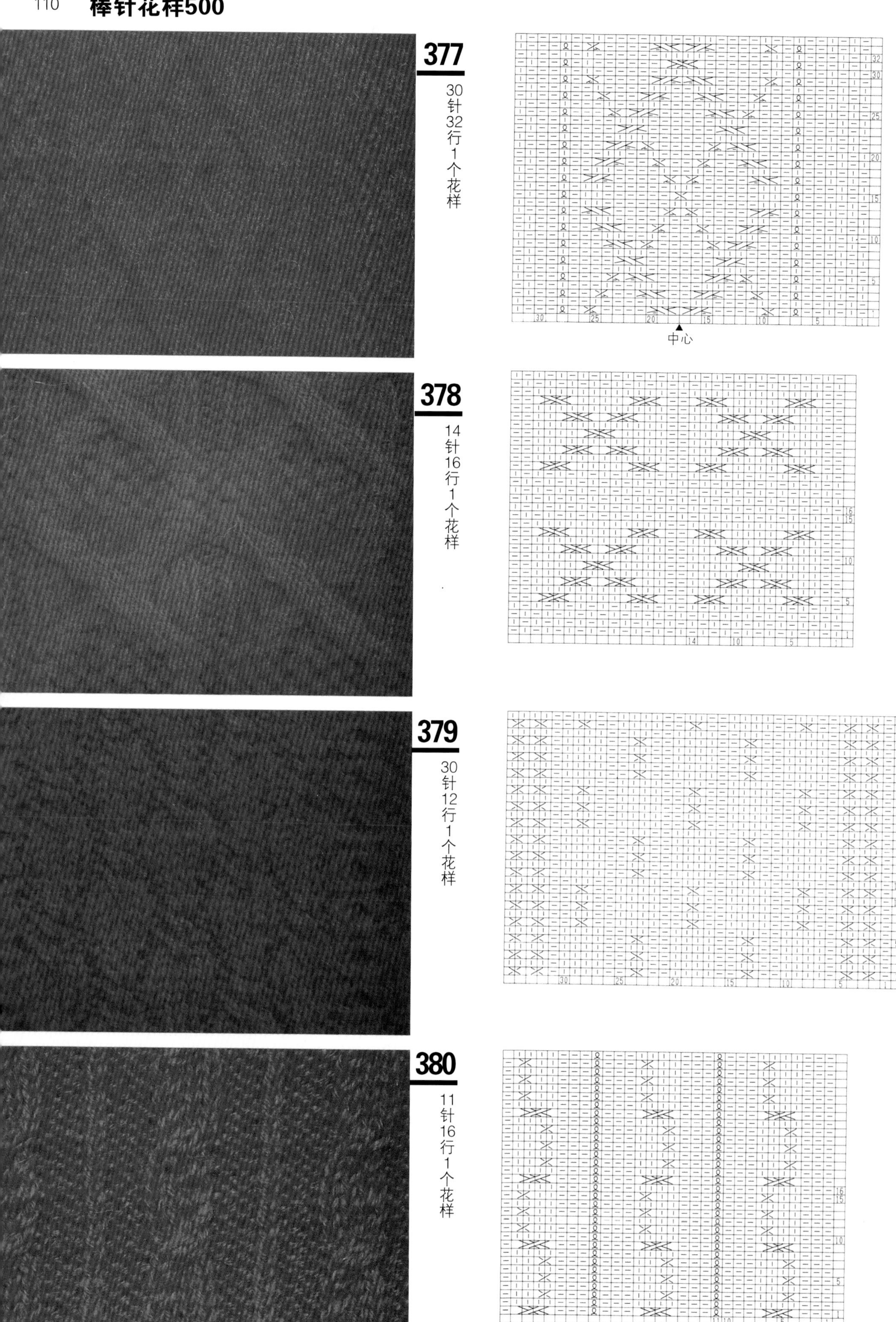

377

30针32行1个花样

中心

378

14针16行1个花样

379

30针12行1个花样

380

11针16行1个花样

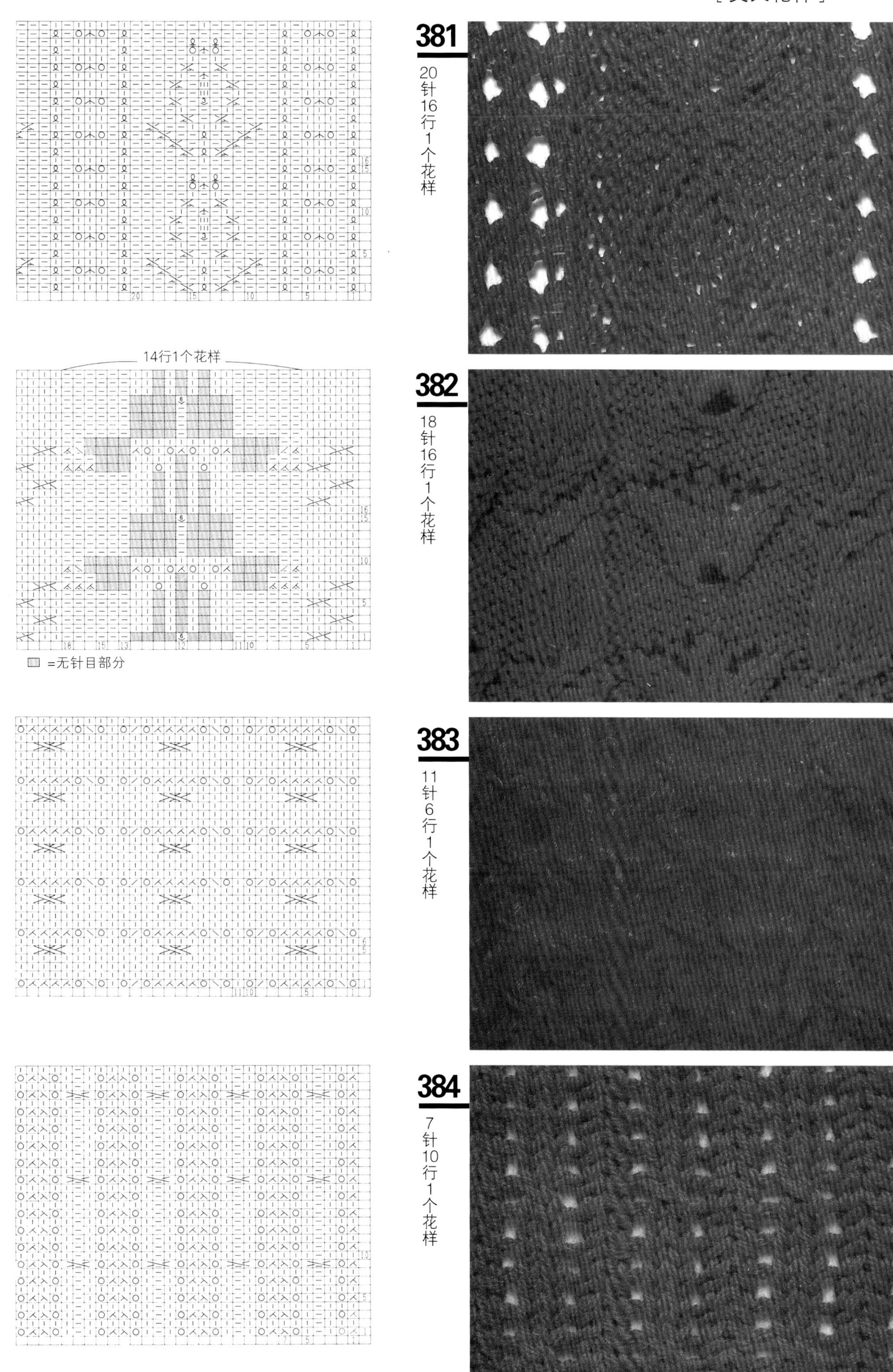

381

20针16行1个花样

382

18针16行1个花样

383

11针6行1个花样

384

7针10行1个花样

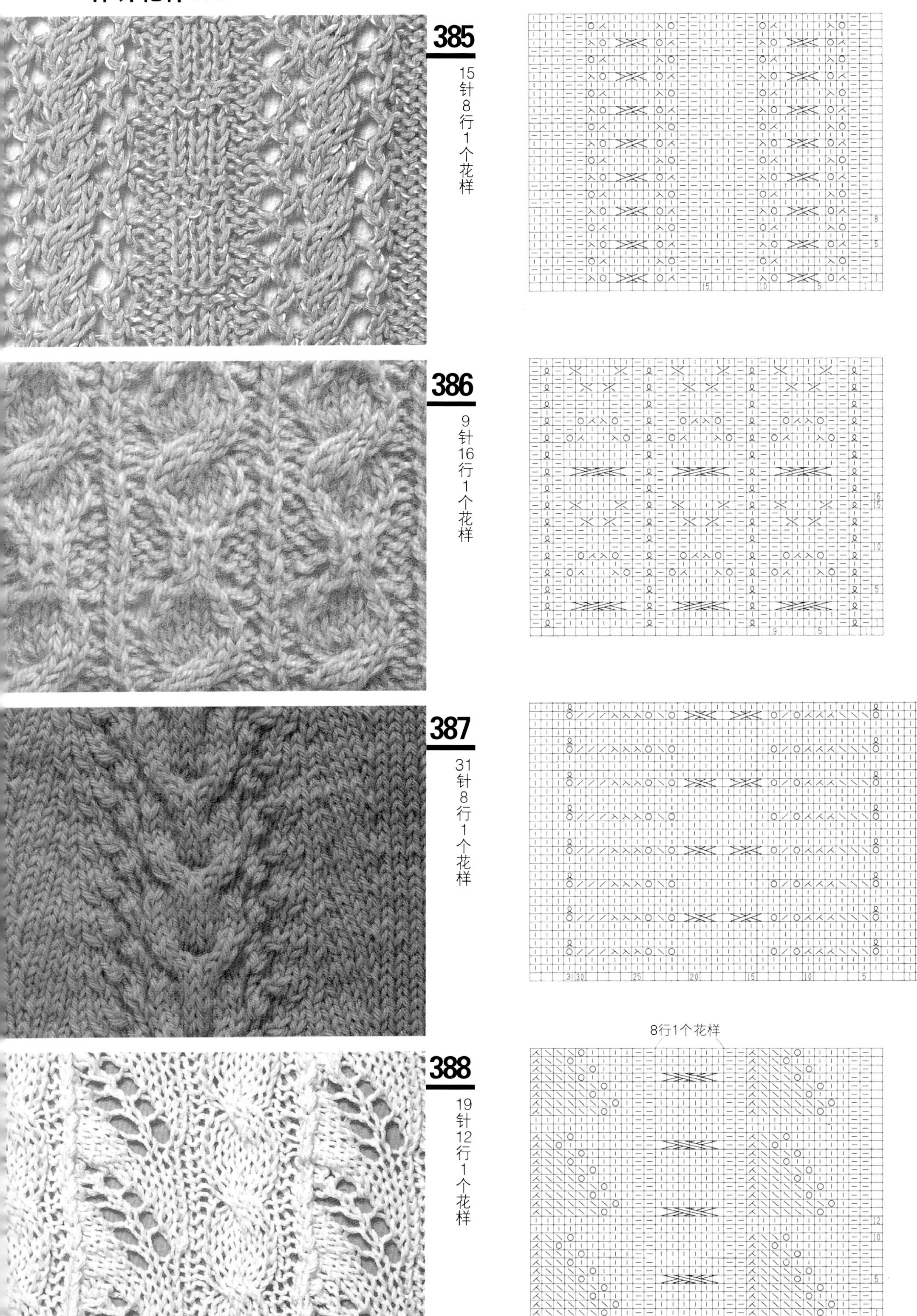

385

15针8行1个花样

386

9针16行1个花样

387

31针8行1个花样

388

19针12行1个花样

KNITTING
PATTERNS
500
拉针

389

6针12行1个花样

390

2针2行1个花样

391

2针2行1个花样

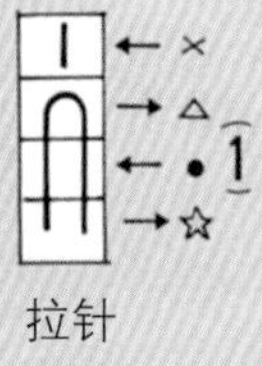

拉针

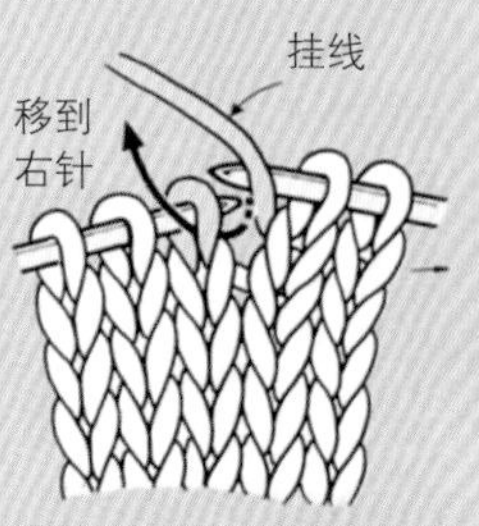

①针上挂线，不编织针目移到右针。

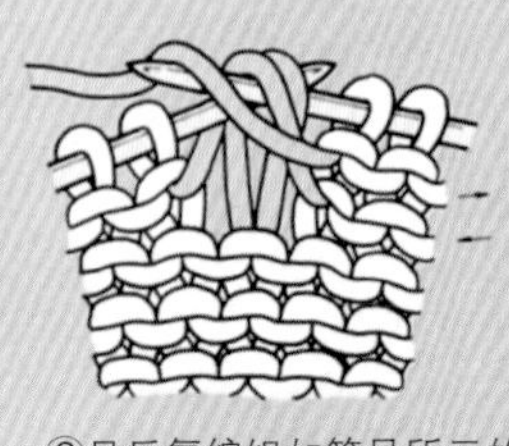
②只反复编织如符号所示的行数（这里是2行）。

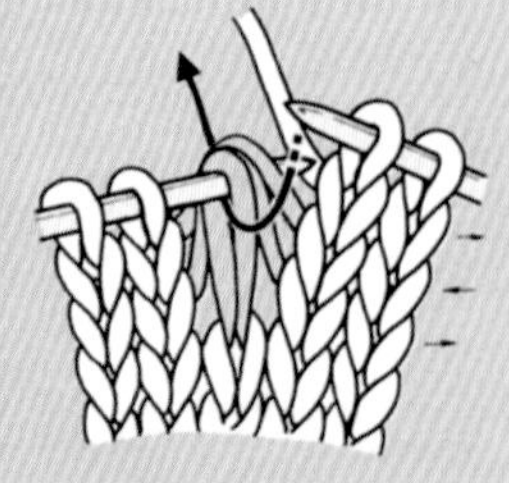
③在记号的下一行（×行），将针目和针上挂着的线一起编织。

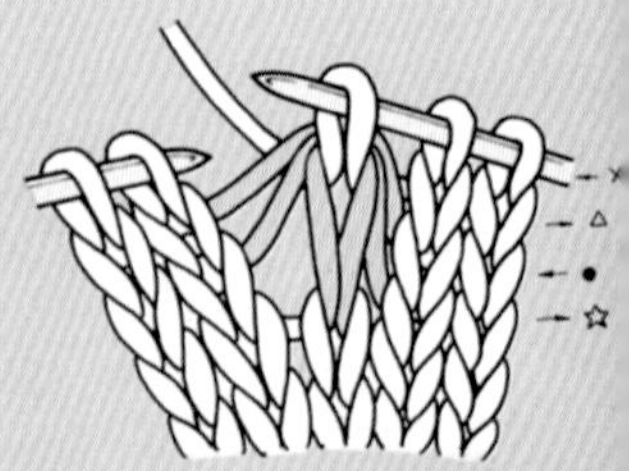

④完成拉针编织。

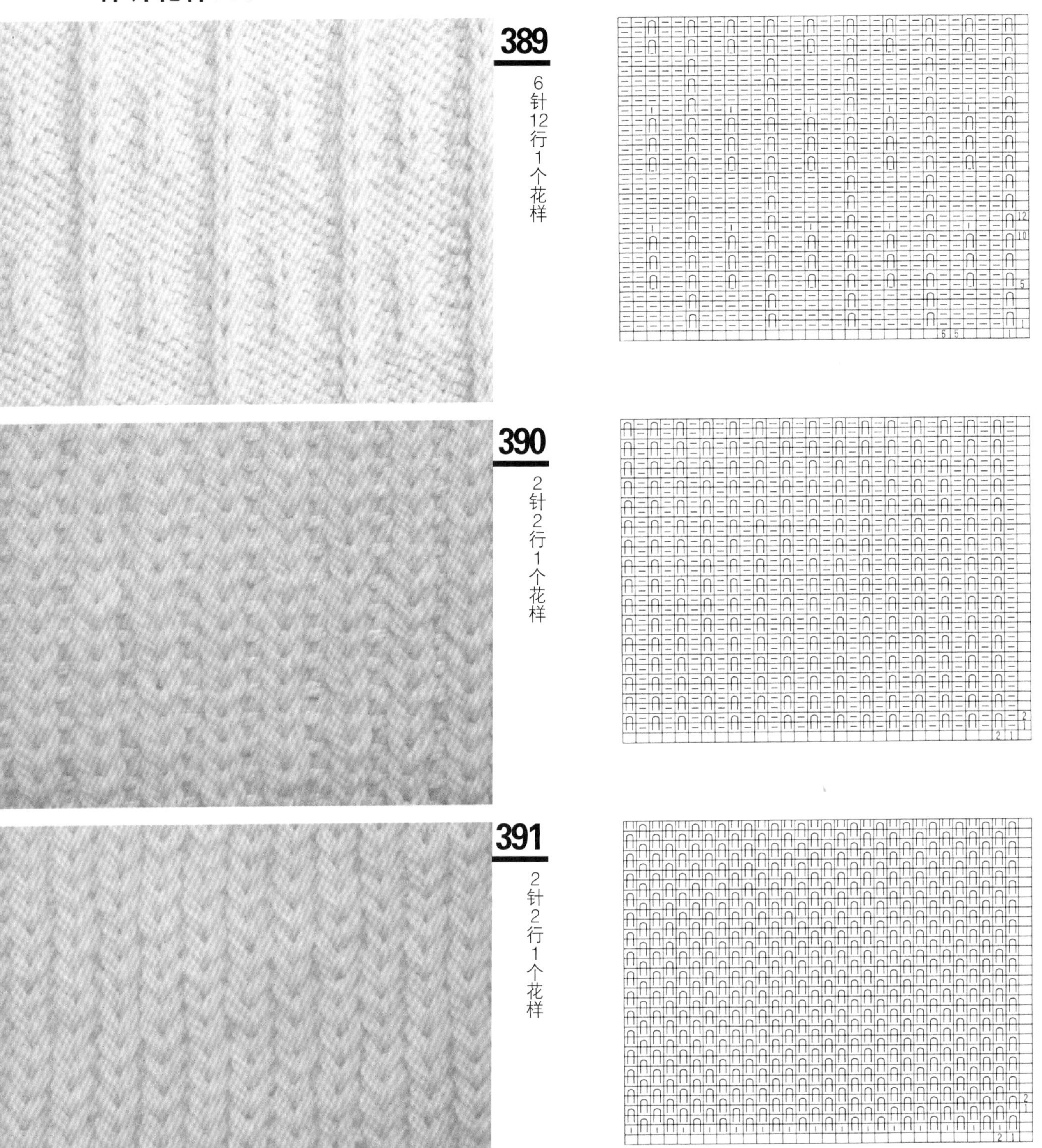

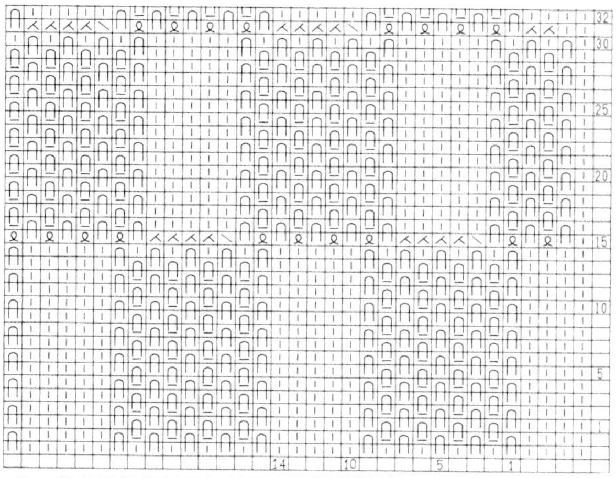

392

14针32行1个花样

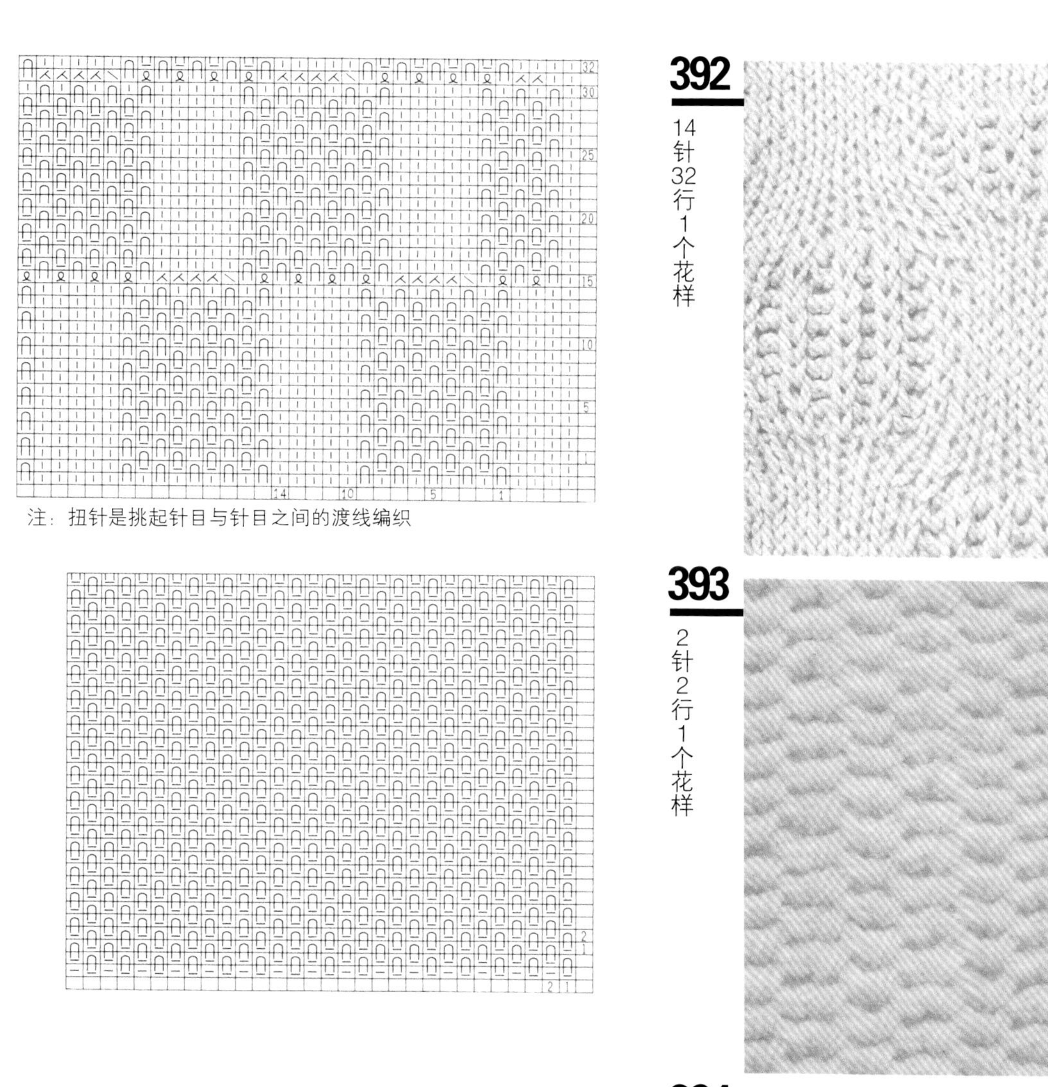

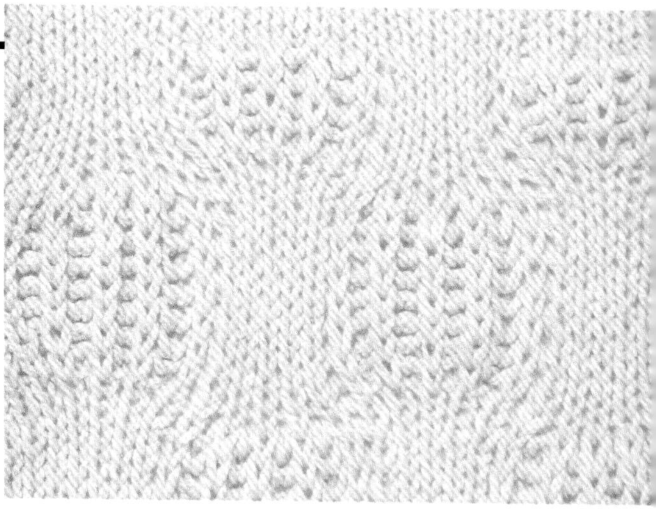

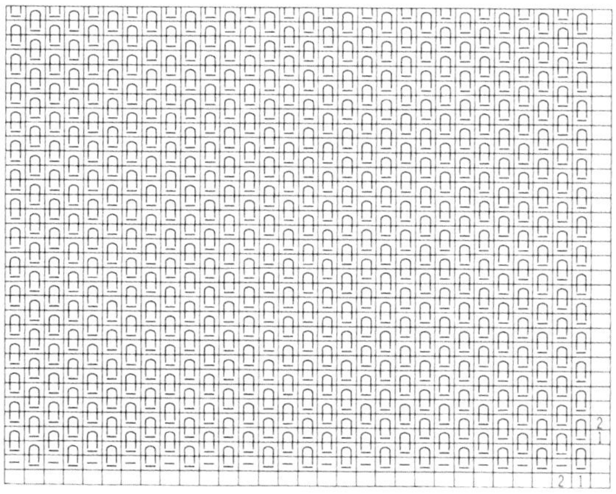

注：扭针是挑起针目与针目之间的渡线编织

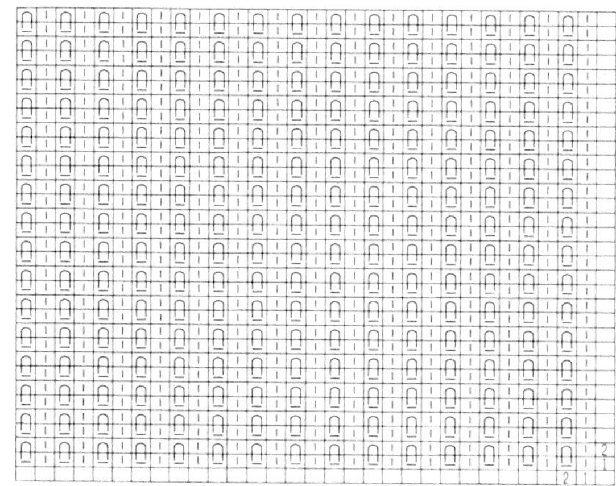

393

2针2行1个花样

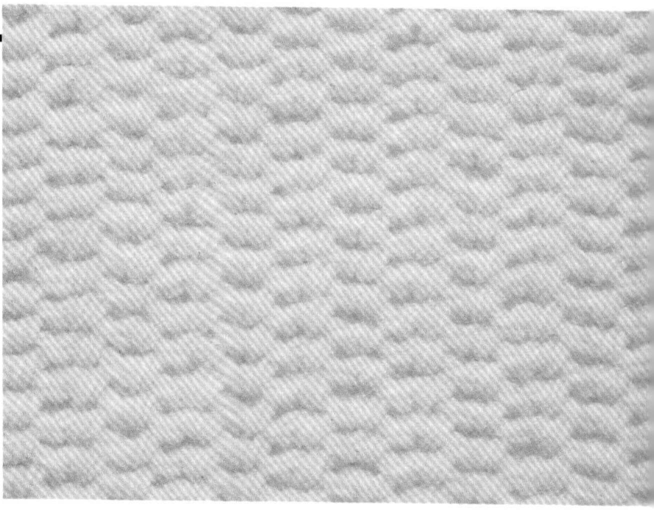

394

2针2行1个花样

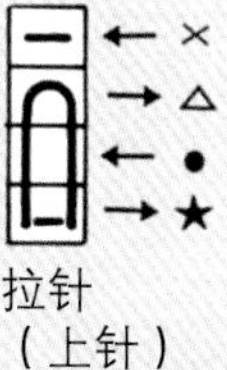

拉针
（上针）

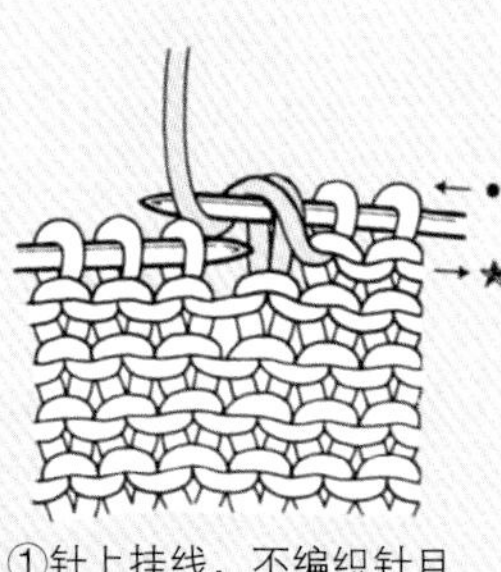

①针上挂线，不编织针目移到右针。

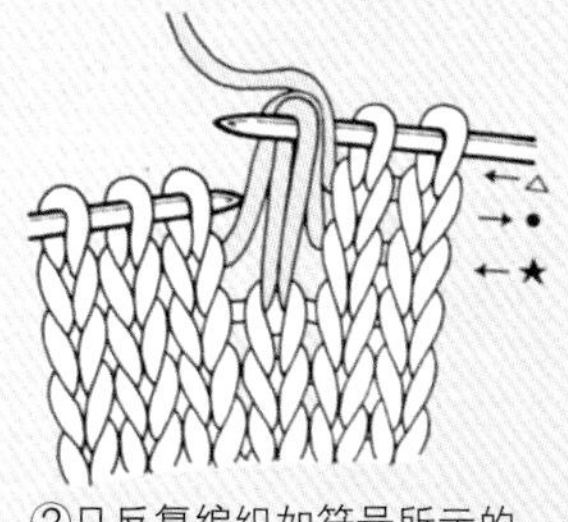

②只反复编织如符号所示的行数（这里是2行）。

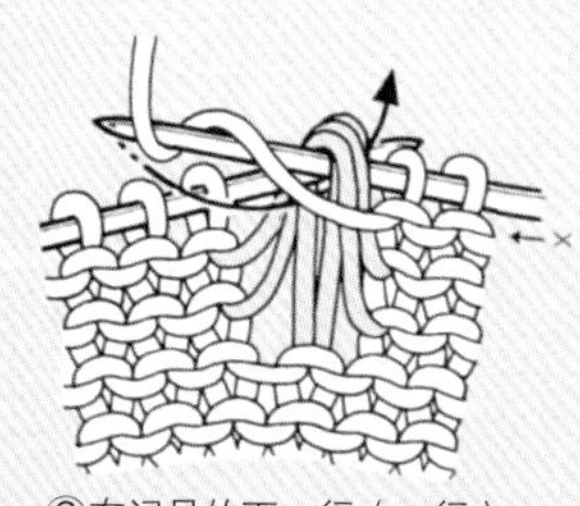

③在记号的下一行（×行）将针目和针上挂着的线一起编织。

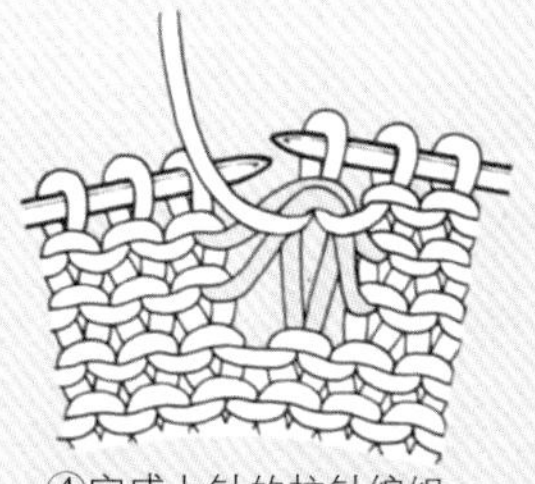

④完成上针的拉针编织。

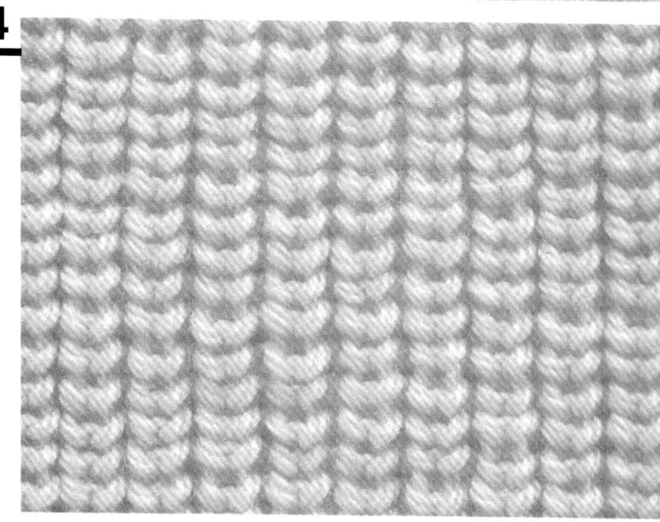

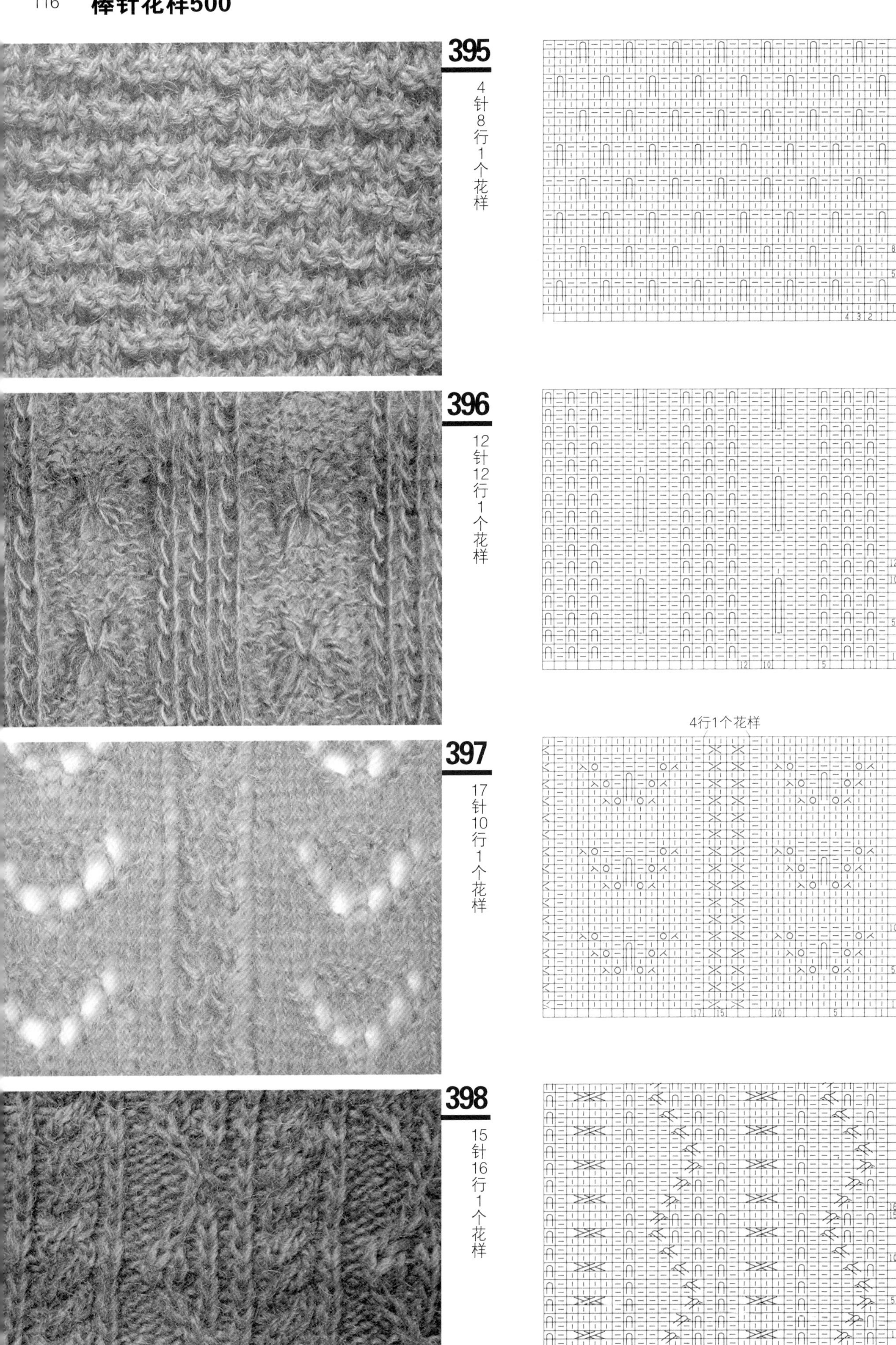
395
4针8行1个花样
396
12针12行1个花样
397
17针10行1个花样
4行1个花样
398
15针16行1个花样

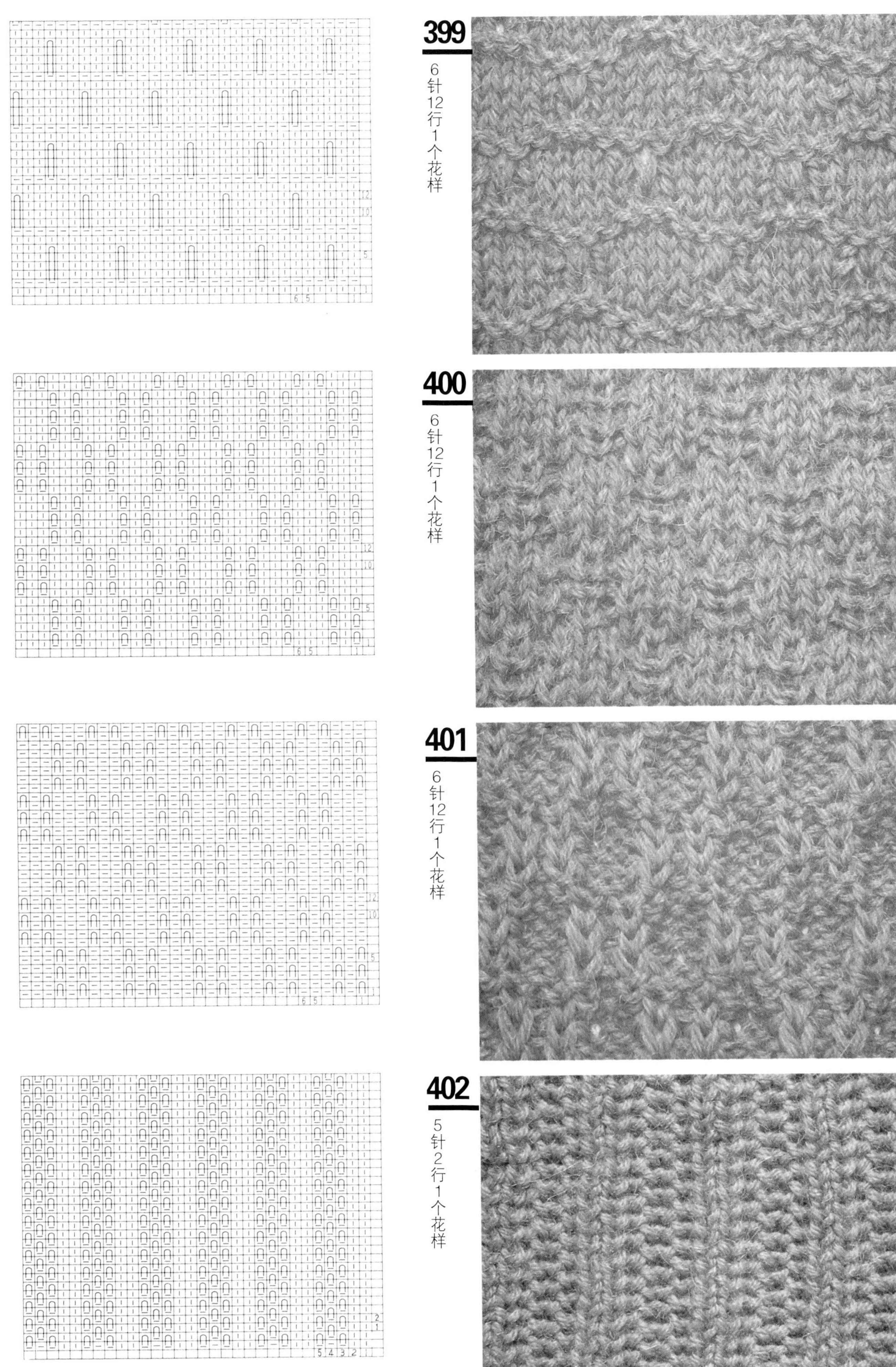

399

6针12行1个花样

400

6针12行1个花样

401

6针12行1个花样

402

5针2行1个花样

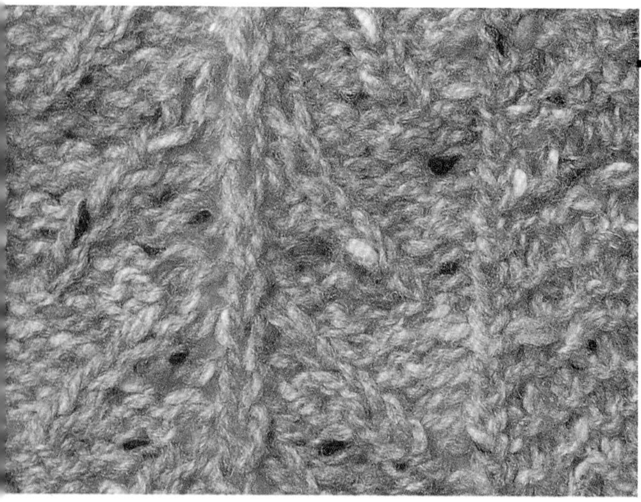

403

20针8行1个花样

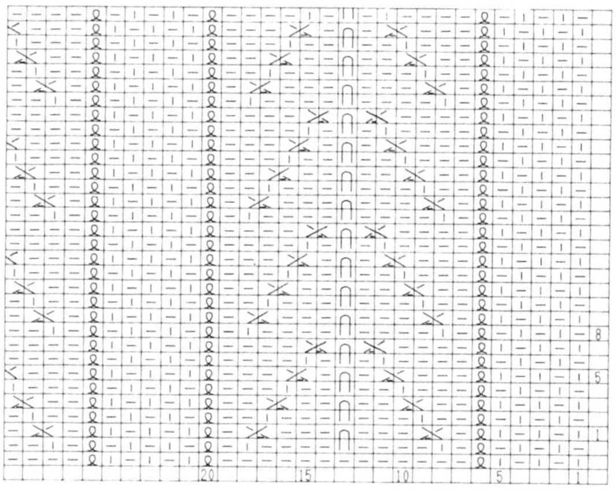

404

7针2行1个花样

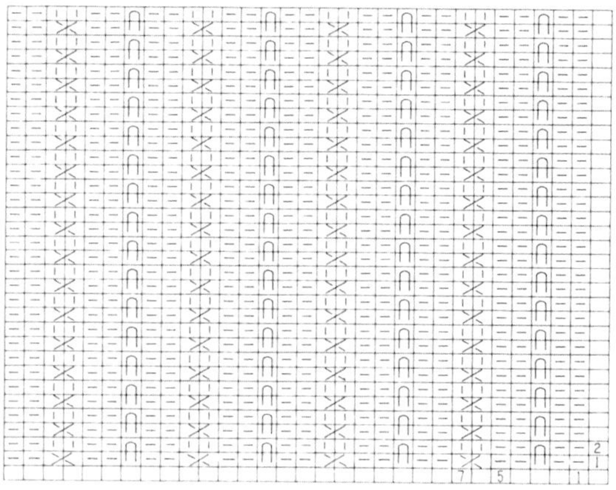

405

18针8行1个花样

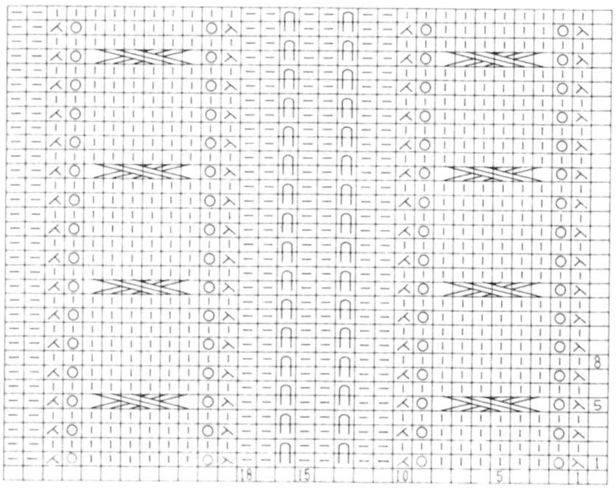

406

12针4行1个花样

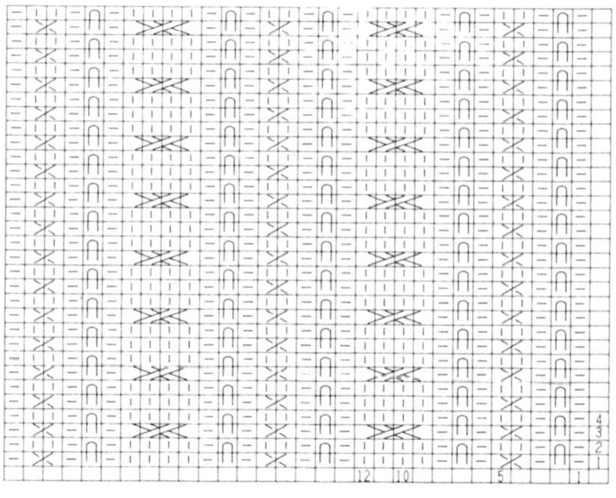

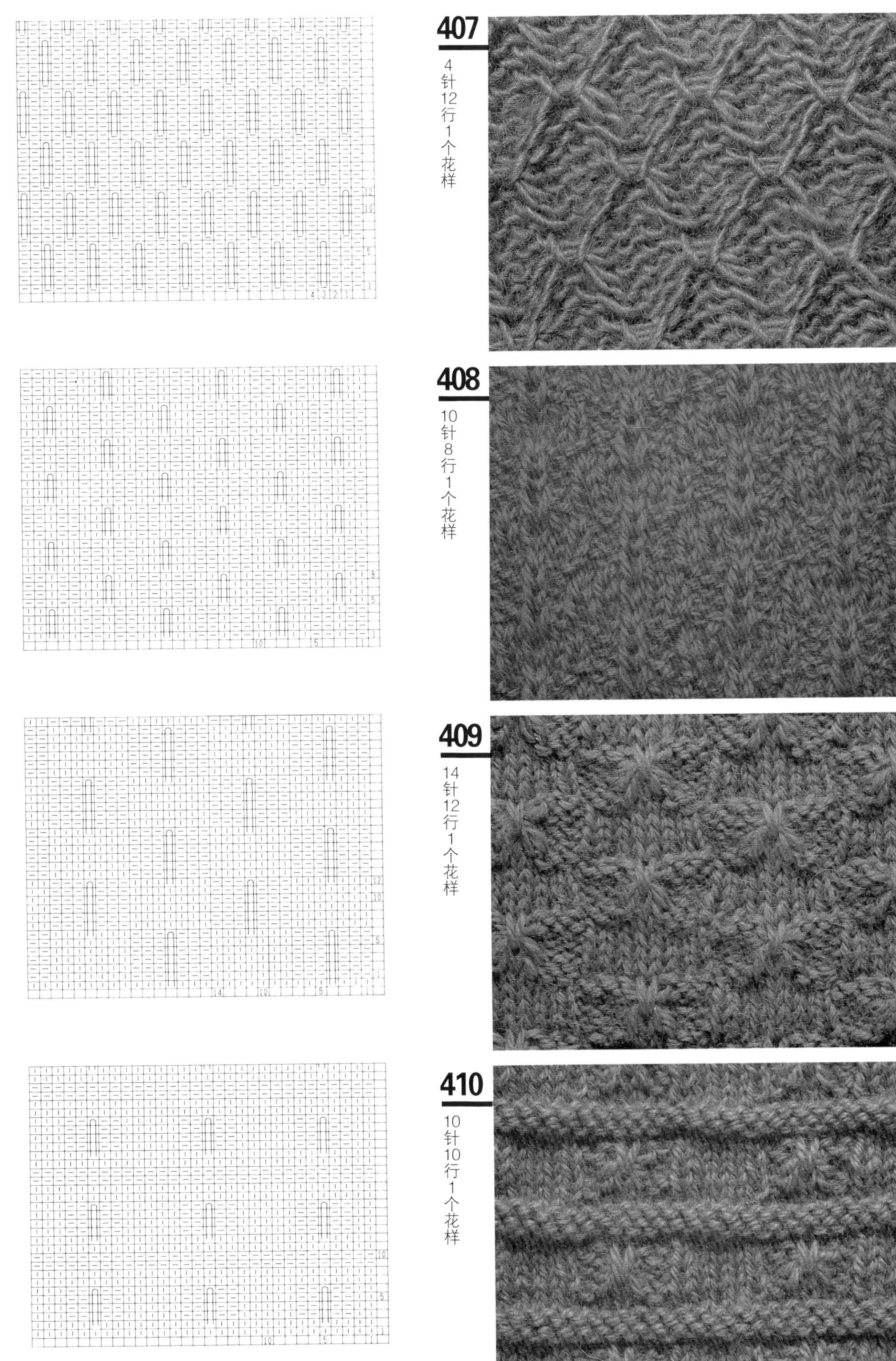

407
4针12行1个花样

408
10针8行1个花样

409
14针12行1个花样

410
10针10行1个花样

411

5针2行1个花样

412

6针6行1个花样

413

6针8行1个花样

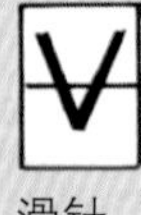

滑针

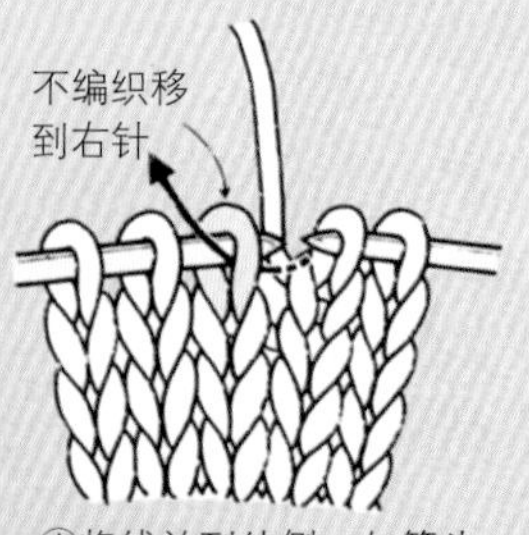

①将线放到外侧，如箭头所示入针，不编织移到右针上。

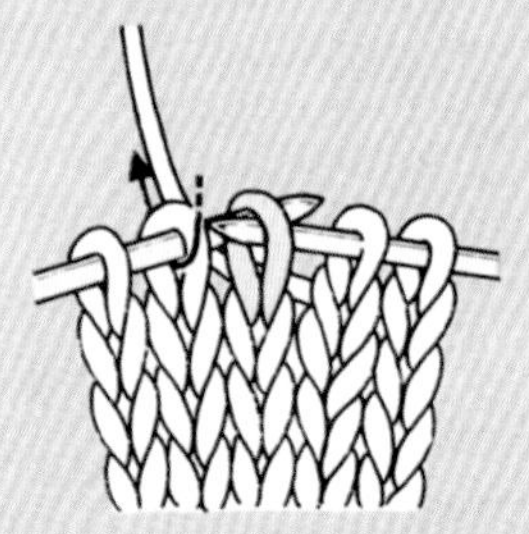

②下一针正常编织。

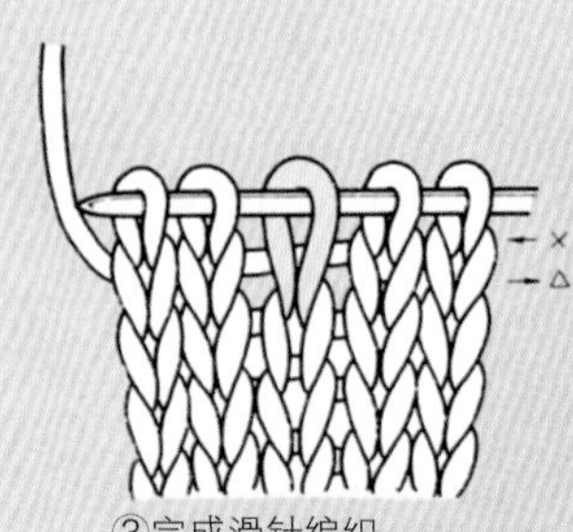

③完成滑针编织。

滑针（上针）

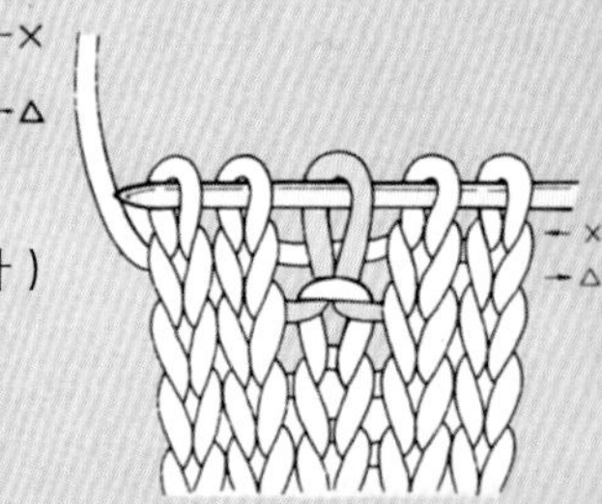

这是上针的滑针编织。操作方法与滑针相同。

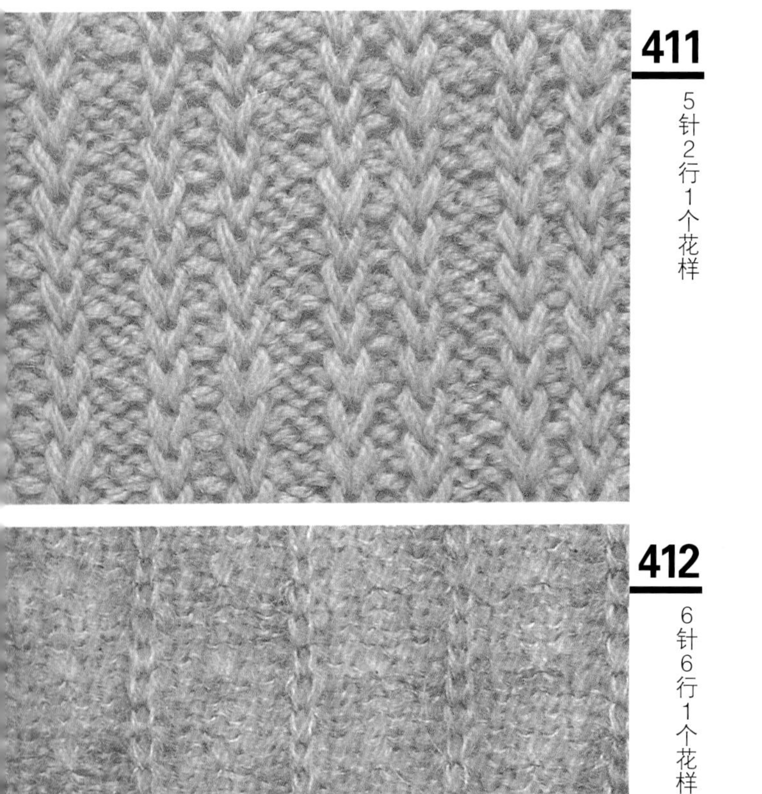

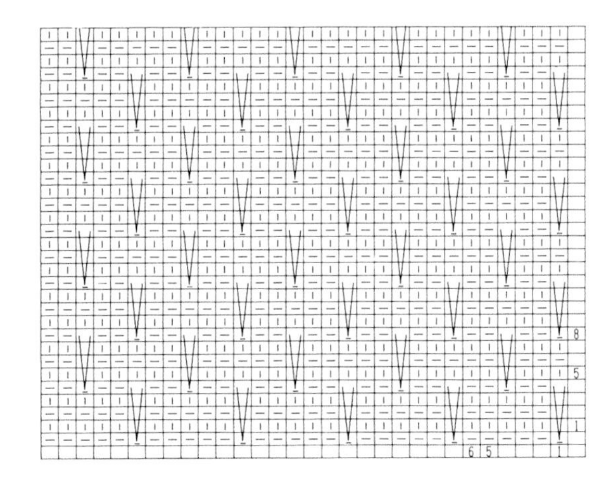

414

6针2行1个花样

415

4针4行1个花样

416

2针4行1个花样

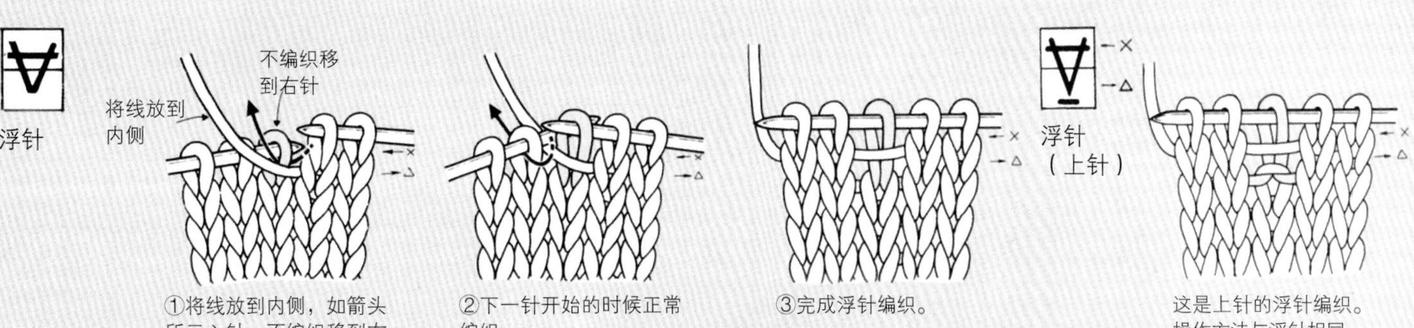

①将线放到内侧，如箭头所示入针，不编织移到右针。

②下一针开始的时候正常编织。

③完成浮针编织。

这是上针的浮针编织。操作方法与浮针相同。

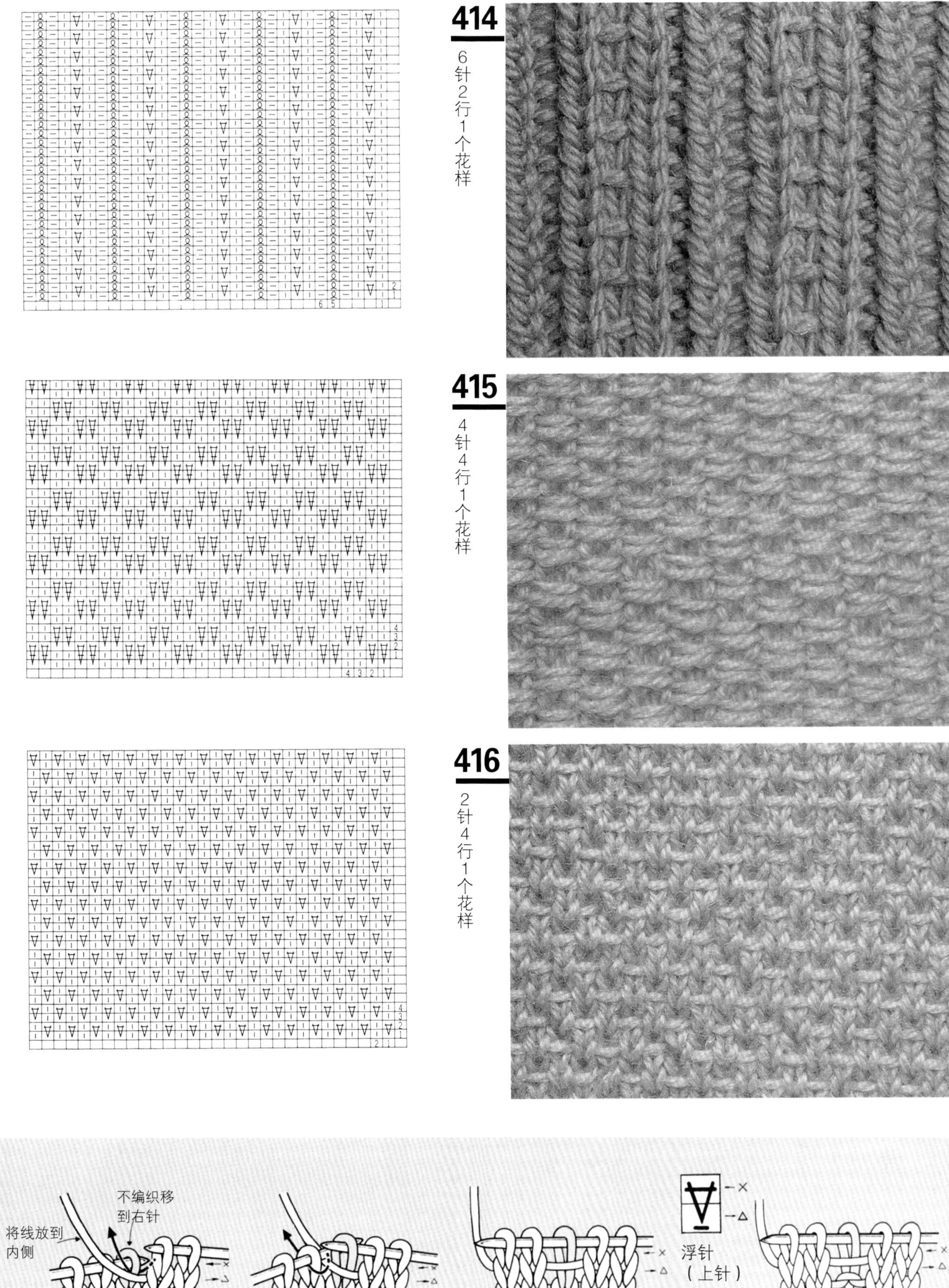

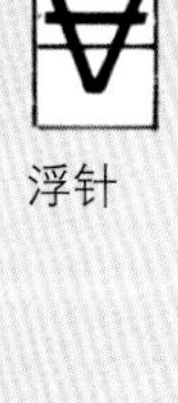

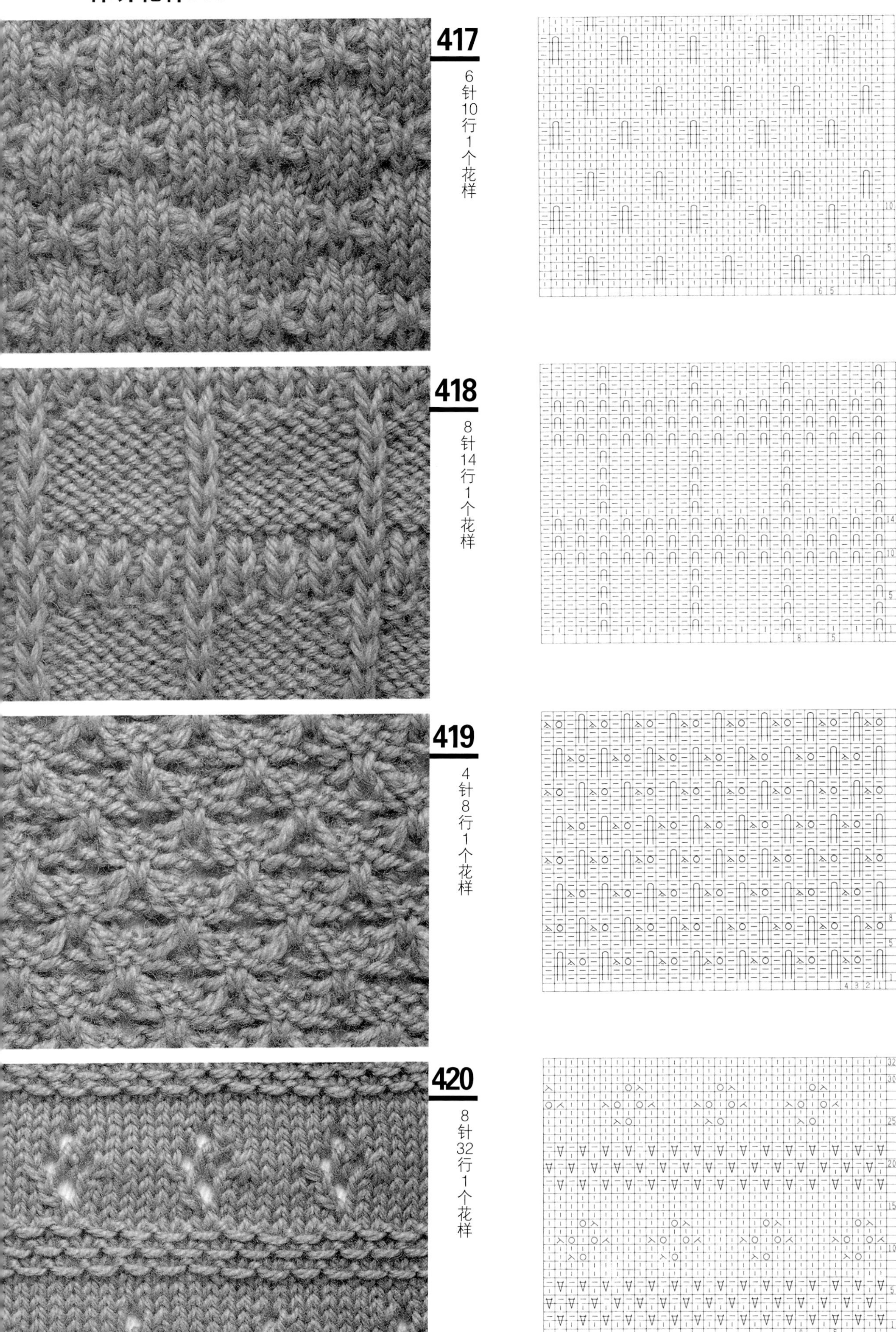

417

6针10行1个花样

418

8针14行1个花样

419

4针8行1个花样

420

8针32行1个花样

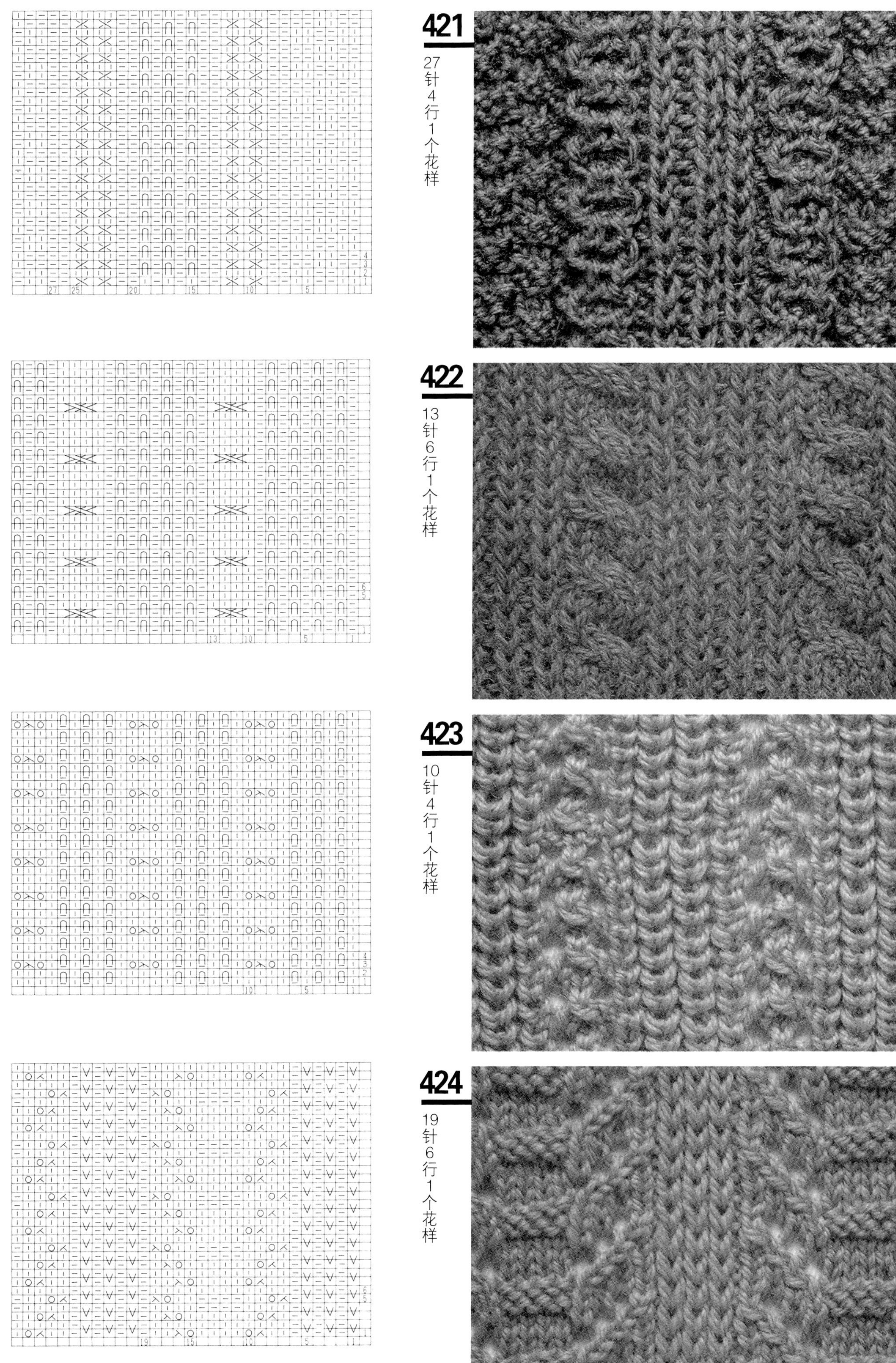

421 27针4行1个花样

422 13针6行1个花样

423 10针4行1个花样

424 19针6行1个花样

425

19针8行1个花样

426

24针10行1个花样

427

13针24行1个花样

428

19针12行1个花样

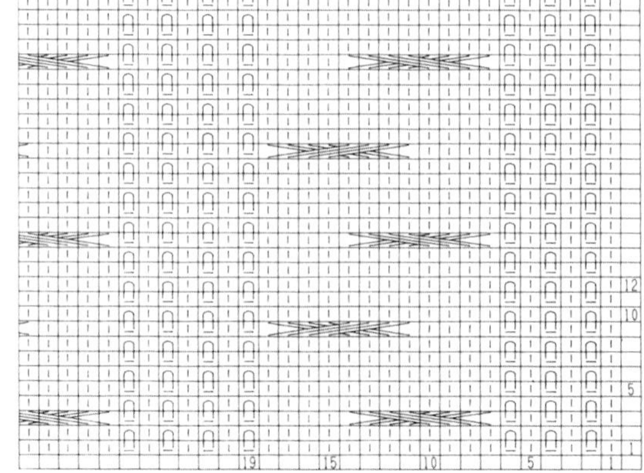

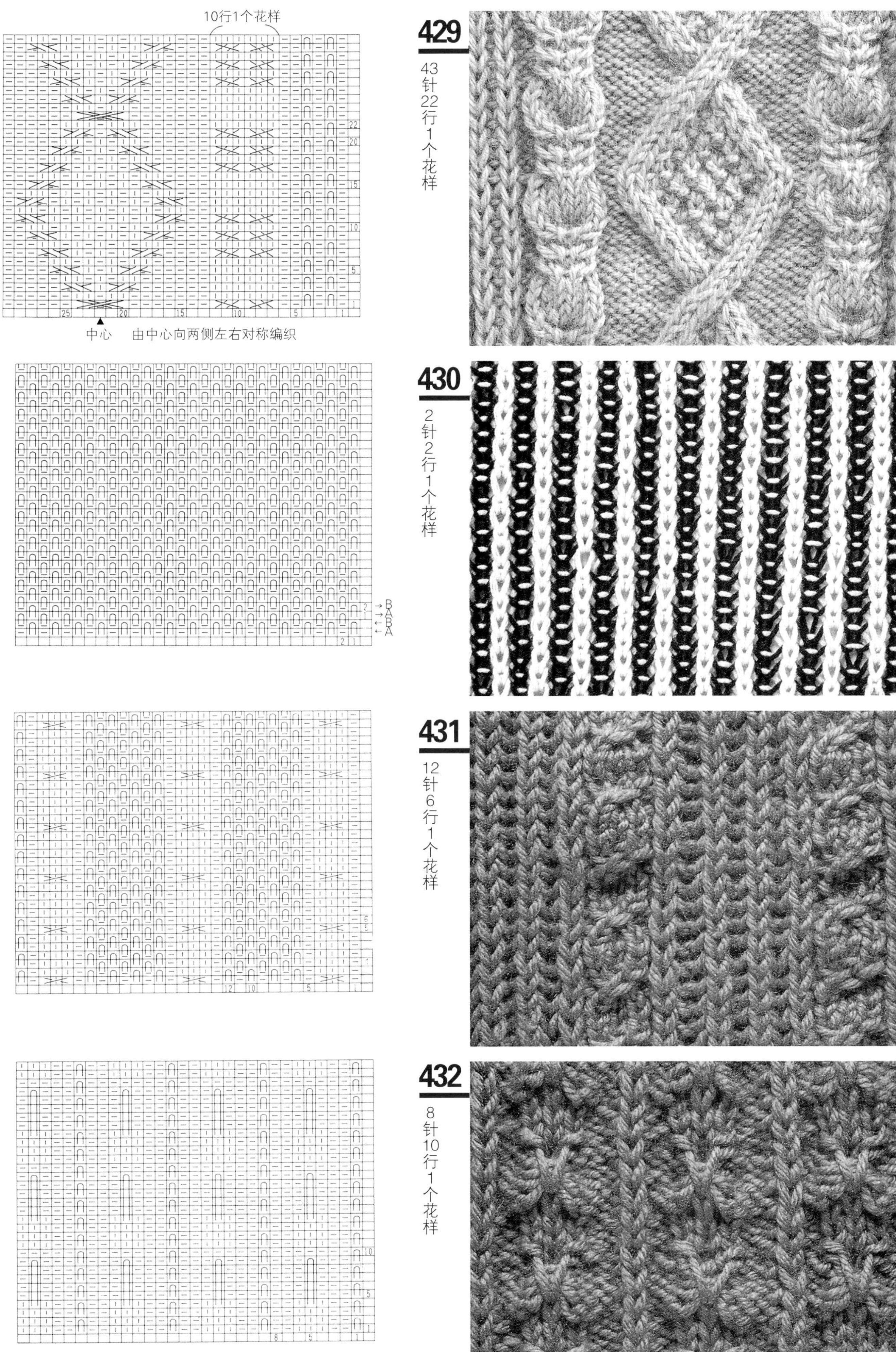
10行1个花样
中心 由中心向两侧左右对称编织
429
43针22行1个花样
430
2针2行1个花样
431
12针6行1个花样
432
8针10行1个花样

433

5针16行1个花样

434

10针14行1个花样

435

5针8行1个花样

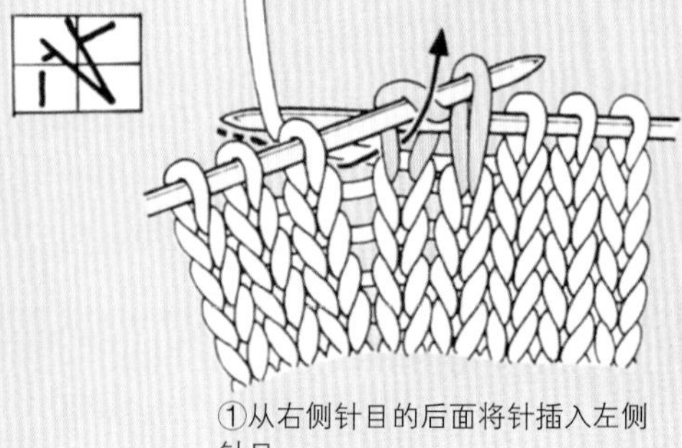

①从右侧针目的后面将针插入左侧针目。

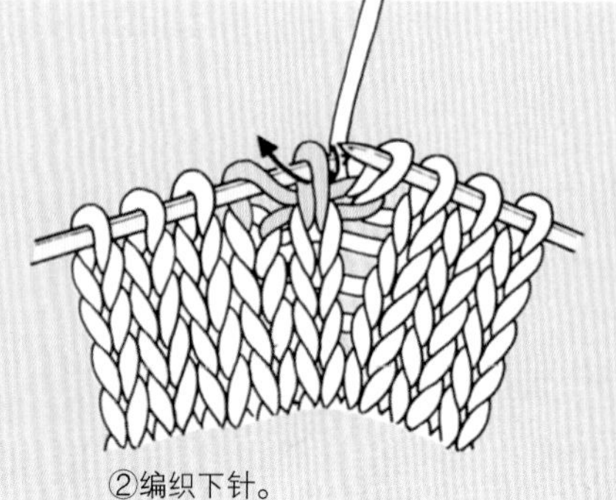

②编织下针。

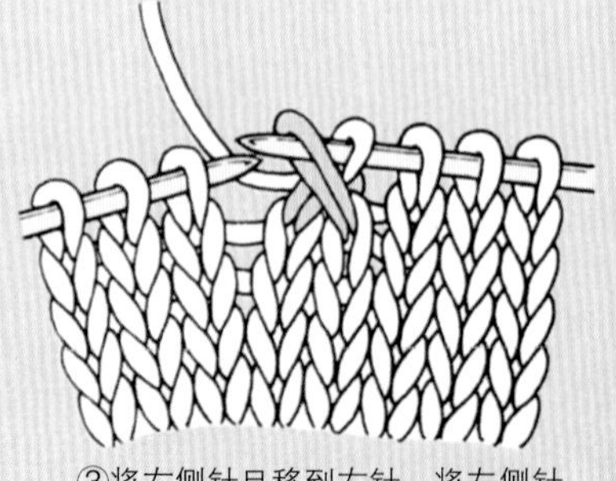

③将右侧针目移到右针，将左侧针目从左针上取下。

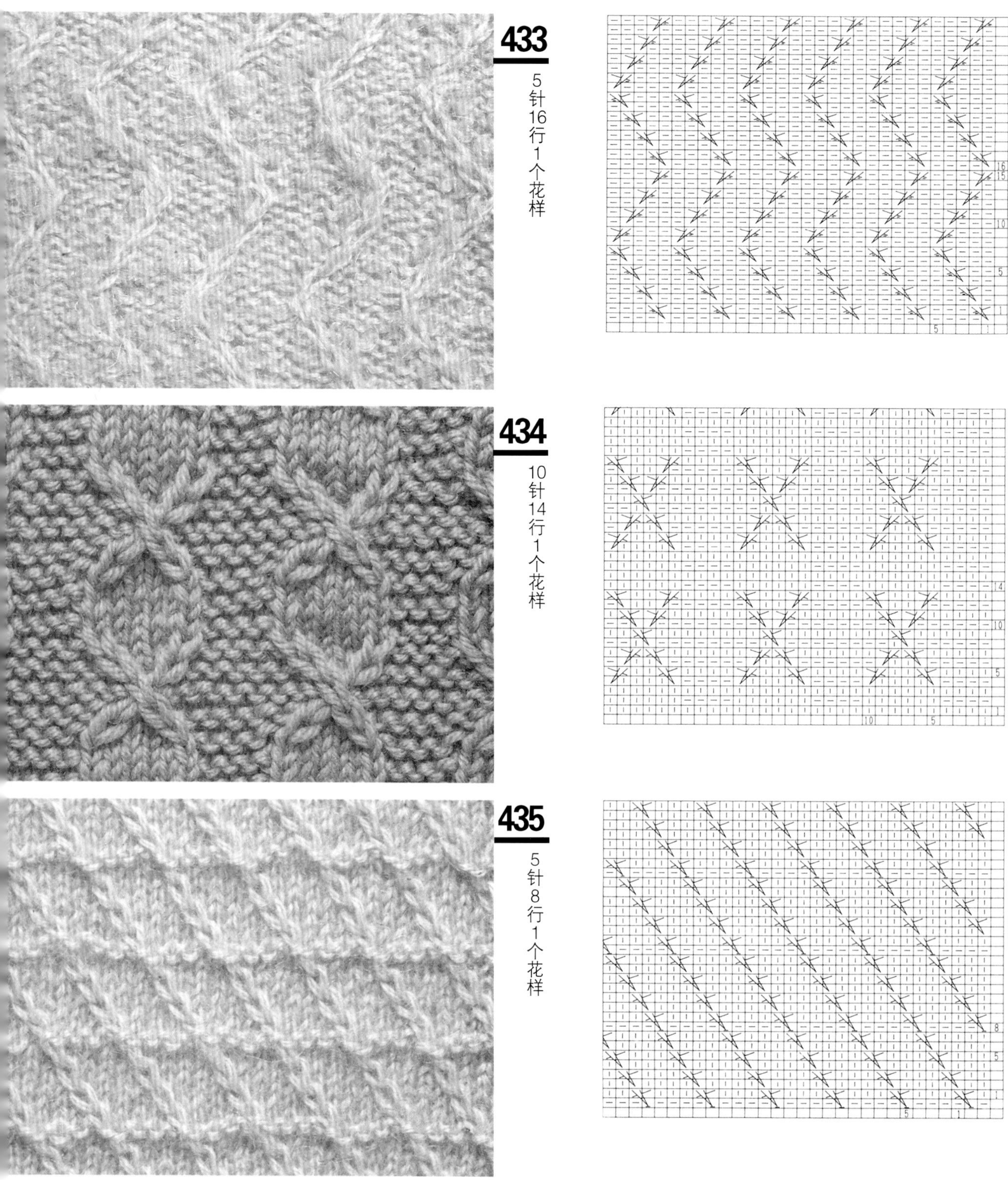

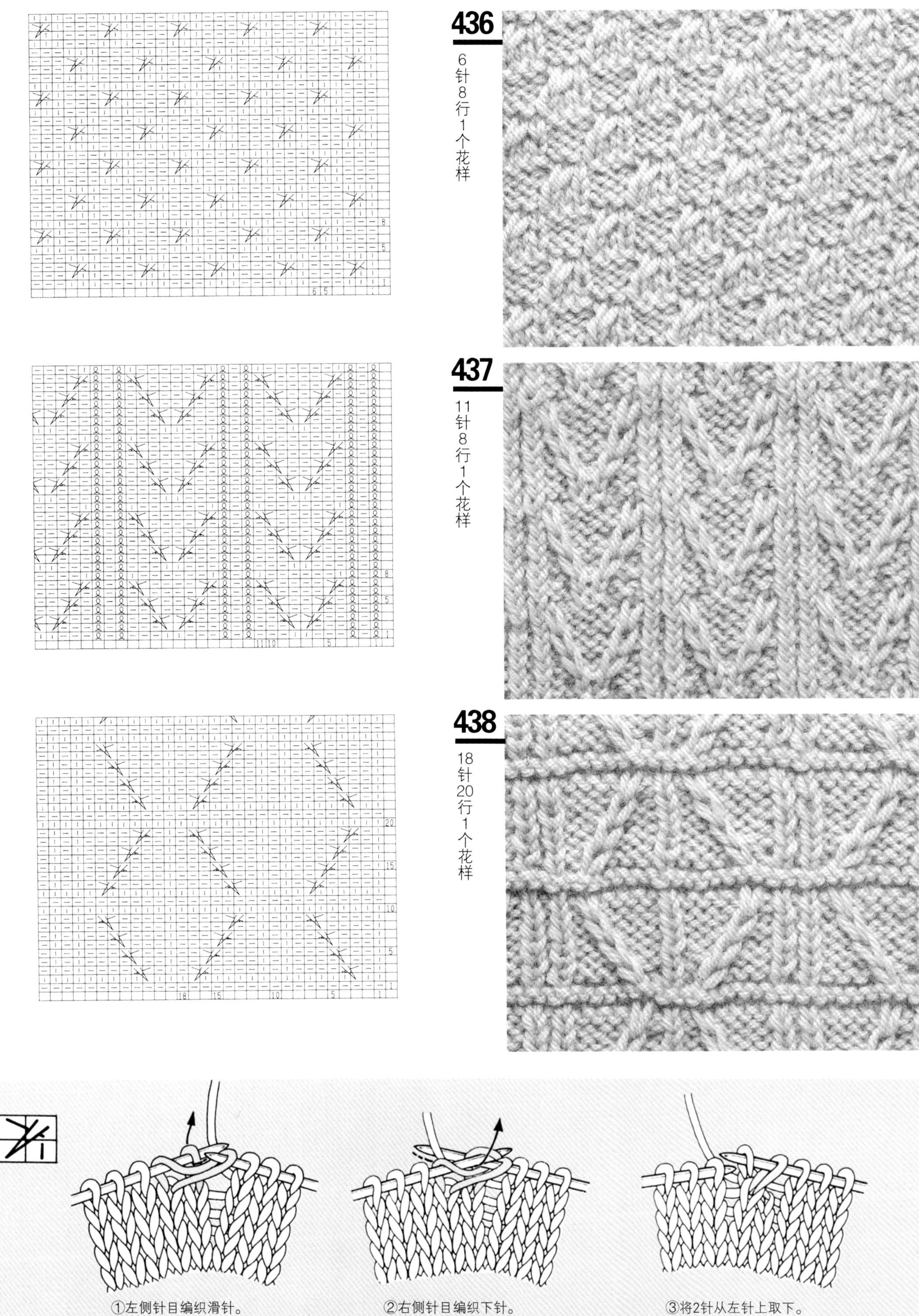
436
6针8行1个花样
437
11针8行1个花样
438
18针20行1个花样
①左侧针目编织滑针。
②右侧针目编织下针。
③将2针从左针上取下。

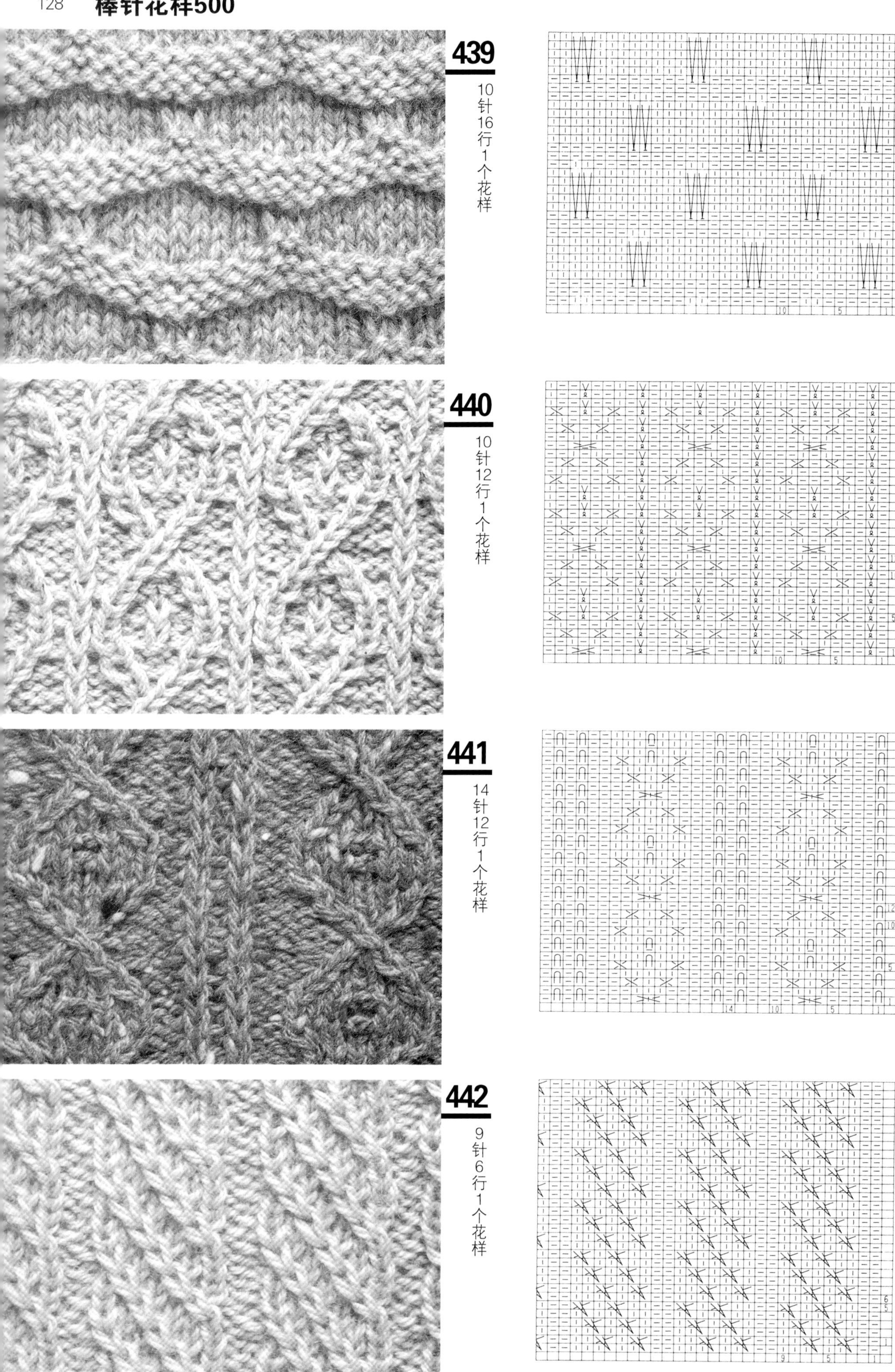
439
10针16行1个花样
440
10针12行1个花样
441
14针12行1个花样
442
9针6行1个花样

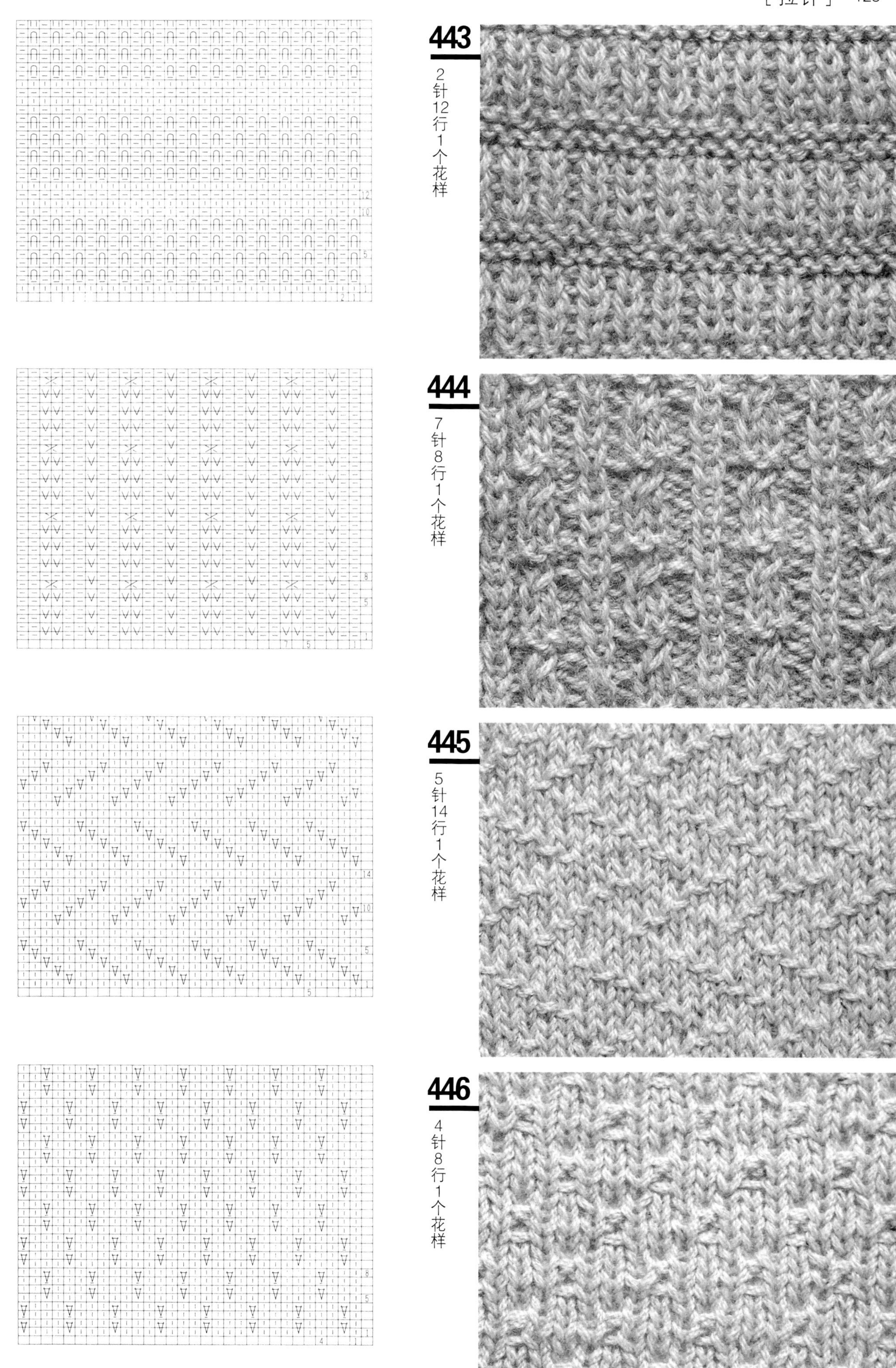

443

2针12行1个花样

444

7针8行1个花样

445

5针14行1个花样

446

4针8行1个花样

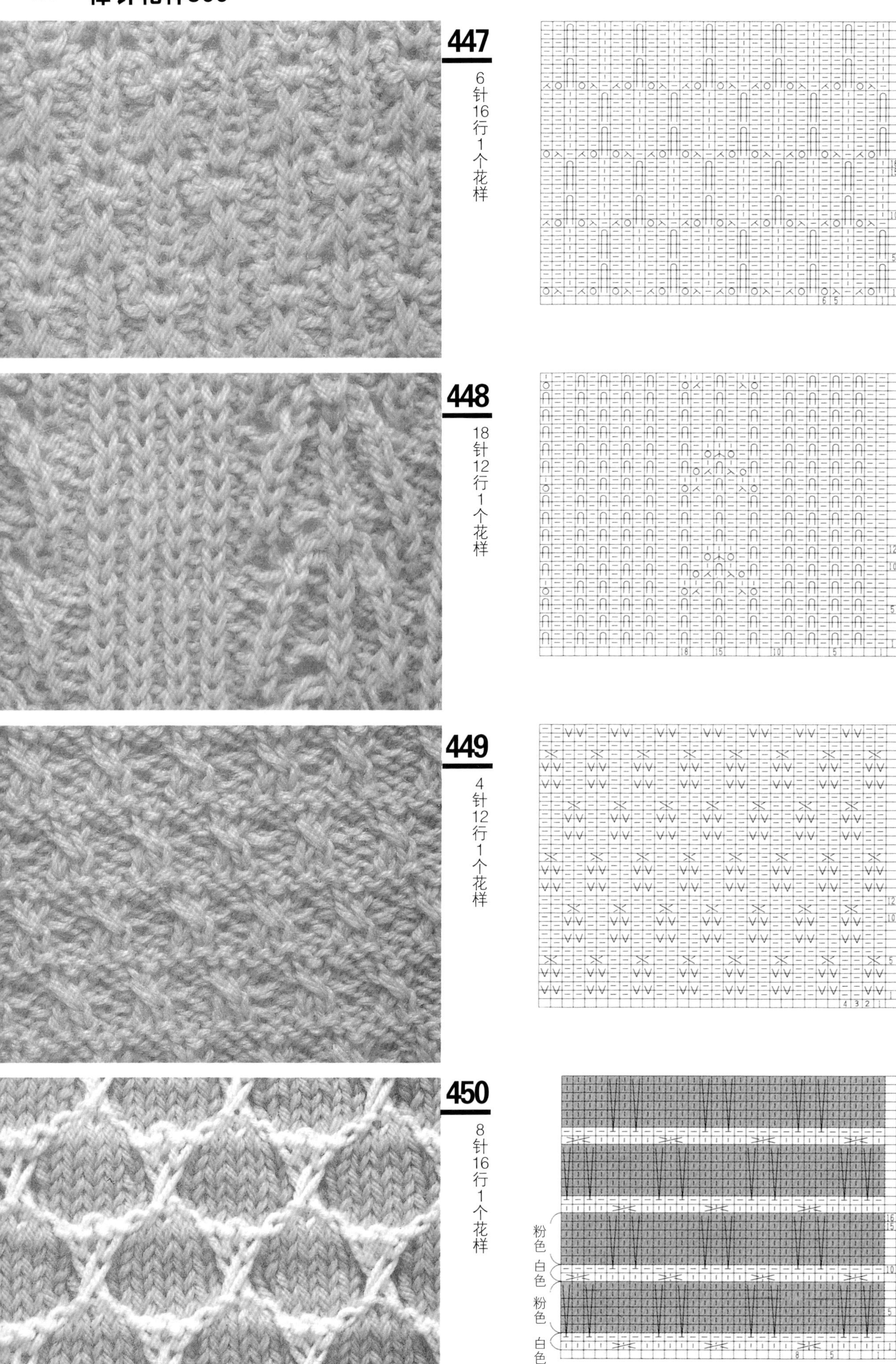
447
6针16行1个花样
448
18针12行1个花样
449
4针12行1个花样
450
8针16行1个花样
粉色
白色
粉色
白色

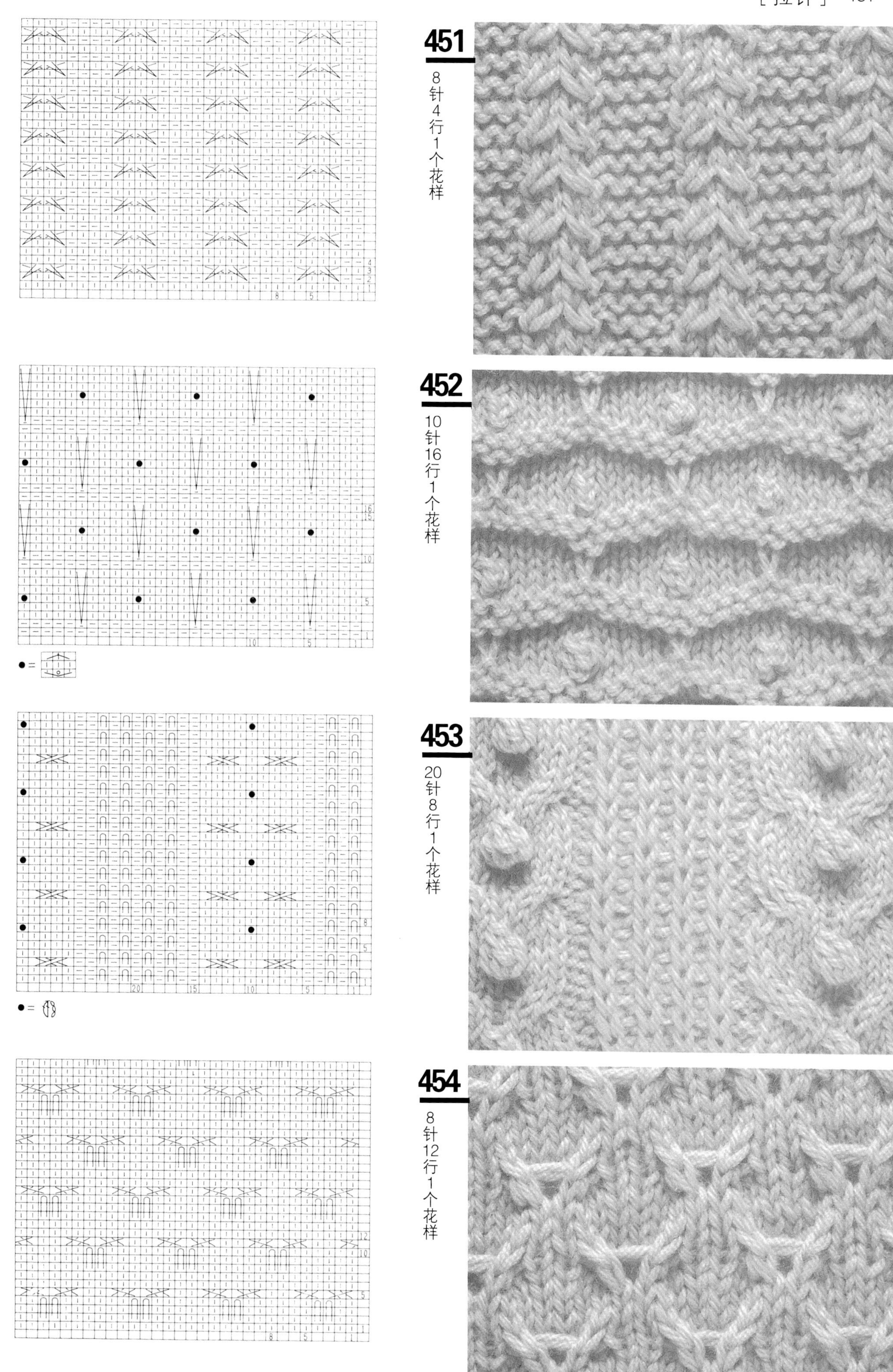

451

8针4行1个花样

452

10针16行1个花样

453

20针8行1个花样

454

8针12行1个花样

455

6针20行1个花样

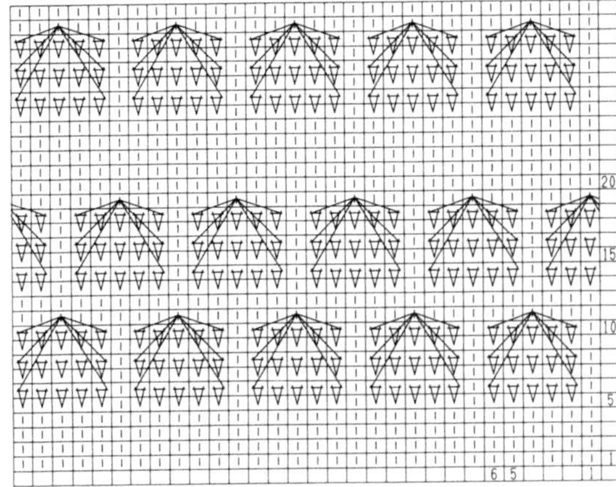

456

10针16行1个花样

457

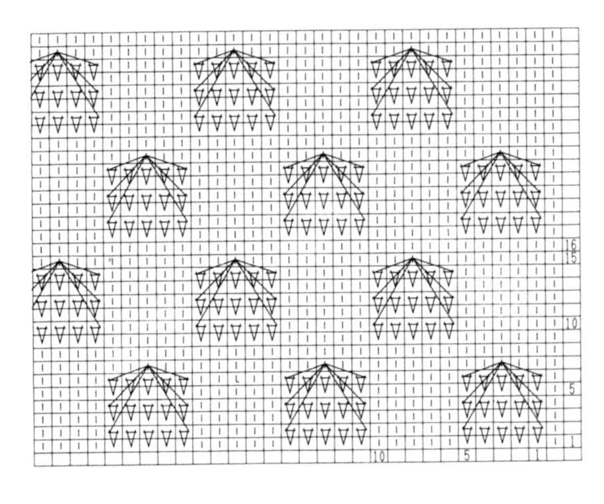

12针22行1个花样

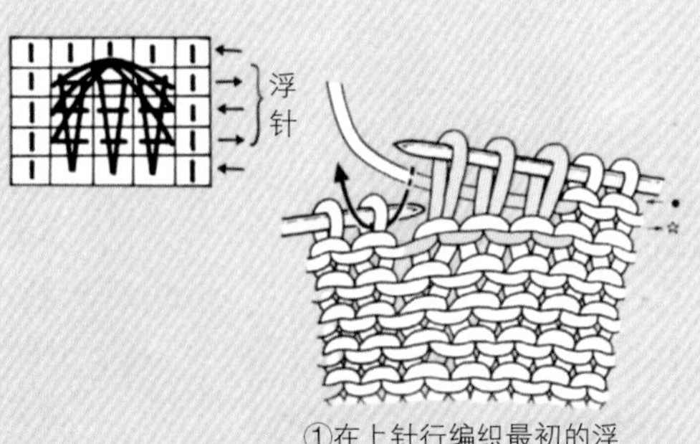

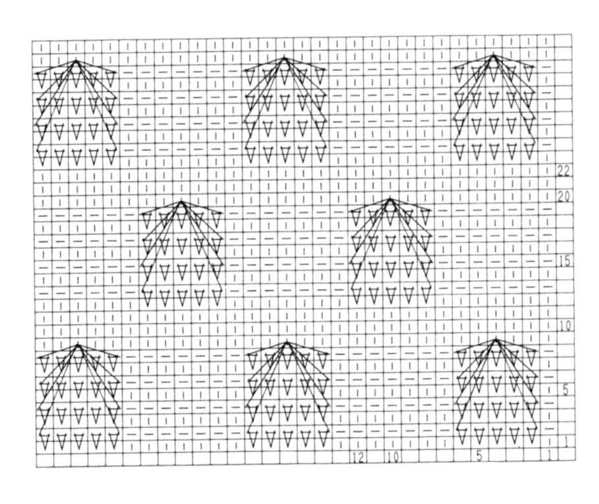

①在上针行编织最初的浮针。

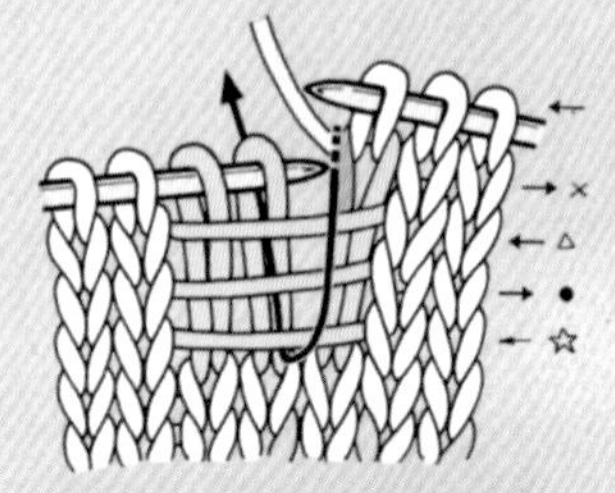

②3行浮针。在记号的下一行（←行），右侧1针正常编织。

渡线挑起一起编织

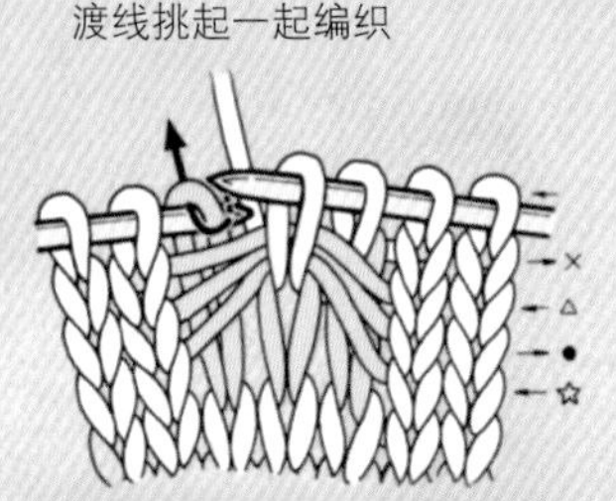

③在编织中心针目的时候，将3根渡线挑起一起编织。

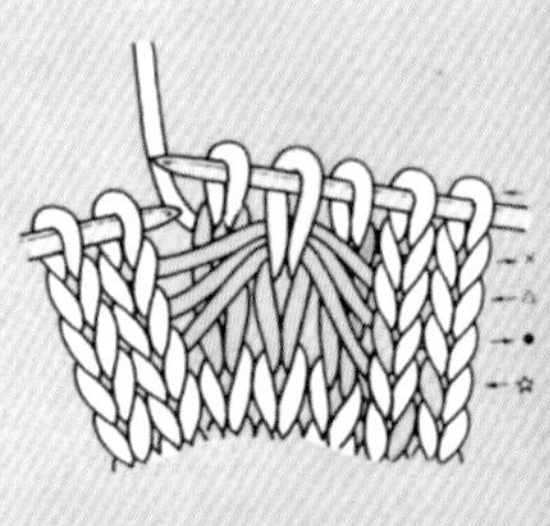

④编织左侧针目后完成编织。

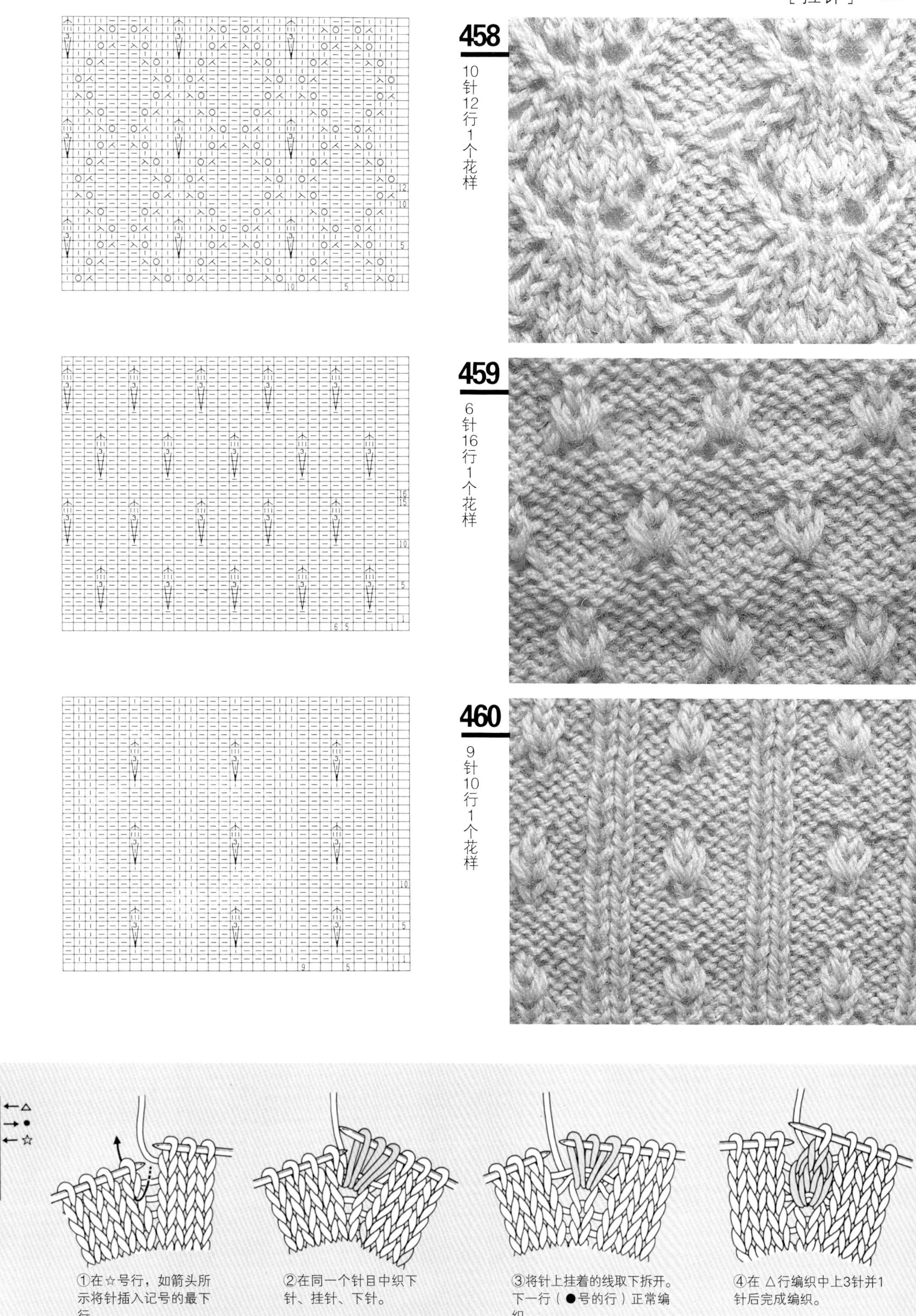

①在☆号行，如箭头所示将针插入记号的最下行。

②在同一个针目中织下针、挂针、下针。

③将针上挂着的线取下拆开。下一行（●号的行）正常编织。

④在△行编织中上3针并1针后完成编织。

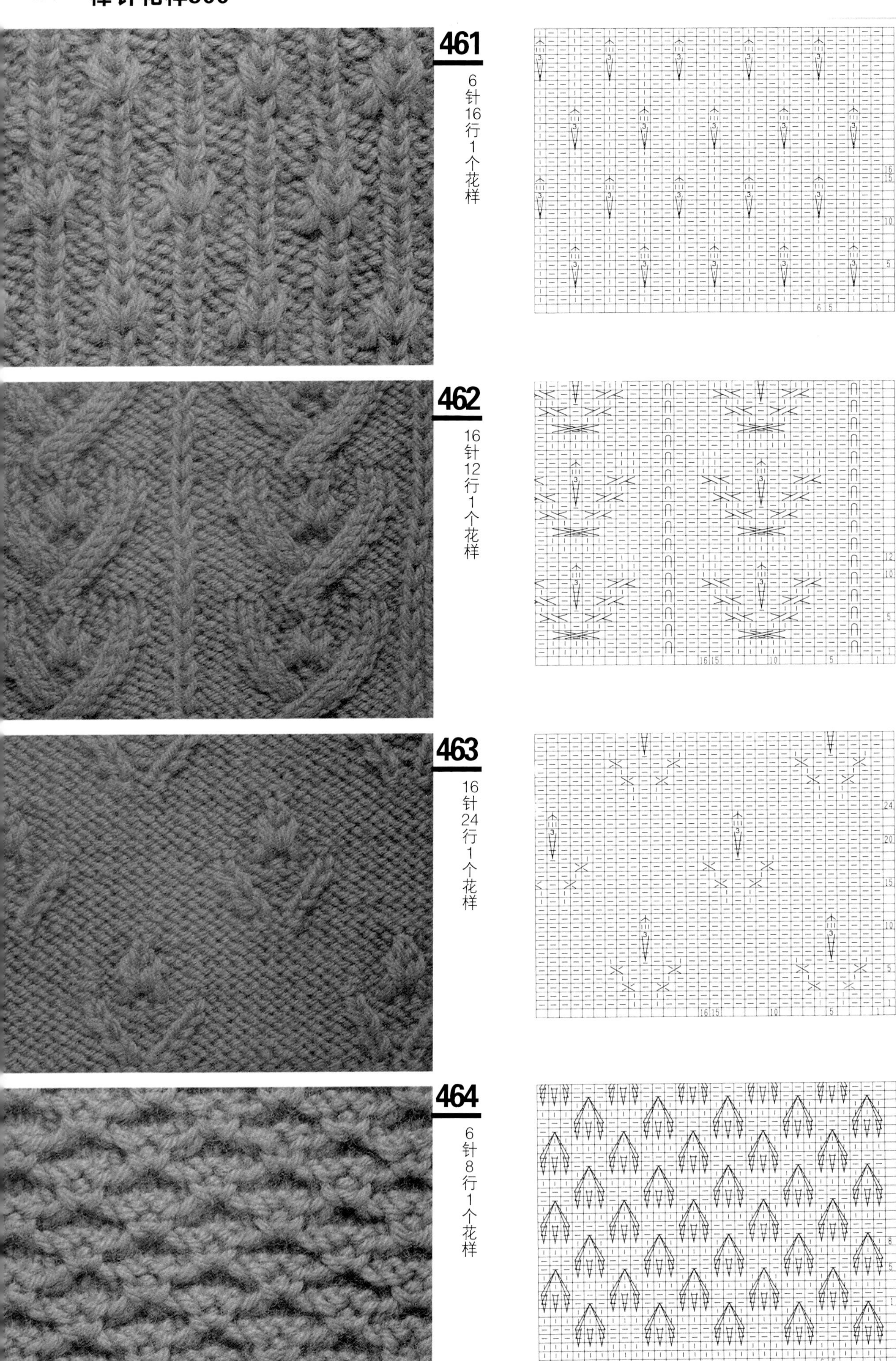
461
6针16行1个花样
462
16针12行1个花样
463
16针24行1个花样
464
6针8行1个花样

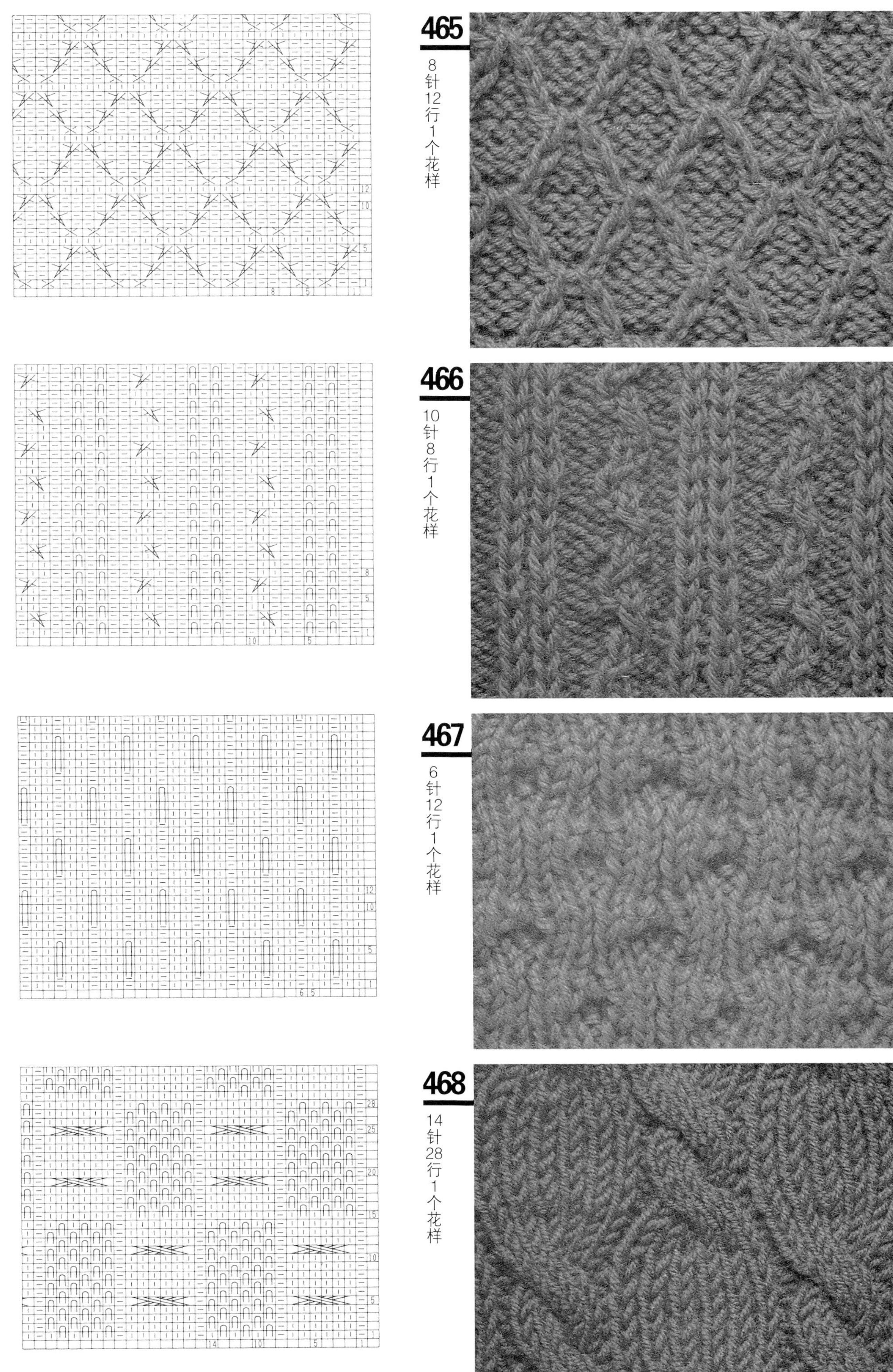

465
8针12行1个花样

466
10针8行1个花样

467
6针12行1个花样

468
14针28行1个花样

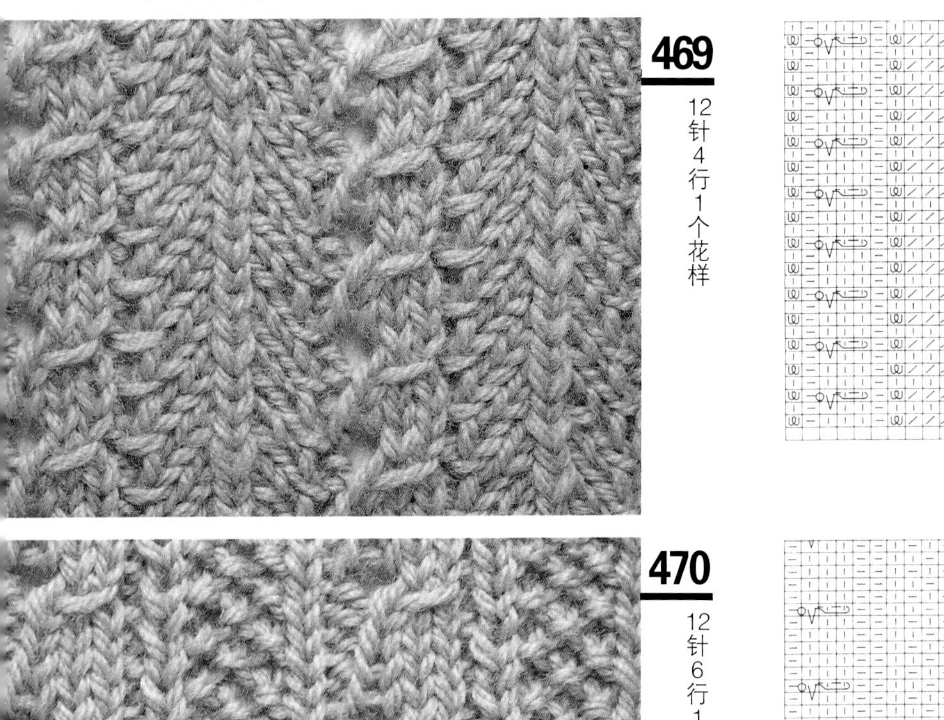

469

12针4行1个花样

470

12针6行1个花样

471

23针16行1个花样

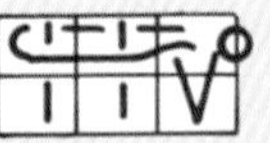

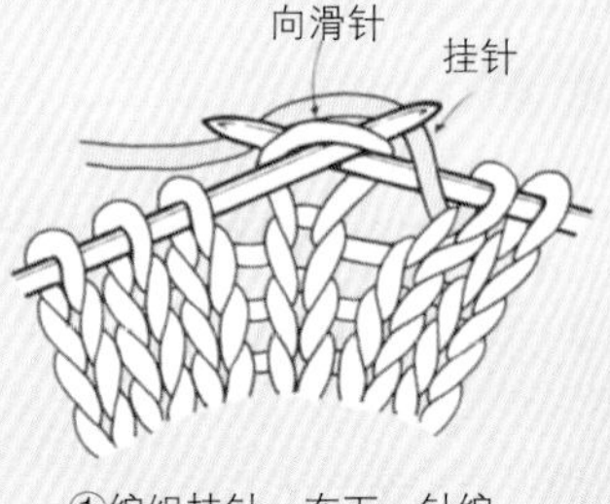

①编织挂针，在下一针编织下针时如箭头所示入针，移到右针。

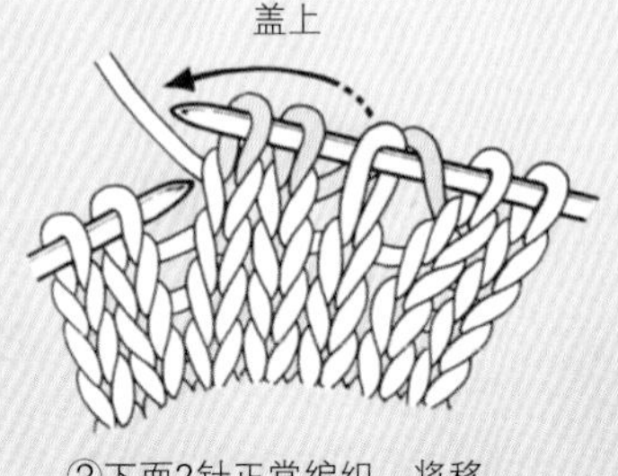

②下面2针正常编织，将移动的针目盖到2针上。

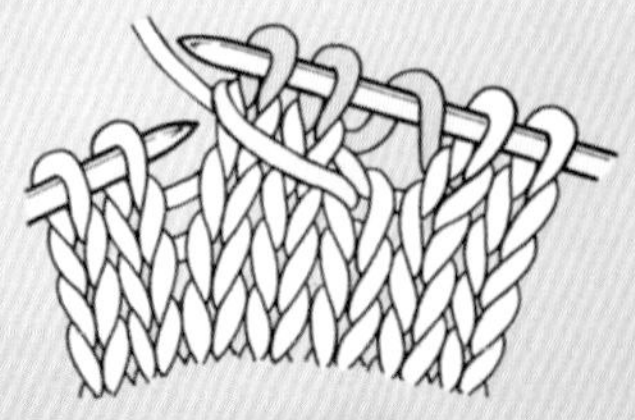

③完成编织。

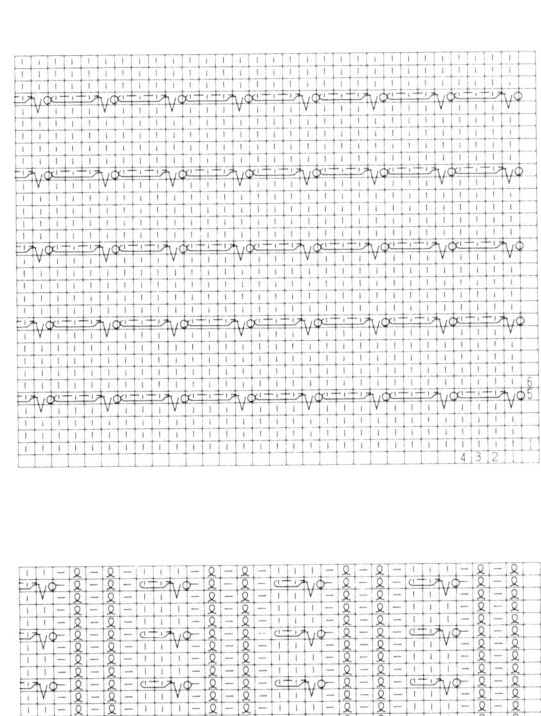

472

4针6行1个花样

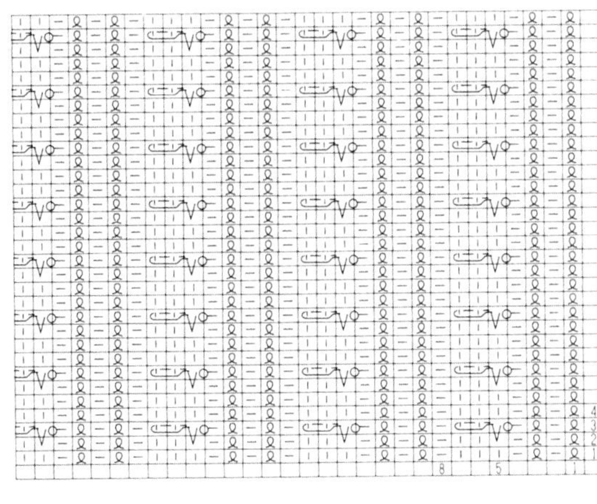

473

8针4行1个花样

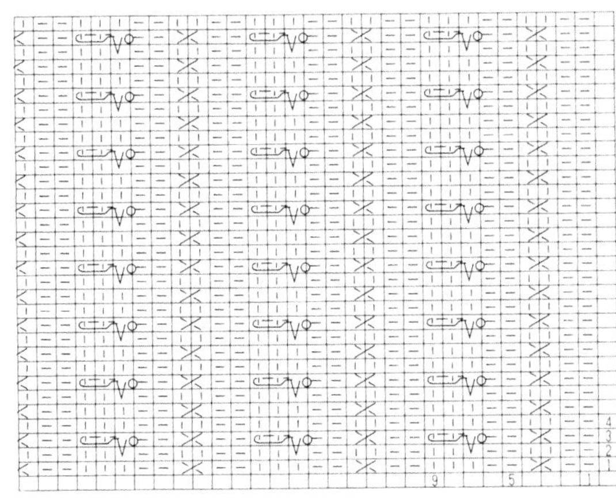

474

9针4行1个花样

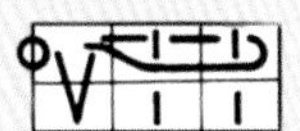

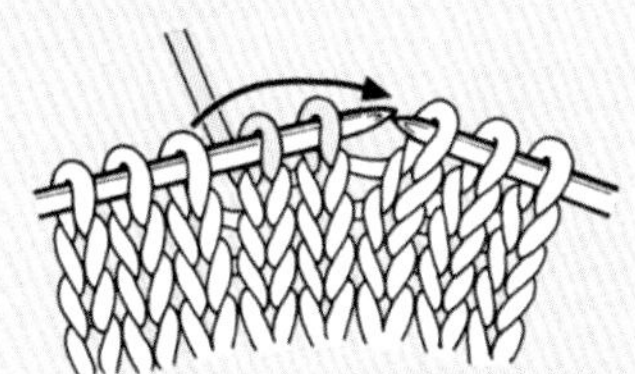

①右侧2针目编织完成后移回左针。

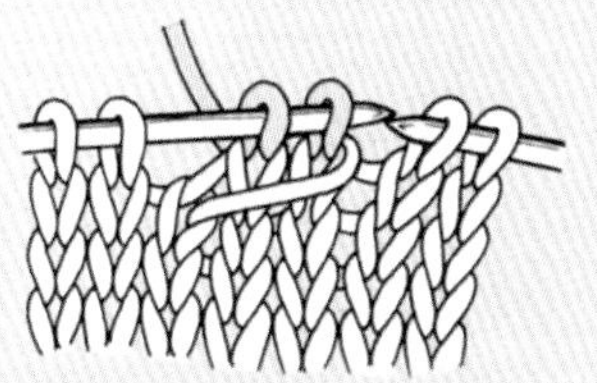

②将下一针目盖到移动的2针目上。

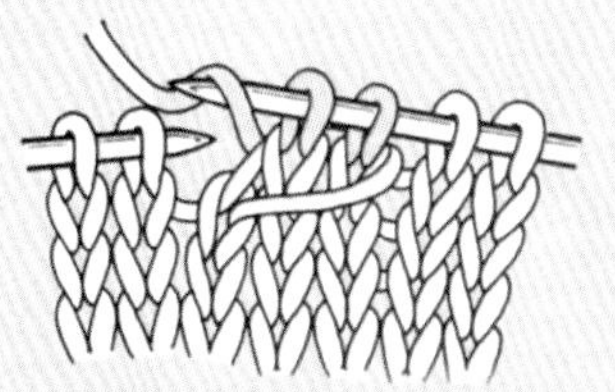

③将2针目移到右针，编织挂针。

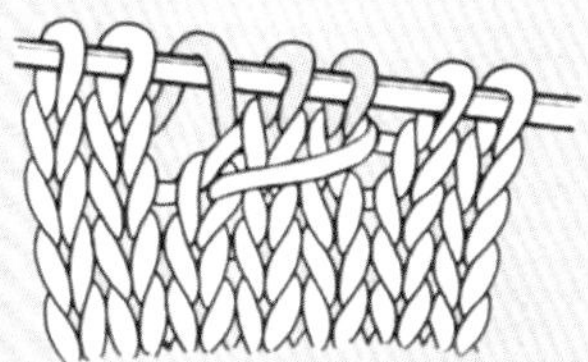

④下一针开始正常编织。

475

8针8行1个花样

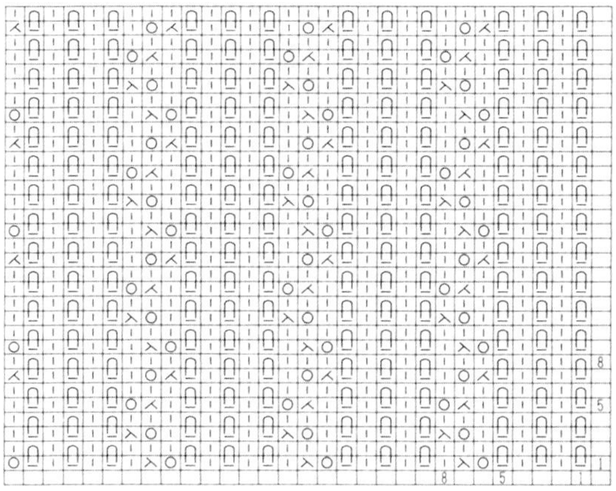

476

10针16行1个花样

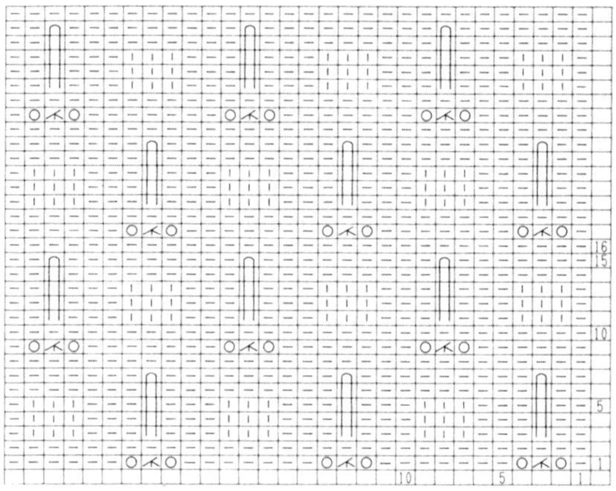

477

12针12行1个花样

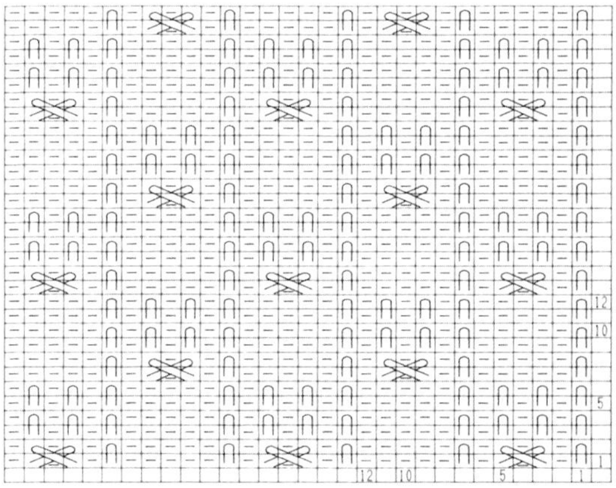

478

16针32行1个花样

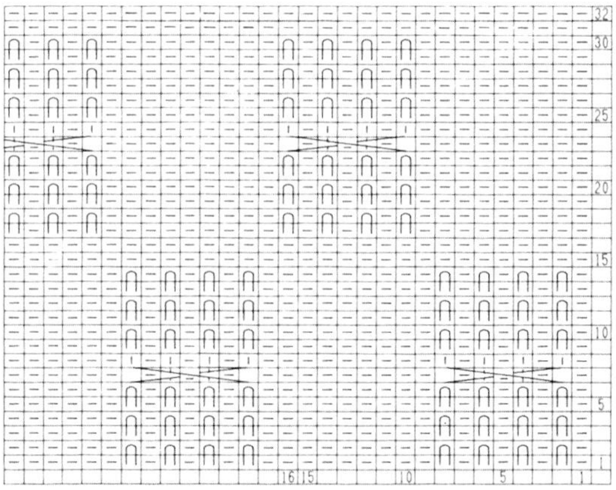

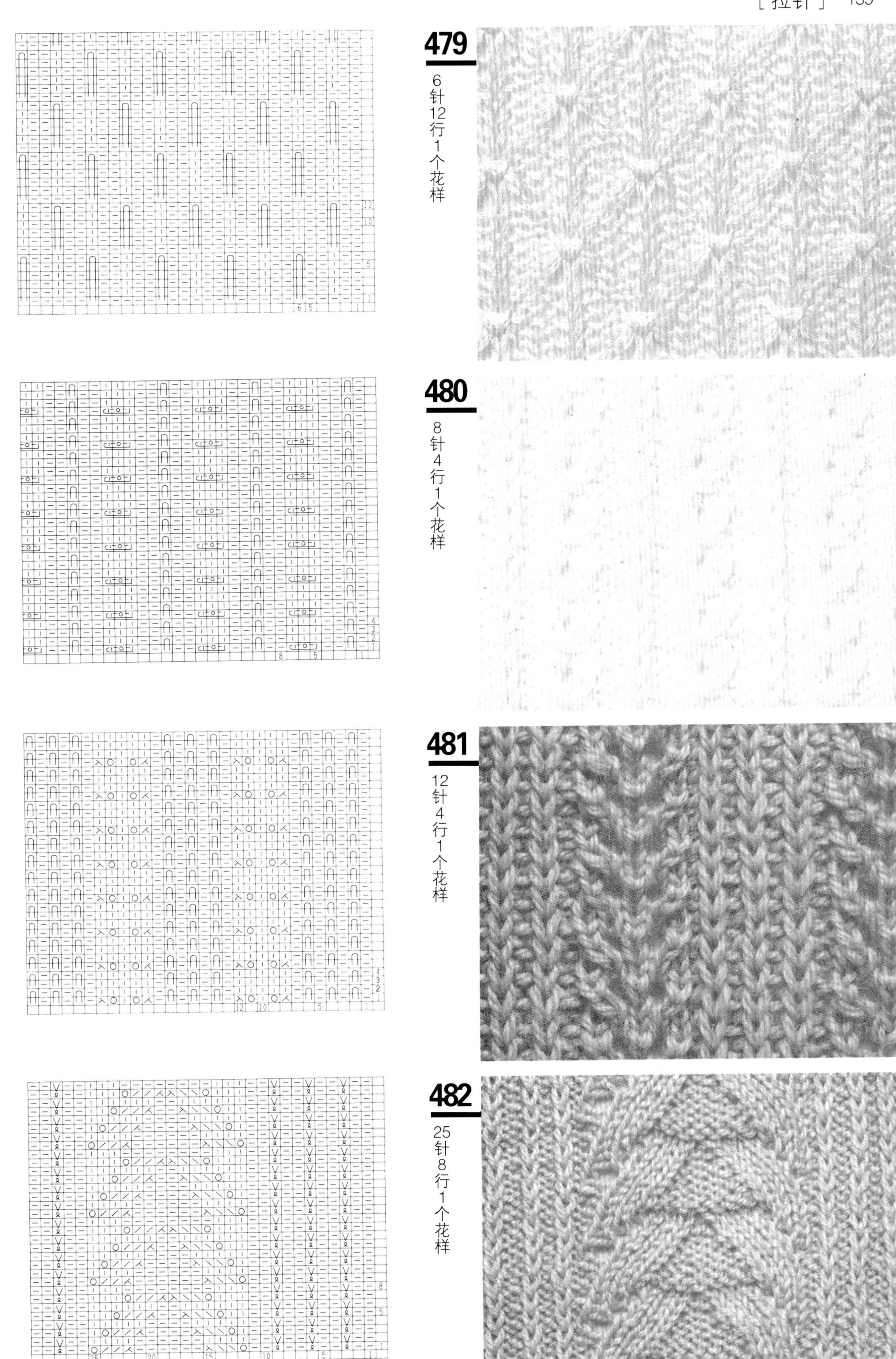

479

6针12行1个花样

480

8针4行1个花样

481

12针4行1个花样

482

25针8行1个花样

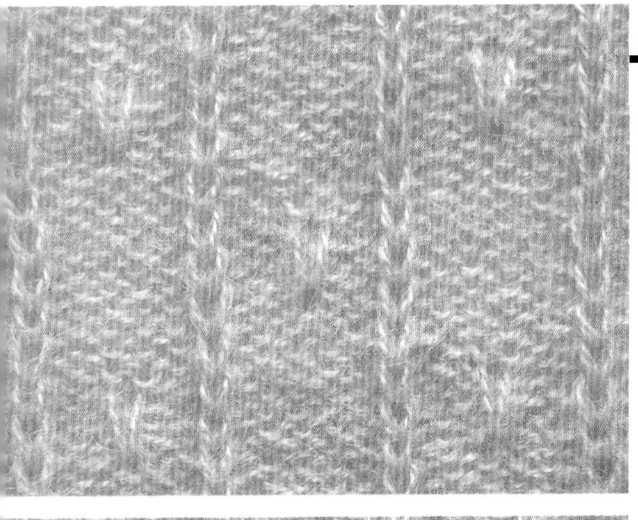

483

12针16行1个花样

484

4针16行1个花样

485

8针14行1个花样

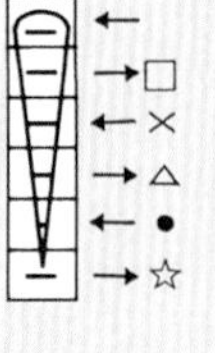

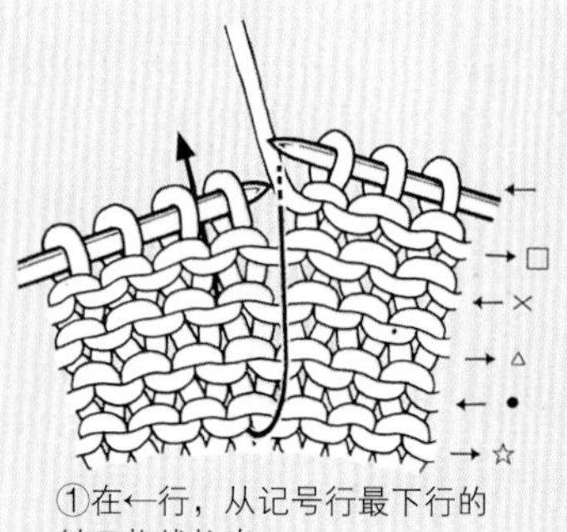

①在←行，从记号行最下行的针目将线拉出。

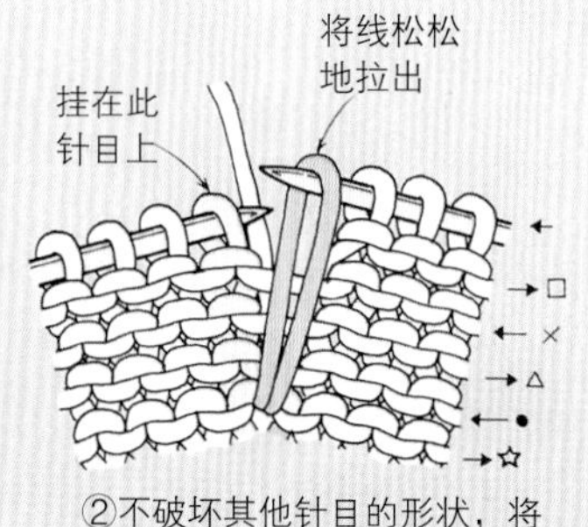

②不破坏其他针目的形状，将线松松地拉出，挂到左针上。

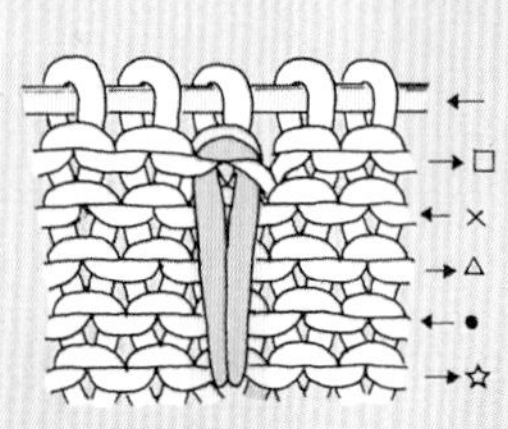

③完成编织。

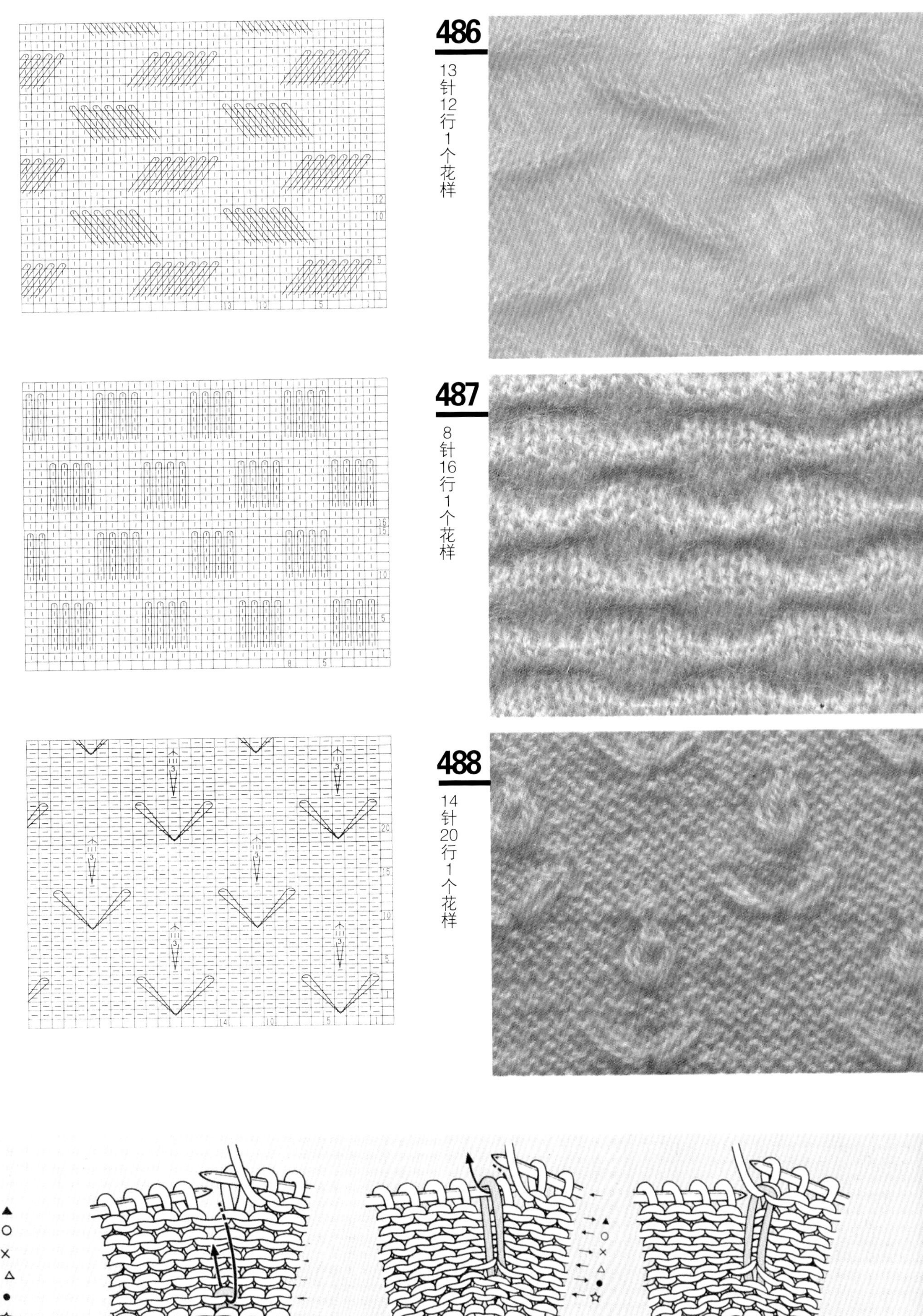

486

13针12行1个花样

487

8针16行1个花样

488

14针20行1个花样

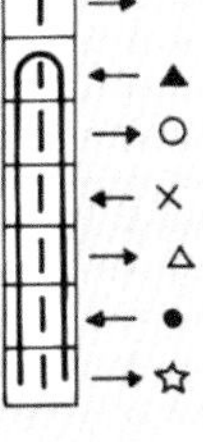

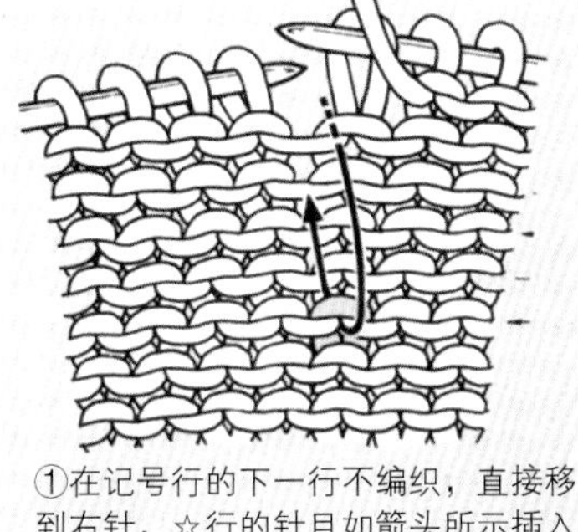

①在记号行的下一行不编织，直接移到右针，☆行的针目如箭头所示插入左针，编织拉针。

②将移动的针目移回左针，和上拉的针目一起编织。

③完成编织。

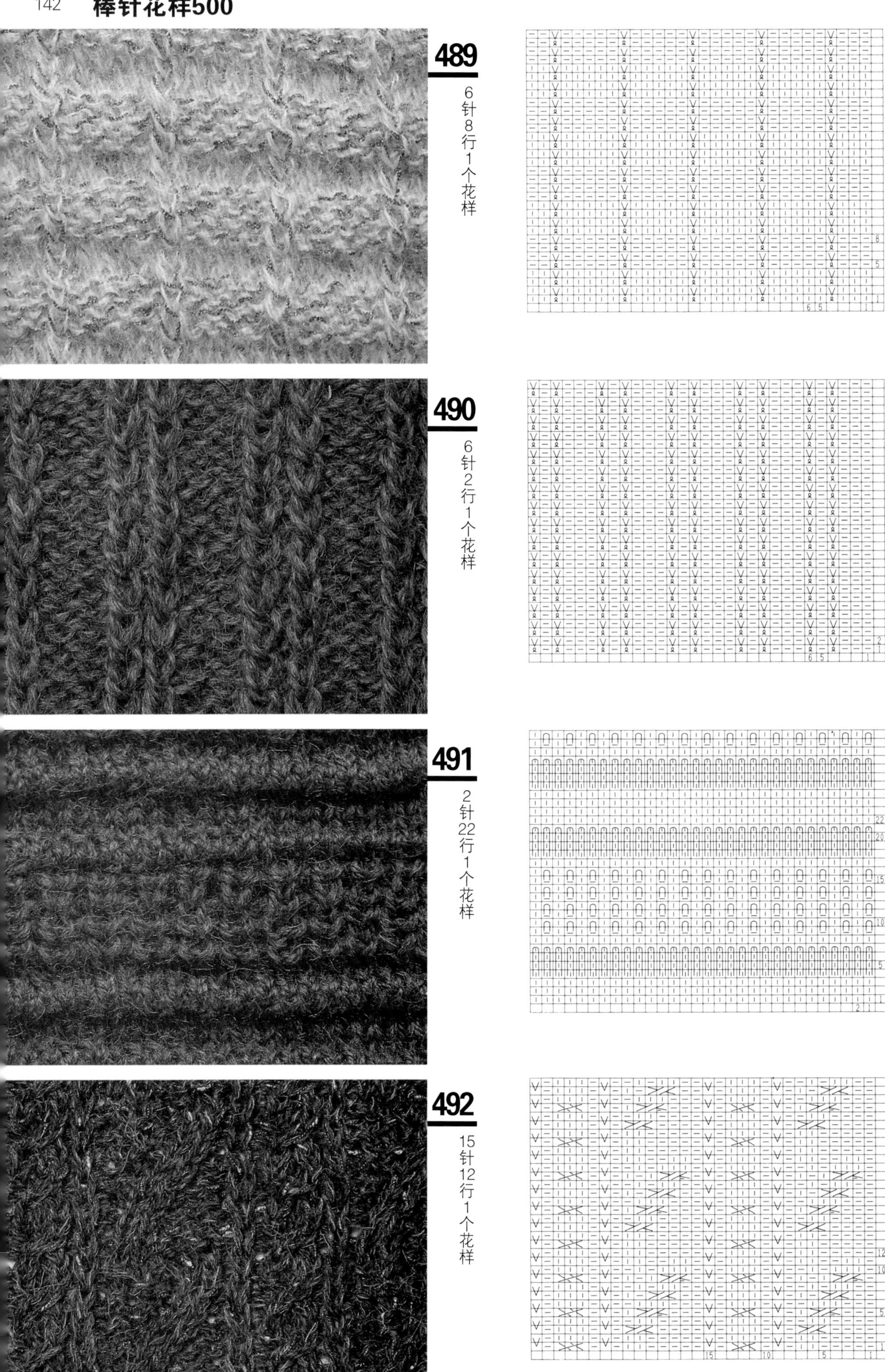

489

6针8行1个花样

490

6针2行1个花样

491

2针22行1个花样

492

15针12行1个花样

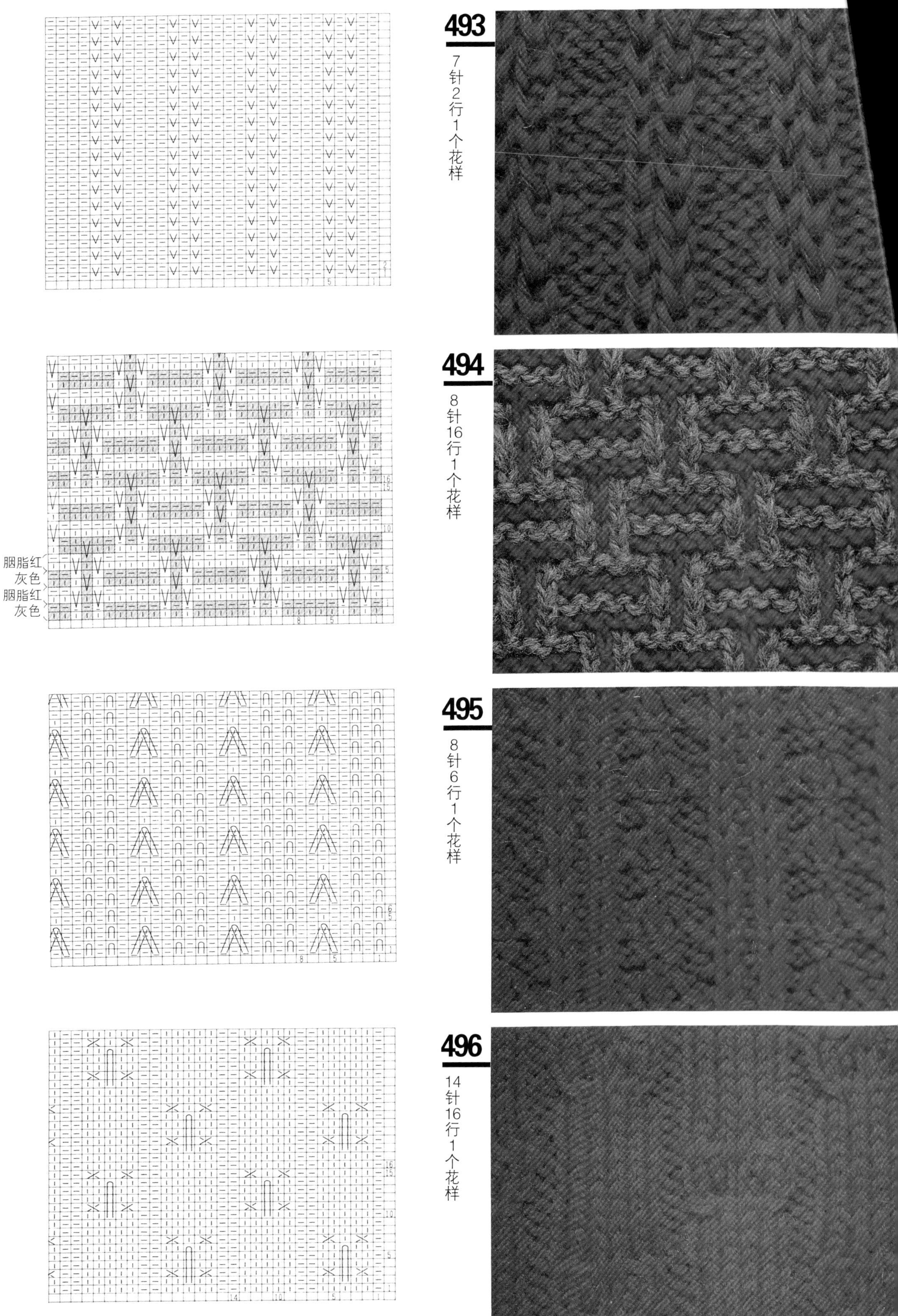
493
7针2行1个花样
494
8针16行1个花样
胭脂红
灰色
胭脂红
灰色
495
8针6行1个花样
496
14针16行1个花样

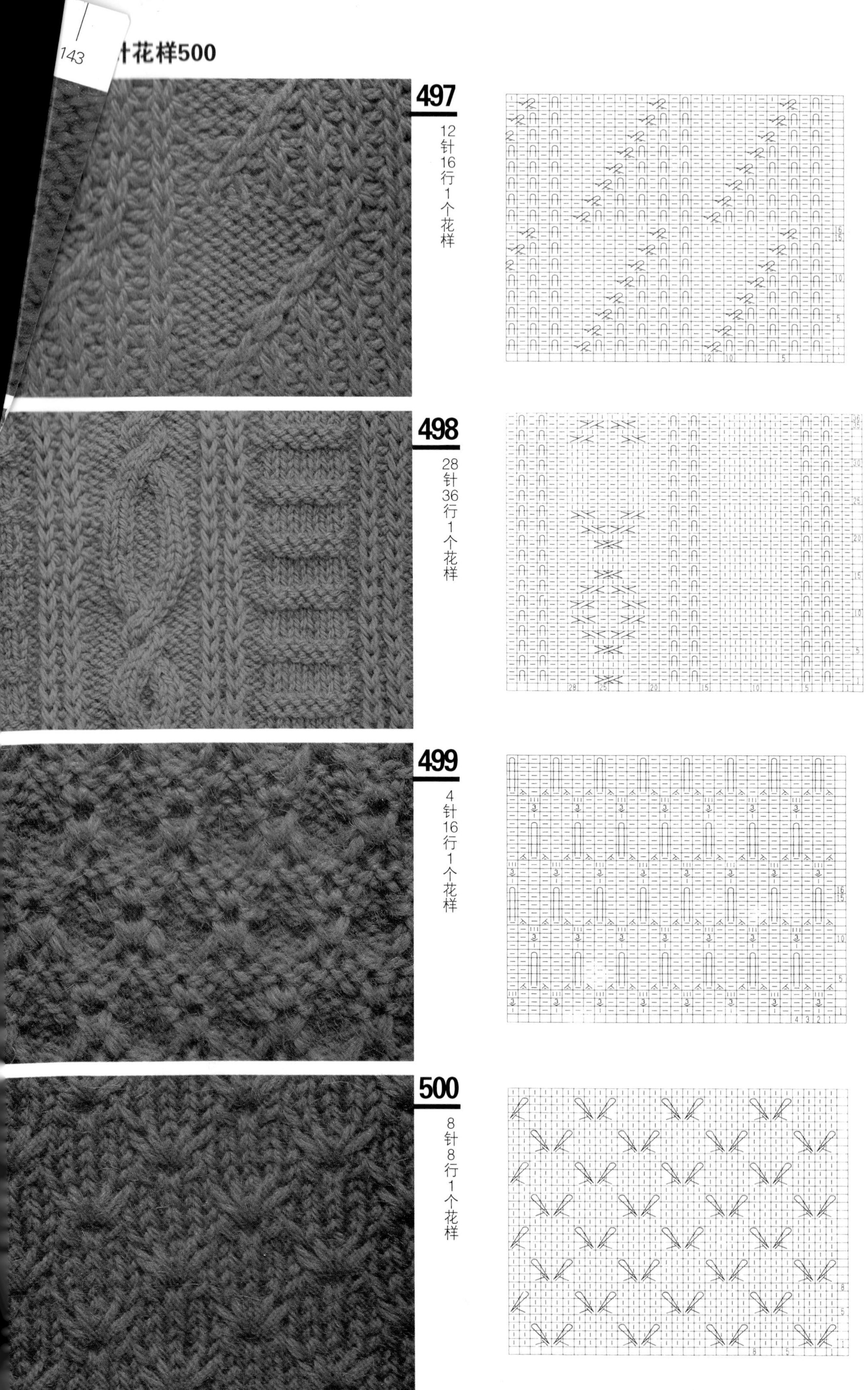

497
12针16行1个花样

498
28针36行1个花样

499
4针16行1个花样

500
8针8行1个花样